古 今 论 种

隋 斌 杨直民 主编

中国农业出版社

北 京

《古今论种》编委会

前　言

　　种子是特殊的、不可替代的、最基本的、最重要的农业生产资料，是决定农产品产量和质量的根本内因。农业发展史就是一部种业进步史。纵观古今中外，识种、引种、选种、育种、储种、管种等经验智慧灿若星辰，为挖掘整理好种业历史遗产，实现兼收并蓄、继往开来，我们编撰本书，先今后古，先内后外，内容浩繁，知识丰富，以飨读者。

　　《古今论种》从新中国论起，让读者识方位知当前。党中央、国务院始终高度重视种业，将种业定位于国家战略性、基础性核心产业，作为促进农业长期稳定发展、保障粮食安全的根本。本书从中共中央以及全国人大常委会、国务院、行政主管部门等视角，系统梳理了新中国成立以来，关于种业发展的相关重要部署，涉及中央决策和法律法规、规划计划、重要文件等方面，这些重要决策部署推动我国种业发生了翻天覆地的变化。本书将新中国种业发展划分为四个阶段，经历 1949—1957 年的就地选种、串换、繁殖、推广阶段，1958—1977 年的"四自一辅"阶段，1978—2000 年的"四化一供"及产业化阶段，2000 年至今的市场化、法制化、现代化发展新阶段，种业发展取得显著成效，为确保国家粮食安全和推动农业生产不断迈上新台阶作出了重要贡献。

　　《古今论种》追溯历史，让读者穿梭古代近代，了解文献记载，知晓科技进程。中国是世界农业起源地之一，是重要栽培作物起源中心。在悠久的历史长河中，伟大勤劳的中华民族发现驯化了粟、黍、菽、稻、麻、桑等作物和蚕、猪、鸡等动物，在识种、引种、选种、育种和种子处理等方面积累了宝贵的经验，一大批不同历史时期的代表性农家品种得以延续，成为农耕文化的重要组成部分、传承中华农耕文明的重要载体，是中国乃至世界各国人民的宝贵财富。经过汉代、唐代、明代的三次作物引种高峰，大幅度增加了我国作物种类，在促进农业生产发展、丰富食物多样性和提高生活质量方面发挥了积极作用。

《古今论种》采用国际视角，搜集国外种子文献，让读者同步了解世界种业发展情况。近现代以来，世界种业加快发展，尤其是进入 21 世纪，种业科技进步水平加快提升，国外种业在生物育种、信息化等方面表现出明显优势。深入了解国外种业发展历史、科技进步历程，对全方位推进我国种业发展具有重要意义。

综上，本书尽可能广泛收集整理古今中外重要史书、文献资料对种子的记载和论述，系统梳理分析中外种业发展脉络，力图实现多维度客观诠释。本书内容丰富详实、解析深入浅出、检索查阅方便，希冀为种业管理部门、相关从业人员和专家学者开展工作提供参考和借鉴；同时也衷心希望新中国种业人，在历史长河中采撷瑰宝、继承发展、久久为功，为持续推动中国种业自立自强和又好又快发展，续写新的灿烂篇章。

《古今论种》编委会

2020 年 8 月

目　　录

第一章　新中国关于种业发展的重要部署

种业作为战略性基础性产业，在农业现代化进程中发挥着引领作用。新中国成立以来，在广大农业工作者的共同努力下，农作物品种选育推广不断获得新突破，迈上新台阶，种业发展从小到大、从弱到强，从源头上保障了国家粮食安全。特别是党的十八大以来，围绕建设现代种业、服务农业供给侧结构性改革，种业深化体制机制改革，品种创新取得显著成效，呈现蓬勃发展的良好势头。国家种业基地建设迈入快车道，全面完成良种繁育基地布局，基础设施建设明显加强。国家农业种质资源保护取得新突破，先后开展三次全国农作物种质资源普查与收集行动，发掘一大批古老珍稀的特有资源和农家品种，丰富了作物种质资源多样性和战略储备。种业市场监管持续加强，主要农作物种子合格率稳定在98%以上。种子知识产权得到有效保护，植物新品种授权数量逐年加大。自主选育品种播种面积超过95%，基本实现主要农作物良种全覆盖，中国粮用上中国种。杂交稻等品种走向世界，为解决全球饥饿问题作出了中国贡献。

第一节　中共中央关于种业发展的重要部署

党中央、国务院历来十分重视种业工作，1956年，中共中央政治局先后印发《1956年到1967年全国农业发展纲要》（草案），对种业工作作出重要部署。1962年，中共中央、国务院印发《关于加强种子工作的决定》，对种子工作作出全面部署。2004—2020年发布的关于"三农"工作的中央1号文件，对种业工作作出重要部署。

一、1956年中共中央政治局印发《1956年到1967年全国农业发展纲要》（草案）

该《纲要》第二部分第八条对良种繁育和推广作出部署：
积极繁育和推广适合当地条件的农作物优良品种。
……对于良种已经基本上普及的作物（例如棉花），应当加强种子复壮和品种更换的工作。大力培育新的良种，并且注意试种外地和外国的良种。

农业合作社应当建立自己的种子地，加强群众的选种工作，建立农作物良种繁育更换制度。在丰歉经常不定的地区，要注意储备优良品种的种子。中央和地方的国营农场应当成为繁育农作物良种的基地，积极繁殖和推广适合当地的农作物良种。各省（市、自治区）、专区（自治州）、县（自治县）都应当建立种子管理机构。

二、1962 年中共中央、国务院印发《关于加强种子工作的决定》

该《决定》对种子工作作出全面部署：

（一）良种是增加农作物产量的最重要的条件之一。

种子工作，是农业生产带根本性的基本建设，不容忽视，不能放松。新中国成立以来，种子工作的成绩很大。粮食作物的良种推广面积，曾经达到80％以上。棉花的良种推广面积，比例更高。但是，近几年来，有不少地方，不少作物，出现了种子混杂退化、带病、带虫和品种单一的毛病，必须努力迅速克服。首先要求提高种子的纯度，进而恢复传统的优良品种，并且逐步更新优良种子，更换优良品种。提高种子的纯度，主要靠生产队选种留种，这是最普遍、收效最快的办法。一般农作物的种子，需要量很大，主要靠生产队自选、自繁、自留、自用。培育农作物优良品种的科学研究机构（包括农业院校的研究单位），繁殖良种的示范繁殖农场，推广良种的种子站（种子公司），这一套种子工作的机构和科学技术队伍，必须系统地加以整顿和充实。玉米杂交种这一类的优良种子，主要靠专场繁殖。生产队自己选留种子，种子工作机构培育、繁殖和推广良种，这两个方面要正确地结合起来，大力开展种子改良工作，提高单位面积产量，并且进一步适应农业现代化对种子的要求。

（二）在庄稼收割以前，生产队要采取田间"穗选"、"片选"等办法，选留粮谷种子。

……生产队选留的种子，就由生产队负责保管，单独存放，定期检查，不使混杂，不使变质。……留种量要稍多于实际用种量，晚秋作物的种子更要多留一些，以备遭灾补种。生产队要经过社员讨论，民主评选有技术、有经验、细心负责的社员，担任田间选种和保管种子，给以合理的报酬；成绩显著的，还应该给以适当的奖励。

（三）生产队应该有自己的"种子田"，为自己繁殖种子。

"种子田"，从播种前的整地开始，一直到收割，都要特别加工，精耕细作。还没有建立"种子田"的生产队，第一步可以采取比较简便的办法，就是说，在作物生长的过程中，选择一块长势最好、纯度最高的，划为"种子田"，加强后期管理，收获后留做种子；第二步再建立正式的"种子田"。种子田耕作细，用工多，劳动定额要定得合理，劳动报酬要稍高于一般农田。

（四）……各级农业部门，应该摸清当地的需要，提出关于良种性能和品质的具体要求，要求科学研究单位进行培育。……农业部门和科学研究机构，要随时注意良种推广中出现的问题，作为进一步研究和培育新种的依据。

（五）整顿原有的示范繁殖农场，使之更好地担负起试验示范和繁殖良种的任务。

……这种农场不属于农垦系统，归农业系统管理，农垦部门所属的一般生产性的国营农场，也可以接受委托，承担一定的繁殖良种的任务。

（六）整顿充实种子站。

种子站是良种的经营单位，示范繁殖农场生产的种子和从外地引进的种子，由种子站经营。种子站又是全县种子工作的管理机关，通过技术服务站，在技术上指导和帮助生产队选种留神，保管种子，以及在播种前进行种子的消毒处理等等。种子站还要帮助生产队串换种子。地区之间调运种子，一定要经过检验，证明不带病虫，方可调运。地区之间，生产队之间，调剂串换种子，都应该实行等价交换。种子价格应该适当地高于粮食价格。调剂串换种子时候，一般应该实行以粮换种，找补差价。种子站要有一定的基金和设备。种子站也可以同示范繁殖农场合为一个机构，不单独设立。

（七）粮食、商业部门收购农产品的时候，必须切实保证留足种子，不许把种子当作一般的粮食和油料收购起来，顶征购任务。

种子第一，不可侵犯。应该免除示范繁殖农场的征购任务，它繁殖的优良种子，交种子站经营推广。某些作物，历来是用外区种子的，用当地种子，则退化减产；另一方面，某些地方，又历来就是供应某种良种的基地，这种传统的供求关系，应该恢复。粮食、商业等部门，在规定收购任务的时候，必须照顾这种需要。收购种子，必须优质优价。

（八）为了加强棉花良种的繁育、推广工作，重点棉区的良种轧花厂，要由商业部门交回给农业部门经营，以便集中掌握棉花良种。

（九）粮食部门，还要从购进的粮食、油料和棉籽等农产品中，选择一批纯度比较高的，质量比较好的，留做备荒种子，准备供应缺种的灾区。

备荒种子，也要单独保管，避免混杂。备荒种子的选留、保管和动用，由农业部门和粮食部门共同负责。备荒种子地区间的调剂，也要遵守区域性的限制，并且经过检疫，切忌乱调大调，传播病虫，造成种子混杂。

三、2004—2020 年中央 1 号文件

(一) 2004 年中央 1 号文件关于种子工作的部署

2004 年中央 1 号文件的主题是促进农民增加收入。

在第一部分"集中力量支持粮食主产区发展粮食产业，促进种粮农民增加收入"中提出：

(二) 支持主产区进行粮食转化和加工。……国家通过技改贷款贴息、投资参股、税收政策等措施，支持主产区建立和改造一批大型农产品加工、种子营销和农业科技型企业。

(四) 全面提高农产品质量安全水平。……2004 年要增加资金规模，在小麦、大豆等粮食优势产区扩大良种补贴范围。

摘自《中共中央国务院关于促进农民增加收入若干政策的意见》

（中发〔2004〕1 号）

(二) 2005 年中央 1 号文件关于种子工作的部署

2005 年中央 1 号文件的主题是提高农业综合生产能力。

在第一部分"稳定、完善和强化扶持农业发展的政策，进一步调动农民的积极性"中提出：

(一) 继续加大"两减免、三补贴"等政策实施力度。减免农业税、取消除烟叶以外的农业特产税，对种粮农民实行直接补贴，对部分地区农民实行良种补贴和农机具购置补贴，是党中央、国务院为加强农业和粮食生产采取的重大措施，对调动农民种粮积极性、保护和提高粮食生产能力意义重大。……中央财政继续增加良种补贴和农机具购置补贴资金，地方财政也要根据当地财力和农业发展实际安排一定的良种补贴和农机具购置补贴资金。

在第四部分"加快农业科技创新，提高农业科技含量"中提出：

(十一) 加大良种良法的推广力度。继续实施"种子工程"、"畜禽水产良种工程"，搞好大宗农作物、畜禽良种繁育基地建设和扩繁推广。从 2005 年起，国家设立超级稻推广项目。

在第六部分"继续推进农业和农村经济结构调整，提高农业竞争力"中提出：

(十六) 进一步抓好粮食生产。……要坚持立足国内实现粮食基本自给的方针，以市场需求为导向，改善品种结构，优化区域布局，着力提高单产，努力保持粮食供求总量大体平衡。……加强粮食生产技术、农机、信息和产销等服务，搞好良种培育和供应，促进粮食生产节本增效。

摘自《中共中央国务院关于进一步加强农村工作提高农业综合生产能力若干政策的意见》（中发〔2005〕1号）

（三）2006年中央1号文件关于种子工作的部署

2006年中央1号文件的主题是社会主义新农村建设。

在第二部分"推进现代农业建设，强化社会主义新农村建设的产业支撑"中提出：

（8）积极推进农业结构调整。按照高产、优质、高效、生态、安全的要求，调整优化农业结构。加快建设优势农产品产业带，积极发展特色农业、绿色食品和生态农业，保护农产品知名品牌，培育壮大主导产业。继续实施种子工程。

（13）稳定、完善、强化对农业和农民的直接补贴政策。……粮食主产区要将种粮直接补贴的资金规模提高到粮食风险基金的50％以上，其他地区也要根据实际情况加大对种粮农民的补贴力度。增加良种补贴和农机具购置补贴。

摘自《中共中央国务院关于推进社会主义新农村建设的若干意见》（中发〔2006〕1号）

（四）2007年中央1号文件关于种子工作的部署

2007年中央1号文件的主题是积极发展现代农业。

在第四部分"开发农业多种功能，健全发展现代农业的产业体系"中提出：

（一）促进粮食稳定发展。……要努力稳定粮食播种面积，提高单产、优化品种、改善品质。继续实施优质粮食产业、种子、植保和粮食丰产科技等工程。

（二）健全农业支持补贴制度。……各地用于种粮农民直接补贴的资金要达到粮食风险基金的50％以上。加大良种补贴力度，扩大补贴范围和品种。

摘自《中共中央国务院关于积极发展现代农业扎实推进社会主义新农村建设的若干意见》（中发〔2007〕1号）

（五）2008年中央1号文件关于种子工作的部署

2008年中央1号文件的主题是加强农业基础建设。

在第一部分"加快构建强化农业基础的长效机制"中提出：

（二）巩固、完善、强化强农惠农政策。……继续加大对农民的直接补贴力度，增加粮食直补、良种补贴、农机具购置补贴和农资综合直补。扩大良种补贴范围。

在第四部分"着力强化农业科技和服务体系基本支撑"中提出：

（一）加快推进农业科技研发和推广应用。……启动转基因生物新品种培育科技重大专项，加快实施种子工程和畜禽水产良种工程。

摘自《中共中央国务院关于切实加强农业基础建设进一步促进农业发展农民增收的若干意见》（中发〔2008〕1号）

（六）2009年中央1号文件关于种子工作的部署

2009年中央1号文件的主题是促进农业稳定发展。

在第一部分"加大对农业的支持保护力度中提出：

2. 较大幅度增加农业补贴。2009年要在上年较大幅度增加补贴的基础上，进一步增加补贴资金。增加对种粮农民直接补贴。加大良种补贴力度，提高补贴标准，实现水稻、小麦、玉米、棉花全覆盖，扩大油菜和大豆良种补贴范围。

摘自《中共中央国务院关于促进农业稳定发展农民持续增收的若干意见》（中发〔2009〕1号）

（七）2010年中央1号文件关于种子工作的部署

2010年中央1号文件的主题是统筹城乡发展。

在第一部分"健全强农惠农政策体系，推动资源要素向农村配置"中提出：

2. 完善农业补贴制度和市场调控机制。坚持对种粮农民实行直接补贴。增加良种补贴，扩大马铃薯补贴范围，启动青稞良种补贴，实施花生良种补贴试点。

在第二部分"提高现代农业装备水平，促进农业发展方式转变"中提出：

10. 提高农业科技创新和推广能力。切实把农业科技的重点放在良种培育上，加快农业生物育种创新和推广应用体系建设。继续实施转基因生物新品种培育科技重大专项，抓紧开发具有重要应用价值和自主知识产权的功能基因和生物新品种，在科学评估、依法管理基础上，推进转基因新品种产业化。推动国内种业加快企业并购和产业整合，引导种子企业与科研单位联合，抓紧培育有核心竞争力的大型种子企业。

摘自《中共中央国务院关于加大统筹城乡发展力度进一步夯实农业农村发展基础的若干意见》（中发〔2010〕1号）

（八）2012年中央1号文件关于种子工作的部署

2012年中央1号文件的主题是农业科技创新。

在第一部分"加大投入强度和工作力度，持续推动农业稳定发展"中提出：

1. 毫不放松抓好粮食生产。……继续实施粮食丰产科技工程、超级稻新品种选育和示范项目。支持优势产区加强棉花、油料、糖料生产基地建设，进一步优化布局、主攻单产、提高效益。

3. 加大农业投入和补贴力度。……提高对种粮农民的直接补贴水平。落实农资综合补贴动态调整机制，适时增加补贴。加大良种补贴力度。

在第二部分"依靠科技创新驱动，引领支撑现代农业建设"中提出：

6. 明确农业科技创新方向。……把增产增效并重、良种良法配套、农机农艺结合、生产生态协调作为基本要求，促进农业技术集成化、劳动过程机械化、生产经营信息化，构建适应高产、优质、高效、生态、安全农业发展要求的技术体系。

7. 突出农业科技创新重点。……大力加强农业基础研究，在农业生物基因调控及分子育种、农林动植物抗逆机理、农田资源高效利用、农林生态修复、有害生物控制、生物安全和农产品安全等方面突破一批重大基础理论和方法。……着力突破农业技术瓶颈，在良种培育、节本降耗、节水灌溉、农机装备、新型肥药、疫病防控、加工贮运、循环农业、海洋农业、农村民生等方面取得一批重大实用技术成果。

摘自《中共中央国务院关于加快推进农业科技创新持续增强农产品供给保障能力的若干意见》（中发〔2012〕1号）

（九）2013年中央1号文件关于种子工作的部署

2013年中央1号文件的主题是增强农村发展活力。

在第一部分"建立重要农产品供给保障机制，努力夯实现代农业物质基础"中提出：

1. 稳定发展农业生产。……推进种养业良种工程，加快农作物制种基地和新品种引进示范场建设。

2. 强化农业物质技术装备。……加强农业科技创新能力条件建设和知识产权保护，继续实施种业发展等重点科技专项，加快粮棉油糖等农机装备、高效安全肥料农药兽药研发。

在第二部分"健全农业支持保护制度，不断加大强农惠农富农政策力度"中提出：

1. 加大农业补贴力度。……落实好对种粮农民直接补贴、良种补贴政策，扩大农机具购置补贴规模，推进农机以旧换新试点。

摘自《中共中央国务院关于加快发展现代农业进一步增强农村发展活力的若干意见》（中发〔2013〕1号）

(十) 2014 年中央 1 号文件关于种子工作的部署

2014 年中央 1 号文件的主题是全面深化农村改革。

在第二部分"强化农业支持保护制度"中提出：

7. 完善农业补贴政策。……继续实行种粮农民直接补贴、良种补贴、农资综合补贴等政策，新增补贴向粮食等重要农产品、新型农业经营主体、主产区倾斜。

11. 推进农业科技创新。……加强以分子育种为重点的基础研究和生物技术开发，建设以农业物联网和精准装备为重点的农业全程信息化和机械化技术体系，推进以设施农业和农产品精深加工为重点的新兴产业技术研发，组织重大农业科技攻关。

12. 加快发展现代种业和农业机械化。建立以企业为主体的育种创新体系，推进种业人才、资源、技术向企业流动，做大做强育繁推一体化种子企业，培育推广一批高产、优质、抗逆、适应机械化生产的突破性新品种。推行种子企业委托经营制度，强化种子全程可追溯管理。

摘自《中共中央国务院关于全面深化农村改革加快推进农业现代化的若干意见》（中发〔2014〕1 号）

(十一) 2015 年中央 1 号文件关于种子工作的部署

2015 年中央 1 号文件的主题是新常态下加快转变农业发展方式。

在第一部分"围绕建设现代农业，加快转变农业发展方式"中提出：

4. 强化农业科技创新驱动作用。……加快农业科技创新，在生物育种、智能农业、农机装备、生态环保等领域取得重大突破。……积极推进种业科研成果权益分配改革试点，完善成果完成人分享制度。继续实施种子工程，推进海南、甘肃、四川三大国家级育种制种基地建设。

在第二部分"围绕促进农民增收，加大惠农政策力度"中提出：

9. 提高农业补贴政策效能。……继续实施种粮农民直接补贴、良种补贴、农机具购置补贴、农资综合补贴等政策。

摘自《中共中央国务院关于加大改革创新力度加快农业现代化建设的若干意见》（中发〔2015〕1 号）

(十二) 2016 年中央 1 号文件关于种子工作的部署

2016 年中央 1 号文件的主题是发展新理念

在第一部分"持续夯实现代农业基础，提高农业质量效益和竞争力"中提出：

3. 强化现代农业科技创新推广体系建设。……统筹协调各类农业科技资源，建设现代农业产业科技创新中心，实施农业科技创新重点专项和工程，重点突破生物育种、农机装备、智能农业、生态环保等领域关键技术。

4. 加快推进现代种业发展。大力推进育繁推一体化，提升种业自主创新能力，保障国家种业安全。深入推进种业领域科研成果权益分配改革，探索成果权益分享、转移转化和科研人员分类管理机制。实施现代种业建设工程和种业自主创新重大工程。全面推进良种重大科研联合攻关，培育和推广适应机械化生产、优质高产多抗广适新品种，加快主要粮食作物新一轮品种更新换代。加快推进海南、甘肃、四川国家级育种制种基地和区域性良种繁育基地建设。强化企业育种创新主体地位，加快培育具有国际竞争力的现代种业企业。实施畜禽遗传改良计划，加快培育优异畜禽新品种。开展种质资源普查，加大保护利用力度。贯彻落实种子法，全面推进依法治种。加大种子打假护权力度。

摘自《中共中央国务院关于落实发展新理念加快农业现代化实现
全面小康目标的若干意见》（中发〔2016〕1号）

（十三）2017年中央1号文件关于种子工作的部署

2017年中央1号文件的主题是农业供给侧结构性改革。

在第四部分"强化科技创新驱动，引领现代农业加快发展"中提出：

17. 加强农业科技研发。……加大实施种业自主创新重大工程和主要农作物良种联合攻关力度，加快适宜机械化生产、优质高产多抗广适新品种选育。

摘自《中共中央国务院关于深入推进农业供给侧结构性改革 加
快培育农业农村发展新动能的若干意见》（中发〔2017〕1号）

（十四）2018年中央1号文件关于种子工作的部署

2018年中央1号文件的主题是乡村振兴战略。

在第三部分"提升农业发展质量，培育乡村发展新动能"中提出：

（一）夯实农业生产能力基础。……加快发展现代农作物、畜禽、水产、林木种业，提升自主创新能力。高标准建设国家南繁育种基地。

在第十部分"汇聚全社会力量，强化乡村振兴人才支撑"中提出：

（三）发挥科技人才支撑作用。……健全种业等领域科研人员以知识产权明晰为基础、以知识价值为导向的分配政策。

摘自《中共中央国务院关于实施乡村振兴战略的意见》（中发
〔2018〕1号）

（十五）2019年中央1号文件关于种子工作的部署

2019年中央1号文件的主题是坚持农业农村优先发展。

在第二部分"夯实农业基础，保障重要农产品有效供给"中提出：

（四）加快突破农业关键核心技术。……强化创新驱动发展，实施农业关键核心技术攻关行动，培育一批农业战略科技创新力量，推动生物种业、重型农机、智慧农业、绿色投入品等领域自主创新。……继续组织实施水稻、小麦、玉米、大豆和畜禽良种联合攻关，加快选育和推广优质草种。

摘自《中共中央国务院关于实施乡村振兴战略的意见》（中发〔2019〕1号）

（十六）2020年中央1号文件关于种子工作的部署

2020年中央1号文件提出：集中力量完成打赢脱贫攻坚战和补上全面小康"三农"领域突出短板这两大重点任务。

在"四、加强农村基层治理"中提出：

（二十六）强化科技支撑作用。加强农业关键核心技术攻关，部署一批重大科技项目，抢占科技制高点。加强农业生物技术研发，大力实施种业自主创新工程，实施国家农业种质资源保护利用工程，推进南繁科研育种基地建设。加快大中型、智能化、复合型农业机械研发和应用，支持丘陵山区农田宜机化改造。深入实施科技特派员制度，进一步发展壮大科技特派员队伍。采取长期稳定的支持方式，加强现代农业产业技术体系建设，扩大对特色优势农产品覆盖范围，面向农业全产业链配置科技资源。加强农业产业科技创新中心建设。加强国家农业高新技术产业示范区、国家农业科技园区等创新平台基地建设。加快现代气象为农服务体系建设。

摘自《中共中央国务院关于抓好"三农"领域重点工作确保如期实现全面小康的意见》（中发〔2020〕1号）

第二节　全国人大常委会和国务院关于种业发展的重要部署

国务院从1953年开始制定第一个国民经济和社会发展五年计划（规划），其中8个计划（规划）对种业工作作出重要部署，为推动农作物品种选育推广、建设现代种业发挥了重要作用。

一、中华人民共和国种子法

为保护和合理利用种质资源，规范品种选育和种子生产、经营、使用行为，维护品种选育者和种子生产者、经营者、使用者的合法权益，提高种子质量水平，推动种子产业化，促进种植业和林业的发展。2000年7月8日，第九届全国人民代表大会常务委员会第十六次会议通过《中华人民共和国种子法》。

《中华人民共和国种子法》颁布以来，先后于 2004 年 8 月 28 日、2013 年 6 月 29 日和 2015 年 11 月 4 日经全国人民代表大会常务委员会进行三次修正。

《中华人民共和国种子法》全面开启了种子市场化进程，以市场化推动种子产业化。废止了杂交种子指定组织单位经营，确定了政企分开，建立了涵盖种子管理各个方面的制度。种业进入了有法可依、规范化发展的新阶段，开启了种业市场化进程，民营企业逐步成为市场主体。《中华人民共和国种子法》是一部科学性、时代性、超前性、有力地推动了种业进步的优秀法典。

二、五年计划（规划）

（一）第一个五年计划（1953—1957）关于种子工作的部署

第一个五年计划的主要任务有两点：一是集中力量进行工业化建设，二是加快推进各经济领域的社会主义改造。

在第一章　农业　第一节　农业（四）实现农业生产计划的措施中提出：

第六，积极地推广优良种子，加强对农民的选种工作的指导和帮助。组织群众自选、自留并互相交换优良种子，是推广良种的一种普遍有效的办法。一个地方行之有效的良种、科学机关培育成功的良种和外国的良种，在推广之前，应该进行鉴定、试种、示范等准备工作。严格地注意棉花良种的保纯工作，由农业部门切实地管理棉花良种的轧花厂。

在第十章　地方计划问题　第一，在农业计划方面中提出：

（1）各省、各县、各乡的地方国家机关和党组织，都应该……规定关于推广新式农具和改良农具、发展小型农田水利、蓄肥造肥、有效地利用土地、改进耕作技术、推行优良种子、同各种病虫害作斗争、加强保持水土工作、植树造林、增殖牲畜、发展渔业等具体的措施……

摘自周恩来、陈云同志主持编制的《中华人民共和国发展经济的第一个五年计划（1953—1957）》

（二）第三个五年计划（1966—1970）关于种子工作的部署

第三个五年计划的基本任务是：第一，大力发展农业，基本上解决人民的吃穿用问题；第二，……

在第三个五年（1966—1970）农业发展计划的初步设想（一）第三个五年计划期间，我国农业发展的主要任务中提出：

农业生产技术有了提高，"八字宪法"（"农业八字宪法"是毛主席于 1958 年提出来的，即：土、肥、水、种、密、保、管、工）的内容更加丰富。在合理利用土地、改良土壤、改造低产田以及改革耕作制度、改进栽培技术、选育和推广良种等方面，各个地区都有了不少的先进经验。全国农业科学技术工作网已经初步建立起来。党的各级干部，在领导农业生产方面，有了比较多的经验。这些，都将对我国农业生产的发展发挥重要的作用。

在谈到实现以粮为纲，发展多种经营的要求，要很好地解决几个问题（五）发展农业的技术措施中提出：

四、选育、繁殖和推广优良品种

第三个五年计划期间必须继续加强选育、繁殖和推广良种的工作，使水稻、小麦、玉米、高粱、谷子、大豆、薯类以及棉花和其他主要经济作物，基本上做到普及良种。应当在最近两三年内完成种子纯化的工作。已经推广的良种，必须加强选种留种工作，防止退化。退化了的，要有计划地复壮更新。

选育、繁殖优良种子的工作，继续实行"四自一辅"的方针，即由生产队自选、自繁、自留、自用，辅之以国家调剂，引进外来良种。生产队和国营农场，都应当切实做好选种留种工作，逐步建立种子田。各县的示范繁殖场，必须切实做好良种的选育试验和繁殖工作。

各地的农业科学研究单位，要不断地选育和提供新的适应各地不同条件的良种。

对于从国外引进的各种种子、苗木，必须加强管理，积极进行试种；试种成功的，就应当在适宜的地区，有计划地繁殖推广。不论牧业区或者农业区，都应当积极选育、繁殖和推广良种牧畜和良种家禽。

五、因地制宜地改进耕作制度和栽培技术。

各地区应当总结群众的经验，根据当地的自然条件和水利、肥料、种子等各种技术条件，积极地因地制宜地改革耕作制度，改进栽培技术。所有这类改革，都要经过试验，成功以后再推广。

摘自 1964 年 5 月 2 日，由国家计委提出，经中央工作会议讨论并原则同意的《第三个五年计划（1966—1970）农业发展计划的初步设想》（《中华人民共和国国民经济和社会发展第三个五年计划纲要》由《第三个五年计划（1966—1970）的初步设想（汇报提纲)》、《第三个五年（1966—1970）农业发展计划的初步设想》和《第三个五年农业发展计划的几个问题的说明》组成）

（三）第六个五年计划（1981—1985）关于种子工作的部署

"六五"计划制定背景：随着"五五"计划的完成，以及十一届三中全会的召开，改革开放，以经济建设为重心成为全党全国人民的共识。"六五"计划由国家计委提出并制定，是按照党的十二大提出的到 20 世纪末经济建设战略部署制定的，是继"一五"计划后的一个比较完备的五年计划，是在调整中使国民经济走上稳步发展的健康轨道的五年计划。

"六五"计划期间，立足于社会主义初级阶段的基本国情，首次提出要建设有中国特色的社会主义道路。改革在各个领域逐渐展开，在农业领域，继续扩大家庭联产承包责任制的改革范围，以连续五个中央 1 号文件的形势推进农业改革。

在第一篇　第五章　科学技术发展和人才培养的目标中提出：

科技攻关项目，国家主要抓 8 个方面、38 个项目、100 个课题。其中最重要的项目是：

一、选育一批水稻、小麦、大豆、玉米、棉花、糖料、油菜、畜禽等优良新品种，并建立完善的繁育体系。

……

在农业的生产技术方面，要积极选育和推广优良品种；增加施肥数量，改善化肥结构和施肥技术；加强农田水利建设；防治病虫害；大力推广和发展农业新技术；保证农业生产所必需的柴油、电力和其他农机具的供应；办好国营农场，进一步提高经营管理水平。

摘自《中华人民共和国国民经济和社会发展第六个五年计划》
（1981—1985）

（四）第八个五年计划（1991—1995）关于种子工作的部署

"八五"计划是把十年规划远景和五年中期安排结合起来，从实现 20 世纪末战略目标的要求出发来制定的，着重是规定国民经济和社会发展的主要目标、基本任务和重大方针政策，总的要求是实现我国社会主义现代化建设的第二步战略目标，把国民经济的整体素质提高到一个新的水平。

主要成就："八五"计划期间取得的最大成就是提前五年完成了到 2000 年实现国民生产总值比 1980 年翻两番的战略目标。中国的一些主要产品的产量稳步增长。总量居世界第一位的有煤炭、水泥、棉布、电视机、粮食、棉花、肉类，居世界第二位的是钢和化学纤维，发电量居世界第三位。

在第五部分"八五"期间科学技术、教育发展的任务和政策中提出：

（一）科学技术的发展科技攻关。五年内，重点围绕以下几个方面的重点课题展开。

（1）农业技术，主要是农作物的良种培育和相应的栽培技术，中低产田的综合治理技术，农作物病虫害防治技术，畜牧水产技术，农产品储藏和加工技术，以及林业工程技术，等等。

摘自《中华人民共和国国民经济和社会发展十年规划和第八个五年计划纲要》（1991—1995）

（五）第九个五年计划（1996—2000）关于种子工作的部署

"九五"计划是中国社会主义市场经济条件下的第一个中长期计划，是一个跨世纪的发展规划。"九五"期间国民经济和社会发展的主要奋斗目标确定为"全面完成现代化建设的第二步战略部署"。

主要成就："九五"期间，中国经济与社会全面发展，顺利完成了社会主义现代化建设的第二步战略目标，在 1997 年比预期目标提前 3 年实现了人均国民生产总值比 1980 年翻两番的目标，人民生活总体上达到了小康水平，为进一步实现第三步战略目标奠定了良好的基础。

在第四部分保持国民经济持续快速健康发展中提出：

（一）切实加强农业，全面发展和繁荣农村经济

7. 在强化科教兴农，突出抓好"种子工程"。加强遗传育种、作物栽培、病虫害综合防治、灾害性天气监测预报、农产品加工和贮藏保鲜等重大科研项目的攻关。稳定与壮大农业技术队伍和推广体系，加快先进适用技术的推广和普及。实施"种子工程"，完善优良品种的繁育、引进、加工、销售、推广体系，到 2000 年把水稻、小麦、玉米和棉花的用种全面更换一次。农业要积极转变增长方式，走高产、优质、高效的发展道路。

在第五部分实施科教兴国战略中提出：

（一）加速科学技术进步

1. 加强农业科学研究和技术开发，注重高技术与常规技术的结合，加快推广成熟适用的先进技术。继续进行中低产区综合治理的试验和示范。完善商品粮基地综合生产配套技术。加强动植物优良品种选育，为种子工程不断提供技术支持。

摘自《中华人民共和国国民经济和社会发展"九五"计划和2010 年远景目标纲要》（1996—2000）

（六）第十个五年计划（2001—2005）关于种子工作的部署

"十五"计划是中国新千年第一次置身于全球化背景之下的经济计划。

主要成就："十五"期间，我国经济总量、综合国力、人民生活和对外开放均又上了一个新台阶，为"十一五"规划的制定和实施奠定了良好的基础，也为 20 世纪前 20 年我国全面建设小康社会开了一个好局。

在第二篇　经济结构　第一节　稳定粮食生产能力中提出：

严格执行基本农田保护制度，保持全国耕地总量动态平衡，确保到 2005 年全国耕地面积不低于 12800 万公顷。通过实施"种子工程"、完善农田水利配套设施、加强中低产田改造、调整商品粮基地建设的内容和布局等措施，稳定粮食生产能力。

摘自《中华人民共和国国民经济和社会发展第十个五年计划纲要》（2001—2005）

（七）十二五规划（2011—2015）关于种子工作的部署

"十二五"规划的主要内容有：加快转变经济发展方式，开创科学发展新局面，坚持扩大内需战略，保持经济平衡较快发展；推进农业现代化，加快社会主义新农村建设等。

在第五章　加快发展现代农业中提出：

加快发展现代农业。……推进农业科技创新，健全公益性农业技术推广体系，发展现代种业，加快农业机械化。

摘自《中华人民共和国国民经济和社会发展第十二个五年规划纲要》（2011—2015）

（八）十三五规划（2016—2020）关于种子工作的部署

"十三五"时期是全面建成小康社会决胜阶段，全面推进创新发展、协调发展、绿色发展、开放发展、共享发展，确保全面建成小康社会。

在第四篇　推进农业现代化　第二十章　提高农业技术装备和信息化水平第一节　提升农业技术装备水平中提出：

加强农业科技自主创新，加快生物育种、农机装备、绿色增产等技术攻关，推广高产优质适宜机械化品种和区域性标准化高产高效栽培模式，改善农业重点实验室创新条件。发展现代种业，开展良种重大科技攻关，实施新一轮品种更新换代行动计划，建设国家级育制种基地，培育壮大育繁推一体化的种业龙头企业。推进主要作物生产全程机械化，促进农机农艺融合。健全和激活基层农业技术推广网络。

摘自《中华人民共和国国民经济和社会发展第十三个五年规划纲要》（2016—2020）

三、政策法规

（一）1978 年，批转《关于加强种子工作的报告》

1978 年 5 月 20 日，国务院批转农林部呈报的《关于加强种子工作的报告》。该报告总结三十年来种子工作的经验，吸取国外种子现代化的长处，主要提出五点建议：（一）充分发挥现有良种的增产作用，不断选育出接班品种；（二）农林部成立行政、技术、经营三位一体的种子公司，加快良种推广速度；（三）中央和地方各级都要根据自然划区，建立种子生产基地，健全良种繁育推广体系；（四）搞好种子机械生产，加速实现种子加工机械化；（五）加强领导，建立健全管理制度。在此基础上，形成了种子"四化一供"的工作方针，即种子生产专业化、加工机械化、质量标准化、品种布局区域化和以县为单位组织统一供种。取得了以下5方面的明显成效，即：（一）保证种子数量；（二）提高种子质量；（三）减少用种量；（四）促进大田增产；（五）节约人力、物力和财力。

（二）1989 年，出台《中华人民共和国种子管理条例》

为适应种子商品化的快速发展，维护种子选育者、生产者、经营者和使用者的合法权益，确保种子质量，促进农业生产的发展，1989 年 1 月 20 日，国务院第三十二次常务会议通过《中华人民共和国种子管理条例》，同年 5 月 1日起实施。

该条例从种子工作的实际出发，坚持"开放、搞活、管好"的原则。围绕建立健全种苗管理体系，对种种苗管理机构、良种审定委员、林木种子标准化技术委员会的职责任务作了明确：

（一）种苗管理机构、良种审定委员会、林木种子标准化技术委员会等；（二）种苗生产基地、经营管理场所、设备、设施、仓库、晒场、仪器、机械、苗圃等；（三）种子管理法规、章（规）程、制度、技术标准等。其次是强化行政管理，包括（一）认真清理整顿种子生产经营秩序；（二）健全制度，把好种子质量。

《中华人民共和国种子管理条例》，建立了品种审定和生产经营许可制度，中国种业驶入了法制轨道。

（三）2006 年，印发《关于推进种子管理体制改革加强市场监管的意见》

自 2000 年 12 月 1 日《中华人民共和国种子法》实施以来，农作物种业发展迅速，种子市场主体呈现多元化，农作物品种更新速度加快，有力地推动了农业发展和农民增收。但种业仍处在起步阶段，种子管理存在体制不顺、队伍不稳、手段缺乏、监管不力等问题。2006 年 5 月 19 日，国务院办公厅发布《关于推进种子管理体制改革加强市场监管的意见》，就推进种子管理体制改革和加强种子市场监管提出以下意见：

推进种子管理体制改革，即：（一）实行政企分开；（二）做好政企分开的善后工作；（三）推进产权制度改革。完善种子管理体系，即（一）加强种子管理法制建设；（二）健全种子管理机构；（三）加强种子管理、服务队伍建设。（四）健全种子标准体系；（五）强化保障措施。强化种子市场监管，即（一）严格企业市场准入；（二）严格商品种子管理；（三）加强市场监管。

（四）2011年，印发《关于加快推进现代农作物种业发展的意见》

改革开放以来，我国农作物种业取得了长足的发展，具体体现在农作物品种选育水平显著提升；良种供应能力显著提高；种子企业实力明显增强；种子管理体制改革稳步推进等方面。但不可否认的是我国农作物种业仍就处于初级阶段，存在育种创新能力弱、品种多乱杂；企业多小散、竞争力不强；外资进入势头猛对种业安全构成潜在威胁等问题。

2011年1月24日，农业部向国务院正式报送《关于报请以国务院名义印发〈关于加快推进现代种业发展的意见〉的请示》（农请〔2011〕5号），提出了加快推进我国现代种业发展的目标任务及政策措施建议。2月22日，第145次国务院常务会审议通过了《关于加快推进现代农作物种业发展的意见》（以下简称《意见》），4月11日，国务院正式印发，就推进种业体制改革和机制创新，完善法律法规，全面提升我国农作物种业发展水平，明确了今后一个时期我国现代种业的发展目标和基本原则，提出了加快推进种业发展的九项主要任务、七项政策措施和四项保障措施：

一是目标。即：到2020年，形成科研分工合理、产学研相结合、资源集中、运行高效的育种新机制，培育一批具有重大应用前景和自主知识产权的突破性优良品种，建设一批标准化、规模化、机械化的优势种子生产基地，打造一批育种能力强、生产加工技术先进、市场营销网络健全、技术服务到位的育繁推一体化现代种业集团，健全职责明确、手段先进、监管有力的种子管理体系，显著提高优良品种的自主研发能力和覆盖率，确保粮食等主要农产品有效供给。

二是基本原则。即：（一）坚持自主创新；（二）坚持企业主体地位；（三）坚持产学研相结合；（四）坚持扶优扶强。

三是九项主要任务。即：（一）强化农作物种业基础性公益性研究；（二）加强农作物种业人才培养；（三）建立商业化育种体系；（四）推动种子企业兼并重组；（五）加强种子生产基地建设；（六）完善种子储备调控制度；（七）严格品种审定和保护；（八）强化市场监督管理；（九）加强农作物种业国际合作交流。

四是政策措施。即：（一）制定现代农作物种业发展规划；（二）加大对企业育种投入；（三）实施新一轮种子工程；（四）创新成果评价和转化机制；

（五）鼓励科技资源向企业流动；（六）实施种子企业税收优惠政策；（七）完善种子生产收储政策。

五是保障措施。即：（一）完善法律法规；（二）健全管理体系；（三）发挥行业协会作用；（四）加强组织领导。

《意见》充分肯定了我国种业发展成效，也认清了当前面临形势和问题。《意见》首次把农作物种业提升到国家战略性、基础性的核心产业，促进农业长期稳定发展、保障国家粮食安全的高度；明确了企业是种业发展的主体，企业强则种业兴；提出了种业科研分工。开启了现代农作物种业发展的新征程，把现代农作物种业推向新的发展阶段。

（五）2012 年，发布《全国现代农作物种业发展规划（2012—2020 年）》

2012 年 12 月 26 日国务院办公厅印发《全国现代农作物种业发展规划（2012—2020 年）》（以下简称"规划"）的通知。《规划》提出，我国在农作物种子生产布局上规划建设三个国家级主要粮食作物种子生产基地，分别是西北杂交玉米种子生产基地、西南杂交水稻种子生产基地和海南南繁基地。除三大国家级基地外，还根据不同区域生态特点，在粮食生产核心区建设 100 个区域级种子生产基地，在种子生产面积在 1 万亩①以上的制种大县建设县（场）级种子生产基地。

《规划》同时明确，配套建设一批大型现代化种子加工中心，形成相对集中稳定的标准化、规模化、集约化、机械化种子生产基地。增加种子储备财政补贴，调动企业承担国家种子储备的积极性。在现有农业保险中，增加制种风险较高的杂交玉米和杂交水稻等种子生产保险。

（六）2013 年，印发《关于深化种业体制改革提高创新能力的意见》

根据党的十八届三中全会关于全面深化改革的战略部署，为进一步贯彻落实《国务院关于加快推进现代农作物种业发展的意见》（国发〔2011〕8 号）和《国务院办公厅关于加强林木种苗工作的意见》（国办发〔2012〕58 号），2013 年 12 月 20 日，国务院办公厅印发了《关于深化种业体制改革提高创新能力的意见》（以下简称《意见》），就深化种业体制改革、提高创新能力提出以下六项意见：（一）强化企业技术创新主体地位；（二）调动科研人员积极性；（三）加强国家良种重大科研攻关；（四）提高基础性公益性服务能力；（五）加快种子生产基地建设；（六）加强种子市场监管。

《意见》明确深化种业体制改革的政策措施，推进了现代种业的发展，为

---

① 亩为非法定计量单位，1 亩≈667 平方米，下同。

我国建设种业强国打下了基础。

（七）2019 年，印发《国务院办公厅关于加强农业种质资源保护与利用的意见》

2019 年 12 月 31 日，《国务院办公厅关于加强农业种质资源保护与利用的意见》（国办发〔2019〕56 号）印发，是新中国成立以来首个专门聚焦农业种质资源保护与利用的重要文件，是一个既管当前又管长远的历史性、纲领性文件，开启了农业种质资源保护与利用的新篇章，具有里程碑意义。

《意见》指出，要以习近平新时代中国特色社会主义思想为指导，全面贯彻党的十九大和十九届二中、三中、四中全会精神，落实新发展理念，以农业供给侧结构性改革为主线，进一步明确农业种质资源保护的基础性、公益性定位，坚持保护优先、高效利用、政府主导、多元参与的原则，创新体制机制，强化责任落实、科技支撑和法治保障，构建多层次收集保护、多元化开发利用和多渠道政策支持的新格局，为建设现代种业强国、保障国家粮食安全、实施乡村振兴战略奠定坚实基础。力争到 2035 年，建成系统完整、科学高效的农业种质资源保护与利用体系，资源保存总量位居世界前列，珍稀、濒危、特有资源得到有效收集和保护，资源深度鉴定评价和综合开发利用水平显著提升，资源创新利用达到国际先进水平。

《意见》就加强农业种质资源保护与利用提出五个方面政策措施。一要开展系统收集保护，实现应保尽保。二要强化鉴定评价，提高利用效率。搭建专业化、智能化资源鉴定评价与基因发掘平台，建立全国统筹、分工协作的农业种质资源鉴定评价体系。深度发掘优异种质、优异基因，强化育种创新基础。三要建立健全保护体系，提升保护能力。四要推进开发利用，提升种业竞争力。五要完善政策支持，强化基础保障。

《意见》强调，要加强组织领导，落实管理责任。切实落实省级主管部门的管理责任、市县政府的属地责任和农业种质资源保护单位的主体责任，将农业种质资源保护与利用工作纳入相关工作考核，审计机关要依法进行审计监督。健全法规制度，加快制修订配套法规规章。建立农业种质资源保护与利用表彰奖励机制、责任追究机制。

第三节　行业主管部门关于种业发展的重要部署

国务院农业农村行政管理部门高度重视种业工作，全面落实党中央、国务院的关于种业的决策部署，通过文件和会议等多种形式，不断推动种子事业持续健康发展。

一、文件决议

（一）1950 年，农业部发布《五年良种普及计划（草案）》

1950 年农业部发布《五年良种普及计划（草案）》。文件规定良种普及以"就地评选初选种、就地推广"为原则，实行群众选种与农场育种结合，连续选种育种与繁殖推广相结合，以实现良种的普及和提高。

选种主要分和普选和评选两种形式。普选是指在各农户种植的品种中，选取饱满无病的好种子单收单打单贮存，在原有基础上，把品质和产量进一步提高；评选则是在县、乡分别成立选种委员会，由乡到县逐级评比庄稼长势、收成、栽培技术，评选出好品种。

1951 年 11 月，农业部总结两年来种子工作情况，修改《五年良种普及计划（草案）》，把原计划（草案）分成粮食作物和棉花两个良种普及实施方案。新方案要求棉花三年普及良种、粮食油料五年普及良种。普及良种实行以县为单位"就地繁殖、就地推广"原则。在省、市、自治区农业行政部门内设种子管理局或处所，专区逐步设立种子站（或在推广站内设种子组）。种子机构实行以行政领导兼营业务原则。同时要求建立种子调剂责任制度，并筹划了备荒种子贮备办法。

据不完全统计，1956 年全国 23 个省（市、自治区）共征集到农作物品种77 000 余种，选出并在全国推广的作物 200 余种，其中比较突出的有平原 50 麦、蚰子麦、老来青水稻、大青谷（粟）、白马牙玉米等。各地农业试验机构选出和育成的优良品种有 90 余种，其中最突出的有碧蚂一号小麦等、南特号水稻、胜利籼水稻、甘肃 96 号春小麦、金皇后玉米、胜利油菜以及斯字棉等良种。

（二）1963 年，农业部印发《调剂良种必须保证质量的通知》

1963 年 12 月，农业部发出《调剂良种必须保证质量的通知》。通知共有三项内容：（一）规定调剂的良种必须是经过试验、示范的苗种；（二）调剂良种，应作出计划，经上一级农业行政部门批准，事先进行预约繁殖或收购；（三）必须经过检验、检疫。

（三）1988 年，农牧渔业部、国家工商行政管理局发布《关于加强农作物种子生产经营管理的暂行规定》

1988 年，农牧渔业部、国家工商行政管理局发布《关于加强农作物种子生产经营管理的暂行规定》，首次提出种子生产经营管理实行"三证一照"。"三证一照"即生产许可证、种子经营许可证、种子质量合格证和营业执照。

(四) 2012 年, 农业部发布《农业植物品种命名规定》

品种名称是种子经营者和使用者识别各类种子的直观依据, 确保品种名称的唯一性是维护种子市场秩序的重要措施。为规范农业植物品种命名, 加强品种名称管理, 保护育种者和种子生产者、经营者、使用者的合法权益, 维护种子市场秩序, 2012 年 4 月 15 日, 农业部发布《农业植物品种命名规定》(以下简称《规定》), 并于 2012 年 4 月 15 日施行。

《规定》的主要内容有 6 项, 即:(一) 明确适用范围。《规定》适用于农作物品种审定、农业植物新品种权和农业转基因生物安全评价中的农业植物品种命名。(二)"唯一性"原则。要求一个农业植物品种, 无论是申请农作物品种审定、植物新品种保护, 还是进行转基因生物安全评价, 或是直接进入生产、销售环节, 始终只能使用同一个名称。(三) 明确具体要求。规定"品种名称应当使用规范的汉字、英文字母、阿拉伯数字、罗马数字或其组合"。同时, 又规定了仅以数字或英文字母组成、容易引起误解、夸大宣传、违反国家法律法规和社会公德等不得用于品种命名的具体情形。(四) 建立公示制度。要求"申请农作物品种审定、农业植物新品种权和农业转基因生物安全评价的农业植物品种, 在公告前应当在农业部网站公示", 对于省级审定的农作物品种, 也由农业部统一公示。(五) 建立检索系统。农业部将建立农业植物品种名称检索系统, 供品种命名、审查和查询使用。

(五) 2013 年, 农业部发布《主要农作物品种审定办法》

2013 年 12 月 27 日经农业部第 10 次常务会议审议通过, 12 月 27 日《主要农作物品种审定办法》(农业部令 2013 年第 4 号) 予以发布, 自 2014 年 2 月 1 日施行。新发布的《主要农作物品种审定办法》较原办法有以下变化:优化品种审定委员会组成与结构, 提高申请品种审定门槛, 严格品种试验要求, 建立品种审定绿色通道, 建立品种公示制度, 完善品种退出机制, 协调国家与省两级审定等。

(六) 2016 年, 农业部、科技部、财政部、教育部、人力资源和社会保障部联合下发《关于扩大种业人才发展和科研成果权益改革试点的指导意见》

2016 年 7 月 8 日, 农业部、科技部、财政部、教育部、人力资源和社会保障部联合下发了《关于扩大种业人才发展和科研成果权益改革试点的指导意见》(以下简称《意见》),《意见》明确了改革目标, 提出四项基本原则以及十二项改革重点任务:

一、目标。即建立种业人才培养、评价、流动和科研成果权益改革的新机制，培养引进一批具有国际领先水平的种业科技人才，取得一批具有基础性、战略性和重大应用前景的突破性种业科研成果，成果转化收入明显增长，形成一批典型示范；到 2020 年，构建起以科研院校为主体的基础性公益性研究和以企业为主体的技术创新相对分工、相互融合、"双轮驱动"的现代种业科技创新体系，为建设种业强国提供坚实支撑。

二、四项基本原则。即：（一）激励创新；（二）分类管理；（三）统筹协调；（四）依法依纪。

三、改革重点任务。即：（一）确定改革单位范围；（二）实行科研人员分类管理；（三）鼓励科研人员到种子企业开展科技创新；（四）完善种业科研人员评价考核和培养引进机制；（五）明确种业科研成果权益；（六）推进成果转移转化和公开交易；（七）规范科研成果权益分配；（八）强化种业基础性公益性研究；（九）加强组织领导；（十）完善配套政策；（十一）做好工作衔接；（十二）强化机制创新和总结宣传。

《意见》重点以创新种业人才发展机制和深化科研成果权益改革为两大突破口。创新种业人才发展机制方面，一是注重人才激励，二是注重人才发展。深化科研成果权益改革方面，则主要是明确种业科研成果的权益，在科研成果权属明确到人的基础上，进一步规范权益分配。这是我国创新驱动发展战略中的又一实质性突破，在种业领域乃至整个科研领域引起强烈反响。

（七）2017 年，农业部发布《非主要农作物品种登记办法》

党的十八大以来，党中央、国务院深化行政体制改革，切实转变政府职能，积极推进简政放权、放管结合、优化服务。在此背景下，国务院增设非主要农作物品种登记行政许可，既是国内品种管理发展的历史必然，也是借鉴国外品种管理先进经验的结果。2017 年 3 月 30 日，农业部发布《非主要农作物品种登记办法》（以下简称《办法》），同年 5 月 1 日起施行。《办法》共有五章，即：（一）总则；（二）申请、受理与审查；（三）登记与公告；（四）监督管理；（五）附则，建立非主要农作物品种登记制度，有利于维护育种者和农民的合法权益；有利于新品种推广；有利于强化种子市场监管，体现了中央"放管服"的精神。

（八）2017 年农业部国家农作物品种审定委员会修订《主要农作物品种审定标准（国家级）》

为适应农业供给侧结构性改革、绿色发展和农业现代化新形势对品种审定工作的要求，根据《种子法》《主要农作物品种审定办法》有关规定，2017 年

7月20日，国家农作物品种审定委员会对《主要农作物品种审定标准（国家级）》（以下简称《审定标准》）进行了修订，并印发施行。《审定标准》提出了修订《审定标准》的重要意义，以及三项主要原则、三项品种分类标准。

一、重要意义。即目前我国农业的主要矛盾由总量不足转变为结构性矛盾，农业发展由过度依赖资源消耗、主要满足量的需求，向绿色生态可持续、更加注重满足质的需求转变。满足农业供给侧结构性改革、绿色发展和农业现代化对品种提出新要求，品种审定工作要按照"提质增效转方式，稳粮增收可持续"的总体思路，在保障粮食安全的基础上，围绕市场需求变化，以种性安全为核心，以绿色发展为引领，以提高品质为方向，以鼓励创新为根本，把绿色优质、专用特用指标放在更加突出位置，引导品种选育方向，加快选育能够满足新形势需要的新品种，加快新一轮品种更新换代。

二、主要原则。（一）保障粮食安全；（二）突出绿色发展；（三）符合市场需求。

三、品种分类标准。（一）高产稳产品种；（二）绿色优质品种；（三）特殊类型品种。

长期以来，我国的主要粮食作物品种审定一直以产量作为唯一考量标准，面对新的历史阶段，单一标准难以适应。新修改的《审定标准》以品种种性安全为核心、以市场需求为导向，改变了过去以产量为核心的品种评判标准，使品种审定向分类管理和多元化方向发展。

二、决策部署

（一）1949年，农业部设立种子处与棉作处

1949年10月新中国成立后，农业部粮食生产司设立种子处，工业原料司设立棉作处，分别负责粮、棉、油料等农作物种子管理工作。新中国成立之初，农业生产的品种存在产量水平低、抗逆性能差等问题。为恢复农业生产，1949年12月农业部召开第一届全国农业生产会议，确定推广优良品种为增产措施之一，讨论了良种普及工作。

（二）1958年，第一次全国种子工作会议对做好种业工作作出安排

1958年4月，由当时农业部部长廖鲁言主持，农业部、粮食部联合召开了第一次全国种子工作会议。各省、市、自治区农业厅长、种子处长、粮食厅计划处长以及科研教学等单位的专家、教授出席了本次会议。

会议分析研究了农村形势，总结历史经验，听取专家建议，针对我国实际情况，确定了以下八项带有战略性的种子建设方向：（一）确定了主要依靠人

民公社的生产队"自选、自繁、自留、自用，辅之以必要调剂"的"四自一辅"种子工作方针；（二）决定把种子经营业务以及经营所需的资金、业务骨干等由粮食部门移交给农业部门，使整个种子工作形成一个完整的系统；（三）明确了种子组织体系，施行政、企分设；（四）决定把省、地、县农场，由生产部门交种子部门管理，改为示范繁殖农场，作为良种繁育基地；（五）确定了以种子田为主要内容的三级良种繁育推广体系。县良种场是骨干，公社良种队是桥梁，生产队种子田是基础；（六）规定了良种推广必须坚持："试验、繁殖、推广"三步走的原则；（七）提出了开展种子机械加工试点示范工作；（八）制定颁布了一系列种子工作规章制度。

此后，全国种子工作有了突飞猛进地发展。我国种子工作的基础，也大都是这个时期开始建立，并逐渐完善的。我国种子工作由分散的、零乱的、自给性的状况，开始走向系统的、制度化的、半自给半商品性的新阶段。

（三）1978 年，中国种子公司成立，种子经营管理体制进行变革

1978 年，经国务院批准，农林部成立中国种子公司，但与农林部种子管理局实行行政、技术、经营"三位一体"。中国种子公司的成立是我国种子经营体制改革进程的标志性事件，从"政、企合一"到政、事、企、社逐步分开；从单一的国有经营到国有、民营、混合所有制多种形式并存；从单一的种子经销到育繁推一体化，种子经营体制改革逐步深化，种子市场化程度不断提高；管理上大力推进"放管服"改革，降低了市场主体入市门槛，放活了品种试验渠道，下放了部分行政审批权，简化审批手续，规范审批流程，加强对事中、事后的监管，优化服务方式，激发了企业与市场活力。

1984 年为适应经济体制改革的形势，将种子管理划归行政部门，种子经营由种子公司负责，但因存在职责、经费、人员等诸多问题，政企难以分开。1987 年 10 月，农牧渔业部决定种子管理站和公司分开，正式成立中国种子公司，从 1988 年 1 月起，种子部门的机构、职能以及人、财、物完全分开。中国种子公司定为部属企业。1995 年 8 月，农业部决定，全国种子总站、农业技术推广总站、植物保护总站、土壤肥料总站合并组建全国农业技术推广服务中心。1995 年 10 月，中国种子公司更名为中国种业集团公司，经国务院批准，从 1999 年 2 月起，中国种业集团公司隶属国家经济贸易委员会。

（四）1995 年，启动"种子工程"

1995 年 9 月农业部在天津市召开全国种子工作会议，时任国务院副总理姜春云在会上提出"实行种子革命，创建种子工程"。同年农业部编制《"种子工程"总体规划》，1996 年正式实施。

《"种子工程"总体规划》的主要内容是建立和完善五项系统，即：（一）育种、引种系统；（二）种子生产系统；（三）种子加工包装系统；（四）良种推广、营销系统；（五）宏观管理系统。以及五项相配套的实施步骤，即：（一）以种子加工、包装为突破口，抓中间带两头；（二）以建设种子生产基地为基础，促进种子生产专业化；（三）以组建集团为途径，促进种子育、繁、推、销一体化；（四）以良种选育、引进、筛选、提纯、扩繁为重点，加速品种更新更换；（五）以强化宏观调控和监督管理为手段，保证各项目标的顺利实现。

开展"种子工程"建设后，据《中国农作物种业》统计，截至 2005 年共建设种质资源库 5 座，自然保护区 7 处，资源圃 27 处，国家级原种场 35 个，粮食作物良种繁育基 97 个，经济和园艺作物良种繁育基地 172 个，薯类苗木脱毒中心 35 个，南繁基地 1 个，国家级检测中心 1 处，部省级检测中心 38 处，地市级检测中心 53 处，国家级种子贮备库 34 处，此外，还有一些种子加工中心、包装材料厂、种衣剂厂等。

经过"种子工程"十年建设，新品种培育速度明显加快，生产用种的更换周期缩短，商品种子生产能力由 640 万吨提高到 800 万吨，种子加工能力由 330 万吨提高到 500 万吨，商品种子大部实现机械加工，主要农作物的良种覆盖率提高到 95％以上。

（五）2011 年，农业部种子管理局成立，进一步健全种子管理体制

2011 年 9 月 4 日，农业部种子管理局正式挂牌成立，下设综合处、种业发展处、品种管理处和种子市场监管处。负责拟订种子产业发展战略、规划，提出相关政策建议，并组织实施。起草有关种子方面的法律、法规、规章和标准，并监督执行。

（六）2014 年，农业部发出《关于开展向中国种业十大功勋人物学习的通知》

2014 年 4 月 29 日，农业部发出《关于开展向中国种业十大功勋人物学习的通知》。此前，农民日报、中国种子协会联合开展了"中国种业十大功勋人物"推评，袁隆平、李振声、李登海、郭三堆、张海银、傅廷栋、方智远、谢华安、程相文、程顺和当选，提炼了"执著梦想、合作创新、甘于奉献、强国富民"的中国种业精神。通知要求各地要认真组织学习，全面准确把握功勋人物所体现的中国种业精神，为建设种业强国继续努力奋斗。

（七）2014 年，农业部种子管理局组织召开种子工程规划编制工作会议

2014 年 7 月 15 日，农业部种子管理局主持召开"十三五"种子工程规划编制工作会议，计划司等有关专家等参加会议，肯定了种子工程对推动种业发展的重要作用，分析了当前我国种业面临的新形势，介绍了国家投资体制改革方向和种子工程建设任务，以及种子工程规划编制初步思路，部署"十三五"种子工程规划编制工作。

（八）2014年，农业部种子管理局组织召开全国种业信息工作会议

2014年7月22日，农业部种子管理局在中国农科院信息所组织召开全国种业信息工作会议，会议传达了余欣荣副部长对编制种业发展报告和种业数据手册等种业信息工作的重要指示，肯定了种业信息工作取得的阶段成效，分析了面临的新形势、新机遇，部署下一阶段的工作任务，要求按照余欣荣副部长的指示精神和种业信息工作的统一部署，扎实开展各项工作，按时按质完成各项任务。

（九）2016年，中国第一部聚焦种业文化的纪录片——《种业中国》研讨会在北京举行

2016年9月29日CCTV-7农业频道、农业部种子局、张掖市政府联合摄制《种业中国》纪录片研讨会在北京举行，这是目前国内第一部聚焦种业文化的纪录片。《种业中国》第一季以"张掖的故事"为主题，讲述中国制种业从弱到强的发展之路。2017年4月14日至16日，三集大型纪录片《种业中国·张掖故事》在CCTV-7频道播出。

（十）2018年，农业部种子管理局组织召开国家良种重大科研联合攻关部署会

2018年3月28日，农业部种子管理局在中国农科院作物所组织召开2018年国家良种重大科研联合攻关部署会，会议总结交流2017年四大作物联合攻关进展和成效，研究制定四大作物绿色优质品种指标体系，部署2018年攻关工作重点以及绿色优质品种发布事宜。提出要准确把握良种联合攻关的目标任务，构建以市场为导向、企业为主体、科研为支撑、政产学研结合的现代种业创新体系，深入推进四大作物和特色作物良种联合攻关。

（十一）2018年，农业农村部召开中国种业改革40周年座谈会

2018年12月20日，农业农村部召开中国种业改革40周年座谈会，回顾40年种业改革历程，总结种业改革创新经验，分析当前面临的形势和任务，深化新时期种业改革开放，推进现代种业建设。

（十二）2019年，国家作物种质长期库新库启动建设

2019年2月26日，农业农村部韩长赋部长出席国家作物种质长期库新库奠基仪式并讲话，强调要高质量建好用好国家作物种质库项目，把我们国家、民族宝贵珍稀的优秀种质资源保护好、利用好，加快推进现代种业建设，努力

为实施乡村振兴战略、实现农业高质量发展做出积极贡献。

（十三）2019 年，中国加入国际植物新品种保护公约 20 周年

2019 年 4 月 23 日，农业农村部、国家林草局、知识产权局在北京召开中国加入国际植物新品种保护公约 20 周年座谈会，回顾总结 20 年来植物新品种保护的成效与经验，展望下一步工作。

（十四）2019 年，全国种业监管座谈会召开

2019 年 5 月 18 日，农业农村部种业司在北京召开全国种业监管座谈会，这是本轮机构改革基本完成后，全国种业管理机构的首次会议。27 个省（区、市）农业农村主管部门专门设立种业管理处。

（十五）2019 年，全国现代种业发展暨南繁硅谷建设工作会议召开

2019 年 12 月 9 日，全国现代种业发展暨南繁硅谷建设工作会议在三亚召开。农业农村部部长韩长赋在会上强调，种业现代化要成为农业农村现代化的标志性工程、先导性工程。要深入学习贯彻习近平总书记关于"三农"工作重要论述，以实施乡村振兴战略为总抓手，以建设现代种业强国为目标，坚持自主创新，深化改革开放，全面构建市场导向、企业主体、产学研协同的中国特色种业创新体系，加快提升种业创新能力、企业竞争能力、供种保障能力和依法治理能力，为加快农业农村现代化提供有力支撑。海南省省长沈晓明强调，要加强南繁硅谷建设，做好南繁硅谷、南繁科技城、中国特色自贸港、全球动植物种质资源引进中转基地等四方面重点工作。

第二章　新中国种业发展历程及主要成就

第一节　种业发展历程

新中国成立之前，品种改良和推广工作虽然尽了很大的努力，但是由于社会环境与政府工作不力，种子事业发展极为缓慢，不仅优良品种选育与引进不足，推广也受到极大的限制，以 1949 年为例，全国良种推广面积仅占当时农作物种植面积的 0.06％。中华人民共和国成立后，在党和国家的重视和支持下，种子事业得到了快速发展，新中国农作物种子工作在人民政府的领导下，迅速发展壮大，众多的优良品种被选育出来并推广，当前全国主要农作物良种覆盖率超过 96％，极大地促进了中国粮食生产。下面我们就从几个方面展示这一伟大的进程。

新中国成立以来，种子作为农业重要生产资料，经历了粮、种不分，粮、种交换，再到具有商品属性的种子，逐步发展形成初具规模的种子产业。从社会经济发展的视角，中国种业经历了四个发展时期：农家留种时期；"四自一辅"时期；计划管理、"四化一供"时期；市场开放、种业竞争时期。

一、农家留种时期（1949—1957 年）

中华人民共和国成立，标志着农业生产开始了一个新的时期。经历了民国时期连年战争和自然灾害，田园荒芜，百废待兴，农业生产水平低下，种植技术落后，新中国成立之初，农业生产采用的主要还是农家品种，基本上是"家家种田，户户留种，种粮不分，以粮代种"。为了改变这一局面，1949 年 12 月，农业部召开第一次"全国农业工作会议"，要求全国农民兴修水利、改良品种、增施肥料、防治病虫害、开垦荒地，迅速提高农作物的产量，把推广优良品种作为农业增产的重要措施之一。1950 年 2 月，农业部发布《五年良种普及计划（草案）》，组织农民开展群众性的选种留种活动，发掘优良品种，就地繁殖，迅速推广。1950 年 8 月，农业部召开"全国种子会议"，讨论开展群众性的选种活动和建立良种繁育体系。农作物优良品种主要由农业部门预约繁殖，预约收购，省、区之间适当调配，农民以粮换种或以种子顶交公粮。当年10 月，农业部发出《关于农作物种子调剂必须建立责任制度的通知》，要求确保种子质量，防止盲目调种。到 1954 年底，全国共评选出农作物优良品种 2 000 多个。

农业部 1950 年颁布《全国玉米改良计划》，确定在近期内采用简而易行的人工去雄选种增产措施和利用品种间杂交种；从长远说要利用玉米杂种优势培育自交系间杂交种，充分发挥玉米的增产潜力。

1954 年 12 月，农业部召开"全国种子工作会议"，要求加速农作物良种的评选和推广，逐步建立良种繁育制度，加强地、县示范繁殖农场和农业合作社种子田的建设。会议指出："加强并健全各级农场。省农场负全省品种改良之责，在决选品种产生后即按统一计划分配给专区、县农场繁殖。因此，每省必须有一个机构健全的农场；专、县农场所种作物品种必须保证比群众的长得好，真正起到示范作用。"同年，农业部在《良种繁殖推广暂行办法》中提出，以省、专、县农场为中心，对良种繁殖推广程序作了具体规定："良种的繁殖推广，应以农场为核心组织良种繁殖区，由上而下地进行。省农场的主要任务为繁殖决选的种子和复壮的种子，供给专区农场繁殖之用；专区农场在尚未得到省农场的良种前，可通过比较试验选择优良的县初选种，经繁殖后供给县农场繁殖之用；县农场应在评选良种工作完成后及时进行繁殖县初选种，并以区为单位，重点组织农业生产合作社和互助组建立良种繁殖区进行繁殖，再推广到农家留种地（种子田），最后普及到农家大田。待专区农场繁殖的种子下来后，县农场即应以繁殖此项良种为主要任务，逐步更换良种繁殖区和留种地的品种。在产棉区须以县农场为基点组织良种繁殖区进行繁殖。"

1950 年 8 月以后，从农业部到地方各级农业部门成立了种子机构，实行行政、技术"两位一体"的种子指导与推广体制，负责评选良种和种子示范推广。1956 年，农业部设立种子管理局，实行行政、技术、经营"三位一体"的管理体制，加强对种子工作的领导。全国建立各级示范繁殖农场（省、专区、县农场）2 000 余处，拥有耕地 200 多万亩，职工 8.5 万人，每年繁殖良种 7.5 万吨。1958 年，经国务院批准，中央和各省（区）设立种子公司或种子管理站，省以下按自然区域设立种子分公司，但县级只设种子站，负责种子经营和调剂。之后，逐步建立和完善了良种繁育制度以及品种区域试验制度、品种审定制度、种子检验制度等，加强种子管理和保障农业生产供种。

20 世纪 50 年代，中国农村经济体制发生急剧变革，经历了从个体农民到互助组、初级社、高级社的过程，各级政府习惯于用战争年代开展"群众运动"的做法领导农业生产，其中也包括种子的普及和推广。农业合作化运动废除了原来的"家家种田、户户留种"的做法，实行"集中管理、统一调种"的制度，出现了省、地、县、社大范围引种调种的局面。优点是统筹安排、调剂余缺，缺点是有些地方违反科学规律，强迫命令，大调大运。各地不断发生盲目调种引发的减产绝收事故，比较典型的是两湖地区水稻籼改粳"青森5号事件"。据《人民日报》报道：1956年湖南省从东北地区调运青森5号早粳种子150万千克，种植面积21.59万亩，禾苗生长普遍不好，平均亩产仅106.5千克，赶不上当地早籼稻亩产224.5千克的一半，减产118千克。湖北省从北方调入粳稻种2 750万千克，播种350万亩，产量普遍都比本地籼稻低，损失稻谷约1亿千克。"青森5号事件"造成严重减产的重大损失，引起各级政府和科研部门的关注。

闻名全国的"青森5号事件"催生农作物品种区试制度。1956年9月，粮食部、农业部联合发文，建立农作物品种区域试验制度，由农业科研单位和种子部门共同制订实施方案，根据自然条件、生态环境、栽培制度和品种类型，有计划地组织品种区域试验和生产试验，统一安排，定期考察，鉴定总结。在同一大自然生态区域，委托一个主要省、市组织联合区域试验。对表现优异、性状优良的品种，在区试的同时就可以进行示范、繁殖、推广。1956年9月25日，农业部种子管理局召开"五省一市种子工作座谈会"，研究品种区域试验和审定工作，加强良种繁殖，讨论省际间良种调剂、执行预约繁殖和预约收购合同制度，以及良种普及规划等问题。

二、"四自一辅"阶段（1958—1977年）

针对一些地区种子大调大运以及商品粮代替种子造成严重混杂和减产的教训，1958年5月，农业部召开"全国种子工作会议"，确定种子工作要依靠农业合作社自繁、自选、自留、自用，辅之以调剂（以后通称为"四自一辅"）的方针，要求集体生产单位自留大田生产用种，国家进行必要的良种调剂。同年8月，遵照国务院批示，原归属粮食部门和商业部门的种子经营和管理职能划归农业部门，由县级种子机构实行"预约繁殖，预约收购，预约供应"；规定种子经营以"不赔钱、少赔钱"为原则，调种费用以及地区差价由国家财政给予补贴。

从全国情况看，20世纪50—60年代中期，农作物种子在生产和交换领域基本情况是：①种、粮不分，种子生产尚未从粮食生产中分离出来，投入种子生产的社会必要劳动与粮食生产的投入基本相同；②尽管种子已经具有商品属性，但交换数量很少，商品率极低；③种、粮交换的形式是以物易物，物物转手，交换的比价基本上没有大的差别。

　　玉米杂交种的培育和推广，使农作物种子呈现商品交换的雏形，主要标志是出现了种子、粮食分工，种子商品率日益提高。尽管交换方式仍然是以物易物，但随着种子生产投入的社会必要劳动时间的增加，商品种子的价值表现形式即交换价值明显提高，生产和交换的社会化与现实生产、交换关系显示出来。这样一来，杂交种子的繁殖亲本和配制杂交种就突破了原有的供种方法。1958 年 12 月，农业部颁布《全国玉米杂交种繁殖推广工作试行方案》，统一规划了全国杂交玉米良种繁殖和推广工作。

　　农业"大跃进"的严重后果以及全国持续三年的特殊灾害，使农业生产跌入低谷，田园荒废，经济萎缩，粮食紧缺，很多地区再次出现农作物种子严重混杂、粮种不分的局面。在全国经济形势略有好转之后，1962 年 11 月，中共中央、国务院发布《关于加强种子工作的决定》，强调"种子第一，不可侵犯"。要求整顿和加强农业科研机构、良种繁殖农场和种子站，特别指出"玉米杂交种这一类的优良种子，主要靠专门的育种场繁殖"。经过调整，恢复了原有的种子示范繁殖农场，新建了一批良种繁殖农场。1964 年 8 月，农业部在黑龙江省林甸县召开"全国种子工作现场会"，推广该县计划供种实现农作物良种化的经验，在全国形成了以县级良种场为核心，公社、大队良种场为桥梁，生产队种子田为基础的三级良种繁育体系，加快了农作物良种的繁育和推广速度。

　　持续十年的"文化大革命"，全国农业生产基本上处于无政府状态，大部分地区撤销了种子管理机构，有的同农业部门合并，有的归行政部门兼管，良种繁育和示范推广体系遭到严重破坏，农作物大田用种出现多（品种多）、乱（布局乱）、杂（种子杂）的局面。1972 年 10 月，国务院批转农林部（农业部1970 年更名为农林部）《关于当前种子工作的报告》，试图整顿和解决农作物种子混杂问题，但在当时社会动荡的环境下，收效甚微。1977 年 8 月，在全国政治形势逐步趋于安定之后，农林部在山东省栖霞县召开"全国大队供种经验交流会"，推广栖霞县改进和创造的以生产大队为单位建立种子专业队，统一繁殖、统一保管、统一供种的经验，在全国建立了农作物统一供种的秩序。

三、四化一供产业化时期（1978—2000 年）

　　改革开放加快了农业现代化建设进程。1978 年 5 月，国务院第 98 号文件批转农林部《关于加强种子工作的报告》，要求从中央到地方把种子公司和种子基地恢复和建立起来，实行行政、技术、经营"三位一体"的管理体制，健全良种繁育推广体系，逐步实现品种布局区域化、种子生产专业化、种子加工机械化和种子质量标准化；实行以县为单位统一供种。后来通称为农作物种子"四化一供"政策。

当时农林部文件形象地概括这一阶段农作物种子管理体制为："一套人马，两块牌子，三位一体，四化一供"。1978 年 6 月，农林部在河北省正定县召开"全国'四化一供'种子试点工作座谈会"，决定投资 1 200 万元在全国建立 12 各个"四化一供"试点县和良种繁育推广体系。财政部通过中国种子公司核拨流动资金 1.72 亿元，1978—1984 年全国先后建成种子"四化一供"县、市 460 多个，跨省区种子生产基地 50 多处。在计划经济管理之下实行"四化一供"，标志着种子完全具有商品属性并进入市场。表现在：①产需之间出现了经营服务环节，促进了种子行业内部专业分工；②适应种子商品社会化生产，确立了产、供、需之间专业化协作关系；③出现了种子加工业，继种子商品在量的方面的增加，开始了在质的方面的变化；④交换手段以货币形式为主，标志种子商品化程度有了显著提高。为适应农村和农业生产形势的变化，根据农业部（1980 年农林部更名为农业部）指示，1980 年以后种子经营原则上改为"不赔钱，略有盈余"；种子购销改为"以粮换种"和"种、粮脱钩，以货币计价"两种方式，并施行县、乡、村多层次供种。

1978 年农林部设置中国种子公司建制，但仍然与种子管理局实行行政、技术、经营"三位一体"，一套人马，两块牌子。1984 年为适应经济体制改革的形势，将种子管理职能划归行政部门，种子经营由种子公司负责，但因存在职责、经费、人员等诸多问题，政企难以分开。1987 年 10 月，农牧渔业部（1982 年 4 月农业部更名为农牧渔业部）决定种子管理站和公司分开，正式成立中国种子公司，从 1988 年元月起，种子部门的机构、职能以及人、财、物完全分开，中国种子公司定为部属企业。1995 年 8 月，农业部（1989 年 9 月农牧渔业部更名为农业部）决定，全国种子总站、农业技术推广总站、植物保护总站、土壤肥料总站合并组建全国农业技术推广服务中心。1995 年 10 月，中国种子公司更名为中国种业集团公司，经国务院批准，从 1999 年 2 月起，中国种业集团公司隶属国家经济贸易委员会。

20 世纪 80 年代以来，全国种子公司现代化基础设施建设获得很大进展，借助世界银行种子贷款项目先后从国外引进现代化种子机械精选加工设备。1978—1985 年，全国已陆续建成 15 座种子精选加工厂；1985—1995 年，全国建成种子精选加工厂 490 座，配备复式精选机和重力式精选机 9 000 多台，种子烘干机 400 多台，果穗烘干室 500 多座，检测仪器 4 万台（件），种子加工中小型配套设备 600 多套。

1995 年农业部实施"种子工程"项目，重点是种子加工机械化。据资料介绍，国家"种子工程"项目总投资计划为 132 亿元，其中种子产业化一期项目 2 亿元；世界银行贷款种子商业化项目 18 亿元；种子工程建设项目 112 亿元。农业部实施种子产业化"三步走"的发展战略：第一步是行政推"三率"（即标牌统供率、种子精选率和种子包衣率）；第二步是竞争建中心；第三步是联合建集团。至 1999 年底，全国种子加工能力达到 490 万吨，加工精选量 350 万吨，种子包衣 150 万吨。

1989 年 3 月，国务院发布了《中华人民共和国种子管理条例》；1991 年 6 月，农业部又颁发了《中华人民共和国种子管理条例农作物种子实施细则》，再次重申国家种子公司是种子经营的主渠道，进一步加强县级种子公司的地位，实行统一供种，专营。

随着每年供种量的余缺，各地种子市场出现"三多"现象：经营单位多，无证经营多，假劣种子案件多。1996 年 2 月在"全国农业工作会议"上，农业部负责人作题为《提高认识，狠抓落实，全面推进种子工程》的报告。指出当前种子工作存在四个问题：一是生产用种"多乱杂"，二是组织结构"小散低"，三是"政事企"职责不分，四是"育繁推"脱节。要从科研育种到种子市场销售的全过程、全行业、全方位推进种子产业化改革、改组、改造，是种子工作发展的出路和目标。

1996 年 4 月，农业部、国家工商行政管理总局发布《农作物种子生产经营管理暂行办法》，重申种子销售权限定在县级种子公司，农业科研院所经营种子必须是本单位培育，并严格限制在本单位范围内销售。1996 年 6 月，农业部与国家工商行政管理总局联合召开"全国加强种子管理电话会议"，强调"六查三整顿"。全国共吊销"种子生产许可证"114 个、"种子经营许可证"3 993 个、"营业执照"923 个，查处种子违法案件 5 289 起。

1995 年，中国对外贸易经济合作部制定了《指导外商投资方向暂行规定》和《外商投资产业指导目录》，鼓励外商投资粮、棉、油、糖、果树、蔬菜、花卉、牧草、林木等优良新品种。1997 年 9 月，农业部、国家计划委员会、对外贸易经济合作部、国家工商行政管理总局联合发布《关于设立外商投资农作物种子企业审批和登记管理的规定》，把粮、棉、油 3 类种子由鼓励类改为限制乙类，规定暂不允许外商投资经营销售型农作物种子企业和外商独资农作物种子企业，外企进入必须由中方控股或居主导地位。据对外贸易经济合作部资料，1995—2000 年，有 76 家跨国公司在中国注册登记，但主要营销蔬菜、瓜果、花卉种子或种苗。

在计划经济时期，国有种子公司体制存在许多弊端：一是部门职能间缺乏制衡与约束。农业行政部门主管种子工作，具体委托各级种子管理机构（种子管理站）负责种子管理。但在运作过程中，大部分地县种子管理站既是种子管理部门，又是技术服务部门，还是种子经营部门（企业），集行政管理、技术服务、种子经营于一体，使三种不同职能间缺乏制衡和约束。二是育种、繁育、推广脱节。种子公司按照行政区划布局，条块结合，以块为主。各级种子管理站（亦即种子公司）出于自身利益，人为设置壁垒，维护市场占有份额，种子市场呈纵横分割状态，市场机制的功能和作用受到限制，市场主体间难以开展公平竞争，行业间的关联关系扭曲。三是种子市场组织发育程度低。省、地、县级种子公司和乡镇农业技术推广站，布局分散，规模小，经营方式趋同，市场化程度偏低，处于过度竞争态势，没有成为真正的市场主体；有相当数量的种子公司缺乏生产及营销条件，缺乏检验仪器、加工机械等技术手段，缺乏技术人才和经销人才，因而也难以保证种子质量。四是种子企业的经营行为扭曲。由于资金不足，许多种子公司高负债经营。据农业部门资料，截至2000年年底，全国国有种子公司的资产负债率高达80%。国有种子企业资产总额中，有3/4以上是因负债形成的，属于所有者权益的部分不足1/4。负债率对企业经营行为有明显影响，负债率过高，往往导致企业经营者用别人的钱去冒经营风险，而国有种子公司从银行贷款时就认为银行有天然的"支持"责任，乃至产生"千年可赖，万年不还"的依赖思想。五是种子产业运行效率低。种子产业运作的低效，与种子管理体制以及该体制下的微观组织效益偏低有密切的关系。

20世纪90年代连续发生重大假冒伪劣种子案件，例如"北方铁秆小麦"、"咸阳超大穗麦"等。1998年7月12日，中央电视台《焦点访谈》节目以"劣种出自种子站"为题，播发山东省临沂市种子站（公司）出售发芽率不合格的陈种子，造成恶劣影响的事件。通常像该种子站这样，把伪劣种子混入市场的公司，不在少数，不足为奇，但通过中央电视台在全国曝光，可就"惊天动地"了。经常看《焦点访谈》的国务院总理朱镕基十分震惊，立即作了重要指示，要求农业部严肃处理。7月13日，农业部陈耀邦部长紧急召开会议，以农业部名义向山东省农业厅发布《关于纠正违规供种行为 加强种子管理的紧急通知》，提出严肃处理的六条意见和加强种子市场管理的具体措施。7月14日，陈部长又将有关情况报告朱镕基总理。朱总理和丁关根同志都作了重要批示。随后，陈耀邦部长到中央电视台演播室，就当前种子市场存在的主要问题，提出了进一步加强管理的具体措施。紧接着，山东省农业厅7月21日发布关于《临沂种子站（公司）掺售劣质玉米种子事件》的通报。山东省委书记吴官正、省长李春亭等负责同志多次批示，要求对此案件尽快严肃查处，合理赔偿农民损失。

当年 12 月，农业部召开"全国种子市场管理工作会议"，再次向全国通报和批评山东省临沂、广东省湛江、辽宁省阜新等种子部门制售假劣种子案件。时任国务院副总理的温家宝在农业部报送的《关于种子工作情况的汇报》上严厉批示："必须制定最严格的管理法规，加强对种子生产经营的管理，坚决打击制作贩卖假种坑害农民的违法活动，保护农民利益。"

从 20 世纪 80 年代中期开始的种子机构政企分开的改革，实际上并未顺利实施。据报道，1995 年全国省、地、县级种子机构基本上仍为"一套人马、两块牌子"。在 30 家省级（不含台湾）种子机构中，站和公司分设的有 4 家（辽、粤、甘、琼），只有种子公司的一家（川），其他 25 家都是管理站、公司合一的；330 个地、市级种子机构中，站和公司分设的有 29 家；在 2 323 个县级种子机构中，站和公司分设的有 107 家。"一套人马、两块牌子"的省、地、县级种子机构，分别占同级种子机构总数的 80%、91.2% 和 95.4%。截至 2000 年年底，各级种子管理站和种子公司仍然有分有合，有合有分，但大部分省（区、市）种子机构基本上保持着计划经济垄断经营的管理体制。

中国拥有世界上最大的种子生产与供应系统。据有关部门资料，截至 2000 年 12 月，全国县级以上 2 700 家国有种子（站）公司，平均总资产 1 240 万元，账面平均净资产 49 万元，平均销售额 800 万元，平均年利润 30 万元。种子销售超过亿元的仅有 7 家，登记资产超过 3 000 万元的种子公司有 20 多家，注册登记的种子经营点 32 500 多家。国有原种场、育种场 2 300 多处，职工 4.7 万人，耕地 3 000 多万亩。一些县级种子公司与种子生产者签订合同，向农民提供商品种子，另一些县级种子公司依靠调运种子从事经营活动；地区级种子公司则利用省、地级农业科研单位或高等农业院校提供的原原种（或育种者种子）生产原种，并提供给县级种子公司，有些地级种子公司也生产和经销商品种子；省级种子公司和国家种子公司主要是制定种子生产与经营计划以及负责地区余缺调剂，国家种子公司还承担国际种子贸易进出口业务。如果把经营盈亏作为评价种子公司优劣的标准，全国国有种子公司可以划分为上、中、下三类：上类种子公司数量极少，全国不到 5%，加上中等偏上类也达不到 10%；中类和中下类种子公司数量较多，基本上是资不抵债，负债经营，约占全国种子公司数量的 70%；严重亏损或坐待"破产"的种子公司数量约占总数的 20% 或更多一些。

四、市场开放、种业竞争时期（2001 年至今）

加入 WTO 意味着中国已经成为世界经济贸易组织的成员，2000 年 12 月 1 日《种子法》实施，彻底打破了计划经济时代国有种子公司垄断经营的局面。中国种业成为农业领域市场化进程发展最好的产业之一，涌现井喷式的创业热情，呈现从遍地开花到百强竞雄空前繁荣的局面。

作为世界贸易组织成员，中国种业也在融入全球经济一体化浪潮，开创市场竞争和产业发展的新局面。主要表现在：一是破除了主要农作物种子垄断专营体制，放开了种子市场；二是打破了国有种子公司一统天下的局面，多种所有制形式的种子企业共同发展；三是确立了品种权的法律地位，品种知识产权受到保护；四是实施了国际双边贸易，鼓励发展种子的进出口业务。总之，一个生机勃勃的种子市场诞生了。

（一）种业主体多元化格局基本形成

《种子法》实施，政策壁垒被彻底打破，种业的丰厚利润引得各路资本纷纷进入，种子企业如雨后春笋般迅速增长。据农业部资料，到 2008 年 12 月，全国注册资金 3 000 万元以上的种子公司有 97 家，注册资金 500 万元以上的种子公司有 8 500 多家。其中，国有种子公司 2 000 多家，民营种子公司 6 400 多家，外资企业 76 家（其中包括 26 家独资公司、42 家合资公司、8 家中外合作经营公司），委托代销公司在 16 万家以上。种业主体呈现多元化，有改制的股份制种子公司，有新兴的民营种子公司，有科研院所开设的种子公司，还有一批享受优惠条件"下海"学人兴办的种子公司，其中一些公司建立了现代企业管理制度和法人治理结构。继 1997 年 4 月安徽省合肥市丰乐种业成为"中国种业第一股"之后，紧接着隆平、亚华、秦丰、敦煌、登海、华冠等种子企业成功地进入资本市场，特别是北京奥瑞金种业公司成为首例美国纳斯达克股市成员。随着种业市场的重新洗牌，一批具有战略眼光和资金优势，拥有产权品种和品牌又具有市场运作技巧的种业公司快速成长壮大，以营销玉米、水稻种子为主的行业聚集度不断提高。

2018 年，各地纳入种业基础信息统计的种子企业中有 24 个省（区、市）数量出现增多，四川省、辽宁省、山东省分别增加 90 家、89 家和 63 家；有 6 个省（区、市）的种子企业数量减少，数量下降较多的省份为重庆市、新疆生产建设兵团、甘肃省，分别下降 12 家、12 家、10 家。2018 年河南省和甘肃省种子企业数量排名各省第一和第二，分别为 504 家与 502 家，占到全国种子企业总数量 8.9％和 8.86％。青海是种子企业数量最少的省份，种子企业数量仅 19 家。

2018 年种子企业总资产大于 2 亿元（含）的 171 家，北京市与甘肃省排名第一和第二，分别为 19 家与 13 家，两省市的数量占到总数的近 1/5。净资产大于 1 亿元（含）的种子企业中，北京市最多，有 24 家，甘肃省、内蒙古自治区、山东省、湖南省、四川省和新疆维吾尔自治区企业数分别为 16 家、16 家、15 家、13 家、11 家和 11 家，八省市的数量接近总数的 50%。固定资产大于 5 000 万元（含）的种子企业中，甘肃最多，为 21 家，其次为北京，为 14 家，排在第三位的是山东省，为 10 家，上述三省市的企业数量接近总数的 1/3。

（二）高产优质新品种审定数量增加

据农业部统计，中国的农业植物新品种权申请数量正以年均 40% 的速度增长，从 1999 年 3 月至 2008 年 12 月，中国申请的农业植物新品种权共 5 441 项，授权 1 866 项，其中大田作物 4 805 项，授权 1 731 项，其中水稻 1 662 项（授权 703 项）、玉米 2 004 项（授权 717 项）、普通小麦 507 项（授权 184 项）。随着市场开放与种业竞争加剧，促进了新品种的培育与审定，特别是 2007 年，《中华人民共和国植物新品种保护条例》实施以来，有效地维护了品种权人的合法权益，有力地推动了植物新品种的培育，促进了种业科技创新和新品种权有偿转让，以及企业自主开发新品种的积极性。新品种年申请量进入国际植物新品种保护联盟成员排名前 4 位，全国选育的新品种数量为中华人民共和国成立 50 年来的 1/4，平均每年通过国家审定的主要农作物品种 140 多个。全国种植面积 100 万亩以上的水稻、玉米、小麦品种，国审占 60%～70%。植物新品种知识产权保护鼓舞了育种人员的积极性，为农民增产增收和国家粮食安全做出了贡献。

（三）种子企业逐步发展成为技术创新的主体

随着种业市场化进程，新品种权意识逐步深入人心。种子企业办科研，培育和开发自主产权品种，将单一的经营性企业转变为科研开发复合型企业，是种子企业逐步发展的一大特点。种子企业只有建立自己的研发实体，吸收高水平的科研人员，从事创新性的育种研究，才能真正培育和形成企业的核心竞争力。从实力雄厚的外资企业、合资企业，直至崭露头角的民营企业，都在大力增加人力、物力、财力投入开展新品种选育。中国育种科研工作在种子企业中的地位正在悄悄地发生变化。

（四）农民购买种子更便利

随着种业市场竞争和品种多样化，品种推广模式发生了很大的变化。由计划经济时代各级农业部门宣传、指导、命令式的推广模式，转变为政府推动、企业推广、市场拉动等多种模式相结合。企业宣传和服务在市场竞争中愈来愈显示重要的地位，依靠高产品种、优秀品牌和优质售后服务占领终端市场。谁在优质服务上取得主动权，谁就能赢得农户的信赖。许多种子公司把品种展示、现场观摩、高产示范、技术培训和种子交易延伸到乡村一级，让农民看得见、信得过。有的公司通过高产竞赛将新品种和配套技术进村入户，给优胜者奖励现金或实物，赢得农民对公司品种和品牌的信赖和欢迎，遇到质量或技术问题，技术人员及时服务到田间。

第二节　种业主要成就

在党和国家的高度重视下，经广大科研人员的积极努力，种业快速发展，取得举世瞩目的巨大成就。具体表现在以下几个方面：品种改良不断取得新突破，新品种选育速度加快；种子质量大幅提高，良种推广速度加快；基础设施建设初具规模，良种繁育条件显著改善；种业科技创新竞相涌现；良种重大科研联合攻关向纵深推进；种业市场发展空间进一步扩大；种子企业实力不断增强；种子法规不断完善；种子管理日趋规范。

一、品种改良不断取得新突破，新品种选育速度加快

新中国成立初期，国家克服各种困难，建立专业育种机构，调集科技人员，购置仪器设备，安排专项经费，积极开展品种改良工作，取得了举世瞩目的成就。

在水稻育种方面：水稻品种间杂交取得了突出成就，早在 1957 年和 1959年，就选育成矮秆品种——矮脚南特和广场矮，比菲律宾国际水稻研究所育成矮秆品种早了 7 年。20 世纪 60 年代育种专家袁隆平提出通过培育水稻三系利用水稻杂种优势的设想，1970 年李必湖、冯克珊找到雄性不育野生稻，1973年广西农学院张先程等发现 IR24 为强恢复系，从而实现籼型杂交水稻三系配套成功。其后，陆续选育出汕优 63 等一批高产新组合。矮秆品种和三系杂交稻的育成，不但增强了抗倒伏能力，大幅度提高了水稻产量，而且为自花授粉作物利用杂交优势闯出一条新路子，极大地丰富了遗传育种理论，是世界水稻育种史上的重大突破。

从 20 世纪 80 年代开始，湖南等省又开展杂交水稻两系法研究，育成了一批实用温光敏不育系，选配了一批强优势组合，培育了一批增产幅度大的超级

稻组合。与三系杂交稻相比，两系杂交稻更具发展前途。

在南方杂交籼稻选育的同时，从 1971 年开始，北方杂交粳稻也进行杂交优势利用的研究，并于 1975 年选育出粳稻杂交种——黎优 57。

小麦育种方面，从 20 世纪 50 年代开始，赵洪章、陆懋曾等先后育成碧蚂 1 号、泰山 1 号等抗锈、高产良种，摘掉了小麦是低产作物的帽子。20 世纪 60 年代中期，育成了矮秆品种，解决了高产地区倒伏减产的问题，使小麦产量跃上一个新台阶。

更值得提出的是李振声用偃麦草与小麦进行远缘杂交取得了突破，育成小偃 6 号等高产、多抗小麦新品种；鲍文奎等经过长期努力，解决了 6 倍体小麦与 2 倍体黑麦进行远缘杂交的困难和制种技术，育成了多个小黑麦新品种，取得了遗传理论上的重大突破——证明人为可以创造新物种。

在玉米育种方面，从新中国成立初期品种间杂交逐步过渡到杂种优势的利用，各地先后育成一大批优良新组合。20 世纪 70 年代李竞雄等首先育成中单 2 号，尔后其他专家相继育成了丹玉 13、掖单 13、农大 108、郑单 958 等优良新组合，为中国玉米增产作出了很大贡献。

在大豆育种方面，新中国成立初期王金陵育成了东农 4 号等品种，得到大面积推广。20 世纪 70 年代开始，又相继培育推广合丰 25、铁丰 18、吉林 20、绥农 14、豫豆 25、中黄 13 等一大批良种。另外，大豆杂种优势利用也取得了突破，育种了吉杂豆 1 号等杂交种。

在油菜育种方面，中国杂种优势利用的研究也走在世界前列。1972 年华中农业大学傅廷栋教授首次发现波里马细胞质雄性不育，1985 年李殿荣研究员选育出世界上第一个杂交油菜品种"秦油 2 号"，华中农业大学还实现了甘蓝型油菜黄籽细胞质雄性不育三系配套，并育成了一大批"双低"品种，在生产上大面积推广应用。

在棉花育种方面，20 世纪 80 年代以来，先后培育推广了鲁棉 1 号、中棉 12 等一批好品种，近年来又推广了抗虫棉、抗虫杂交棉，对提高棉花产量起了很大作用。

此外，蔬菜、水果、花卉、草类等作物的良种培育、推广工作也取得了显著成就。

在科研育种取得重大突破的同时，新品种选育的速度也大大加快。新中国成立后的前十年（1950—1960 年），全国育种机构育成的新品种不到 150 个，1996—2005 年国家审定的品种则达 1 295 个，是第一个十年的 8 倍。2005 年后，新品种逐年增加。以最近的 2018 年为例，通过国家审定的主要农作物品种 902 个，与 2017 年相比增加 496 个。其中水稻 268 个（杂交稻 234 个，常规稻 34 个），玉米 516 个，小麦 77 个，棉花 6 个，大豆 35 个。通过省级审定的主要农作物品种 2 413 个，同比增加 439 个。其中水稻 709 个、玉米 1 188 个、小麦 238 个、棉花 92 个、大豆 186 个。2018 年，全国共引种备案主要农作物品种 4 885 个。其中水稻 1 264 个、玉米 3 204 个、小麦 284 个、棉花 20 个、大豆 113 个。这些新品种的育成和推广，为中国农业增产和农村经济持续稳定发展做出了重大贡献。

二、种子质量大幅提高，良种推广速度加快

新中国成立后，党和政府采取发掘、评选农家良种，引进国外品种和大力培育新品种等综合措施，良种面积迅速扩大。1952 年全国粮食、油料作物良种覆盖率增加到 12%，第一个五年计划末（1957 年）全国良种覆盖率上升到 52%。其后的三年困难时期以及十年"文革"，种业发展的速度有所减缓。1978 年后，大力开展"四化一供"，到"八五"末（1995 年）良种覆盖率达 80%多。1996 年实施种子工程，进一步加强领导，增加投入，到 2005 年良种覆盖率稳定在 95%以上。

在良种面积迅速扩大的同时，种子质量也在逐步提高。1978 年前，种子精选加工的数量极少，商品种子的质量特别是净度、整齐度较差。实行"四化一供"后，由于发展种子加工机械，种子加工精选量稳步上升。1978 年全国种子加工精选量不足 1 亿千克，1980 年增加到 6 亿千克，1995 年达到 20 亿千克，2005 年上升到 54 亿千克。不但加工精选，还进行包衣、包装、防伪，如种衣剂 90 年代初开始推广，1995 年种子包衣量只有 3 亿千克，2005 年上升到 16 亿千克。良种推广速度加快和种子质量、科技含量提高，不但大幅度提高了农作物产量，而且能有效地规避生产风险，促进农业持续稳定发展。

此后良种推广工作不断推进，据全国农技中心统计，2018 年玉米、水稻等 7 种农作物良种推广面积统计，10 万亩以上品种有 2 785 个，其中 1 000 万亩以上品种有 9 个，同比增加 2 个。作物情况如下：

玉米推广面积在 10 万亩以上的良种有 988 个，推广总面积 44 445 万亩。单个品种推广面积超过 1 000 万亩的有 4 个，郑单 958 的推广面积最大，占 6.9%。前 10 位品种为郑单 958、先玉 335、京科 968、登海 605、德美亚 1 号、伟科 702、裕丰 303、浚单 20、隆平 206 和联创 808，推广面积为 11 998 万亩，占 10 万亩以上玉米品种推广总面积的 27.0%。

水稻推广面积在 10 万亩以上的杂交水稻良种有 484 个，推广总面积 16 516 万

亩。前 10 位品种为晶两优华占、晶两优 534、隆两优华占、C 两优华占、两优 688、天优华占、深两优 5814、泰优 390、宜香优 2115 和隆两优 534，推广面积为 3 098 万亩，占 10 万亩以上杂交水稻品种推广总面积的 18.8%。常规水稻推广面积在 10 万亩以上的品种有 285 个，推广总面积 15 069 万亩。前 10 位品种为绥粳 18、龙粳 31、中嘉早 17、黄华占、龙粳 46、南粳 9108、淮稻 5 号、中早 39、龙稻 18 和绥粳 15，推广面积为 5 500 万亩，占 10 万亩以上常规水稻品种推广总面积的 36.5%。

小麦推广面积在 10 万亩以上的良种有 433 个，推广总面积 31 508 万亩。单个品种推广面积超过 1 000 万亩的有 4 个，前 10 位品种为百农 207、鲁原 502、济麦 22、中麦 895、山农 28、郑麦 9023、西农 979、郑麦 379、山农 29 和烟农 19，推广面积 10 685 万亩，占 10 万亩以上小麦品种推广总面积的 33.9%。

油菜推广面积在 10 万亩以上的良种有 200 个，推广总面积 6 390 万亩。其中，前 10 位品种为沣油 737、华油杂 62、华油杂 9 号、中双 9 号、丰油 730、青杂 5 号、阳光 2009、秦优 10 号、浙油 50 和中双 12，推广面积为 1 427 万亩，占 10 万亩以上油菜品种推广总面积的 22.3%。

大豆推广面积在 10 万亩以上的良种有 227 个，推广总面积 9 767 万亩。其中，前 10 位品种为黑河 43、克山 1、中黄 13、合农 95、合农 75、合农 69、黑农 48、齐黄 34、冀豆 12 和绥农 44，推广面积 3 203 万亩，占 10 万亩以上大豆品种推广总面积的 32.8%。

马铃薯推广面积在 10 万亩以上的良种有 82 个，推广总面积 6 265 万亩。其中，前 10 位品种是费乌瑞它、青薯 9 号、克新 1 号、威芋 3 号、冀张薯 12 号、米拉、会-2、合作 88、冀张薯 8 号和陇薯 3 号，推广面积 3 370 万亩，占 10 万亩以上马铃薯品种推广总面积的 53.8%。

棉花推广面积在 10 万亩以上的良种有 86 个，推广总面积 3 309 万亩。其中，前 10 位品种均为常规棉，分别是新陆早 61 号、新陆中 37 号、新陆早 72 号、中棉所 49、新陆中 54 号、新陆中 72 号、新陆早 62 号、新陆早 57 号、新陆中 69 号和新陆早 64 号，推广面积为 1 434 万亩，占 10 万亩以上棉花品种推广总面积的 43.3%。

三、基础设施建设初具规模，良种繁育条件显著改善

新中国成立初期，种子由粮食部门经营，共用粮食经营设施，缺乏种子储存、加工等专用设施。1979 年，平均每省（直辖市、自治区）只有种子仓库 40 992 平方米，晒场 29 335 平方米，加工车间 1 804 平方米，精选机 85 台

（套），种子检验室 1 364 平方米，检验仪器 429 件（台）。

　　建设"四化一供"试点县后，国家逐步增加投资。除种子专项资金外，商品粮基地、优质棉基地、农业综合开发、世界银行贷款等方面的资金，也有相当部分用于种子基础设施建设。经过三个五年计划的建设，到 1996 年，平均每省（直辖市、自治区）有仓库 129 109 平方米，晒场 145 761 平方米，加工车间 10 723 平方米，加工机械 394 台（套），检验室 6 756 平方米，检验仪器 1 634 件（台），比 1979 年分别增加了 2.15 倍、3.96 倍、4.82 倍、3.63 倍、3.95 倍和 2.8 倍，良种繁育、推广和经营条件得到明显改善。

　　实施种子工程后，国家进一步加大投资力度，从科研育种设施到加工精选、包衣包装设备，全面进行武装。据不完全统计，从 1996 年到 2005 年，共投资 62.47 亿元，新建种质资源库 12 720 平方米，农作物改良中心、分中心的实验室、组培室、挂藏室等 71 500 平方米，种子质量检测中心的实验室 83 600 平方米，购置仪器 12 425 台（套），国家救灾备荒种子储备库 120 000 平方米。另外，还新建农作物品种区域实验站 135 个，国家级原（良）种场 54 个，标准化制种基地 1 390 万亩，以及一批大、中型种子加工中心和种衣剂厂、包装材料等。良种选育、繁殖推广和生产经营条件有了进一步的改善。

　　农作物种质资源保护设施得到明显改善。截至 2018 年底，完成了 40 个国家库圃的改扩建，另有 16 个国家作物种质资源库圃还在建设当中；国家作物种质长期库新库建成后，种质库的容量将增加 3 倍，达到 150 万份，保存总量将稳居世界第二位。

四、种业科技创新竞相涌现

　　生物技术、信息技术、材料技术和资源环境技术的广泛应用，有力地推动了中国在动植物新品种培育等领域研究水平的不断提升。重要农作物功能基因发现与克隆、调控网络解析以及新一代基因组测序技术取得进展，挖掘出一批优异种质资源及基因，基本完成了水稻、小麦、玉米、棉花、大豆、谷子、番茄、黄瓜、甘蓝、白菜等农作物的基因图谱绘制和测序工作。新一轮以强优势杂交种为主体的杂种优势利用研究及其产业化引领世界，分子育种技术得到普遍运用，全基因组选择技术、基因组编辑技术正趋于成熟。目前，作物育种已由经验型向科学化转变、性状变异由随机产生向定向设计转变。育种目标跨越了对单一性状的改造阶段，优质、高产、抗逆、广适以及提高光温水肥资源利用效率、适宜机械化等复合性状聚合育种正大踏步进入育种程序，品种综合性状得到有效改良。

（一）基础前沿研究

农业生物功能基因组学等基础研究取得长足发展，相继完成了多种粮食作物的基因组测序，产量、品质、抗逆、养分高效利用等重要性状形成的分子基础研究和基因克隆获得重大突破。先后解析了水稻株型调控与抗褐飞虱的分子机制，阐明了小麦多倍化过程中与杂种优势有关基因表达新特点。创建了水稻功能基因组育种数据库、高效水稻转化技术平台，研发了作物基因定位及高通量数据分析软件，成功建立了 CRISPR/Cas9 基因组编辑技术平台。研制了高通量小麦 660KSNP 芯片并在小麦基因组研究中得到了广泛应用。克隆了玉米单倍体关键诱导基因，解析了诱导机制，创制了高油型诱导系，提出新型鉴别单倍体的技术原理，研制了国际上首台核磁单倍体自动筛选设备。继水稻之后，启动谷子作为禾本科、C4 光合作用和作物节水抗逆基础研究新的模式作物，建立了国内外首个谷子功能基因研究平台，构建了谷子参考基因组图谱。

在果蔬上，完成了主要蔬菜作物黄瓜、大白菜、西瓜、番茄等全基因组测序或重测序，构建了主要蔬菜作物核心种质群，挖掘了一批品质、抗性与农艺性状的功能基因。构建了甜橙、梨、猕猴桃和枣等果树作物的基因组图谱，在柑橘、苹果、香蕉、草莓等作物中发掘并鉴定了一批控制关键性状的优异基因，明确了其调控机制。

在棉油上，大豆、棉花、油菜、花生等作物基因克隆与功能研究取得突破性进展，鉴定了一大批控制株型、生育期、产量、育性、品质、抗逆、抗病虫、养分高效利用及驯化相关性状的功能基因，不仅为解析作物性状的遗传调控机制奠定了重要基础，也为品种改良提供了新的基因资源。

（二）重大品种创制

作物方面，选育高产优质抗病虫水稻，节水抗旱抗病的小麦、机收籽粒玉米、优质高产大豆品种 100 余个，主要农作物种子质量合格率稳定在 98％以上，对农业增产的贡献率达到 45％。培育的第 3 期超级杂交稻品种，连续多年百亩片平均亩产突破 900 千克。在优质化育种方面，美香占 2 号、玉针香等 10 个籼稻品种和龙稻 18、松粳 28 等 10 个粳稻品种，在全国优质稻品种食味品质鉴评活动中获得好评。龙稻 18、松粳 28、南粳 46 和五优稻 4 号等一批高产优质粳稻品种在江苏、黑龙江等省大面积推广，粳进籼退的格局逐步形成。育成了郑麦 7698、西农 979 等一批优质小麦品种，在生产上得到广泛种植。采用玉米单倍体技术，选育了黄金 61、齐 31 等一批自交系，已规模化用于杂交组合配制，通过省级以上审定玉米品种近 40 个，其中国审玉米品种 15 个以上，新品种累计推广 2 亿亩以上。杂粮作物品种上，选育出燕麦新品种 30 个、荞麦新品种 15 个。通过远缘杂交转育狗尾草的抗性基因，基本实现了谷子耐除草剂品种的普及和中矮秆品种的更新换代；粒用高粱成功完成质核互作三系的中矮化转育，杂交种实现中矮秆化，为机械采收和田间轻简栽培管理提供了适合的品种保证。

在果蔬品种上，选育出 10 个早晚熟配套、适合机械采收、高黏低酸专用的加工番茄新品种，审定 154 个优质抗病西甜瓜品种、17 个熟期搭配、性状优良的梨新品种。

在油料作物品种上，采用高油酸分子标记辅助回交育种等技术，育成高油酸花生新品种 40 个，有效解决了花生产业中高油酸品种缺乏、高油酸性状选择技术落后等难题。选育出适宜我国不同产区种植的多抗专用食用豆新品种 56 个，高油高蛋白抗病耐渍适合机械采收等芝麻新品种 6 个。

（三）关键技术创新

在小麦条锈病综合治理体系建立和应用方面取得突破性进展，创建了以生物多样性利用为核心，以生态抗灾、生物控害、化学减灾为目标的小麦条锈病菌源基地综合治理技术体系。引进国外小麦野生基因资源，系统进行小麦远缘杂交和抗性资源筛选工作，发现了多份高抗小麦赤霉病的易位系，经过回交转育和接种鉴定获得多份稳定的抗性新材料，对赤霉病抗性表现良好，有望对全世界小麦抗病育种发挥重要作用。

（四）种质资源引进

2012 年以来，针对产业和农业发展需求，"948 计划"先后引进动植物、微生物种质资源及优良品种 24 700 多份，通过消化吸收再创新，共育成新品种 260 多个，极大地丰富了中国的种质资源，为保障中国粮食安全提供了品种支撑。一是优异特色粮棉油作物种质资源。从国外收集优异特色粮油作物种质资源，其中水稻、小麦、玉米、棉花、大豆、杂粮等农作物种质资源和材料 16 500 多份。二是果蔬、花卉种质资源。从国外收集到食用豆、辣椒、茄子等资源 2 300 多份，引进国外综合性状优良的菊花、芍药、月季等 1 400 多份，引入葡萄、梨、香蕉、甜樱桃等资源 300 余份，极大地丰富了中国水果、蔬菜与花卉种质资源。

（五）重点研究领域

转基因大豆已成为各国布局中国产业市场的重点。转基因是一项新技术，也是一个新产品。在转基因生物新品种培育重大专项支持下，中国转基因技术研发已跃居世界第一方阵，但与美国相比仍然有较大差距。截至 2016 年底，美国获得生物技术领域专利达 12 036 项，中国为 4 689 项，但国际专利较少。

尽管中国目前还没有对转基因大豆种植开放，但是大豆的消费需求巨大，中国大豆的进口量从 1996 年的 111 万吨持续增加到 2017 年的 9 554 万吨，其中主要是转基因耐除草剂大豆。因此，国家应集中布局重点产业领域的专利，以技术带动产业发展，抢占生物技术产业发展的主动权。

（六）转化应用

转基因棉花推广应用效果显著。中国商业化种植转基因棉花已有 20 年的历史，2017 年种植转基因棉花 280 万公顷，中国自主选育的转基因棉花品种市场份额占 95% 以上。如此大面积的种植和高品种自给率离不开专利技术在背后做支撑。2001 年由中国农业科学院生物技术研究所发明并获得中国发明专利金奖的"编码杀虫蛋白质融合基因和表达载体及其应用"是最为突出的一项。1994 年，中国转基因棉花培育成功，也成为继美国之后第 2 个可以自主培育抗虫棉的国家。2008 年以来，中国育成抗虫棉新品种 159 个，减少农药使用 70%。转基因抗虫棉花的推广挽回了虫害造成的棉花产量损失，降低了棉花的生产成本，提高了我国棉花的国际竞争力。

五、良种重大科研联合攻关向纵深推进

在盖钧镒、戴景瑞、万建民、许为钢等院士专家指导下，国家良种重大科研联合攻关实施到 2018 年，取得一系列新成效。种业基础理论与育种技术创新取得新进展，精准鉴定主要作物种质资源表型和基因型 28 000 多份，克隆一批优质高产抗病虫基因，发明水稻规模化花药培养技术，构建玉米单倍体育种高效技术体系，完善水稻资源数据库，提高新品种培育效率。绿色优异种质资源与育种新材料创制取得新成效，鉴定绿色性状材料 50.5 万份次，筛选出绿色优异种质资源与育种中间材料 3 500 多份，创制新种质 1 140 份，极大丰富了四大作物育种攻关的种质基础。

绿色优质品种选育取得新突破，配制杂交组合 29 000 多个，选育审定了一大批绿色、优质、高产品种，植物新品种权授权 369 个。新品种展示示范持续推进，四大作物攻关均设立了绿色优质品种展示示范点，加大宣传推广力度，攻关成果有效支撑农业结构调整。

在水稻、玉米、小麦、大豆四大作物联合攻关机制取得成功的基础上，结合特色作物产业优势和市场需求，以甘蔗、火龙果、西兰花、甘薯、香蕉、荔枝、青梗菜、马铃薯、花生、油菜、食用菌等 11 种优势特色作物为重点，特色作物良种攻关组织启动，在资源共享、品种选育和展示等方面取得了初步成效。

六、种业市场发展空间进一步扩大

一是种子市值总体稳定。2018 年中国种子市值 1 201.67 亿元，保持世界第二大种子市场地位。杂交水稻和常规水稻种子市值分别为 140.43 亿元、53.98 亿元；小麦种子市值 170.69 亿元；玉米种子市值 277.77 亿元；大豆种子市值 36.08 亿元；棉花种子市值 22.72 亿元；油菜种子市值 12.99 亿元；马铃薯种子市值 142.02 亿元。

二是供种结构趋向优化。①玉米制种结构出现新变化。全国制种组合数超过 1 800 个，其中中小面积制种组合 1 500 多个，万亩以上制种规模品种数下降，美系血缘为主的部分传统大品种因耐热性差、库存压力大等因素导致制种面积大幅下降甚至停止制种，区域特色强、抗性好、绿色优质、宜机收品种面积调增；②水稻供种结构明显调优。特色、专用、优质、抗性好、宜轻简化栽培品种制种面积占据主导地位，荃优、泰丰优、宜香优等系列品种面积明显增加，小面积制种新组合数量大幅增加，普通品种制种面积大幅下降；③市场对品种需求更加多元。2018 年，水稻产业进一步朝优质化、品牌化方向发展，农业农村部举办首届全国优质稻品种食味品质鉴评，评出了首届全国优质粳（籼）稻金奖品种各 10 个，在行业引起巨大反响，各水稻主产省份相继采取措施共同推动优质稻产业发展，推进落实质量兴农和品牌强农战略。

七、种子企业实力不断增强

一是种子企业实力稳定增长。2018 年中国种子企业的数量 5 663 家，注册资本 3 000 万元以上的企业数量增加 16 家。全国种子企业资产总额达到 2 072.72 亿元，净资产总额 1 225.52 亿元，固定资产总额 460.19 亿元；实现种子销售收入 691.98 亿元。

二是科研投入继续保持。2018 年，种子销售额前 10 名内企业的科研投入为 8.63 亿元，占本企业商品种子销售额（102.56 亿元）的 8.42%，与 2017 年相比提高 0.21 个百分点，2018 年市场情况普遍低迷，企业保持高水平的科研投入，实属不易。

三是领军企业做大做强。2018 年，中化集团与中国化工 2 家企业进入世界种业 10 强。中信集团正式入主隆平高科后，隆平高科 2018 年营收 35.80 亿元，较 2017 年增长 12.22%，全球排名第八。中国化工集团全资收购全球第一大农药、第三大种子农化高科技公司——瑞士先正达后，使先正达 2018 年种子销售额达到 30 亿美元，比 2017 年增长了 6%，巩固了全球第三大种子公司的地位。

八、种子法规不断完善，种子管理日趋规范

改革开放后，随着种子事业的发展，客观上需要有一部能够适合中国国情、内容比较系统、可操作性较强的种子法。农业部遵照中央领导多次提出要制定种子法的指示精神，1978 年农业部开始组织有关人员研究起草种子法。经有关部门、专家多次调研、座谈，认为当时种子立法，时机尚不成熟，改为先制定行政条例，并于 1989 年 3 月以国务院名义颁布了《中华人民共和国种子管理条例》。1991 年农业部又颁布了《中华人民共和国种子管理条例农作物种子实施细则》。条例和细则的贯彻实施，对加强种子管理，促进种子事业的发展起到了重要作用。

随着市场经济体制逐步建立，种子条例与其要求不相适应，实践中也出现了一些新情况、新问题，迫切需要制定法律加以规范和调整。为此，1998 年 7 月全国人大农业委员会，根据全国人大立法规划的要求，组织起草种子法。经过深入调查研究，广泛征求地方人大、有关部门和专家学者的意见，进行多次讨论、修改后，《中华人民共和国种子法》由全国人大常务委员会三审通过，并于 2000 年 7 月正式颁布。接着农业部根据种子法有关章节，制定内容更为具体的配套法规。

《中华人民共和国种子法》颁布后，司法部、农业部、国家林业局等有关部门，利用电视、广播、报纸、期刊、网络等媒体以及知识竞赛等形式，对种子法进行广泛深入宣传；地方各级农业、林业、工商等有关部门，也开展了形式多样、内容丰富的学习宣传活动。通过对种子法的宣传贯彻，各级领导干部进一步提高了对种子法重要意义的认识，增强依法决策的自觉性；执法人员更加熟悉种子法和有关法规，依法行政、严格执法的意识和能力进一步提高；种子生产、经营人员和农民知法、懂法、守法，规范经营、诚信守约和依法维权的意识进一步增强。从此，中国种子工作进入依法治种、规范发展的新阶段。

第三节　种业国际交流与合作

新中国成立后，本着"互通有无、平等互利、取长补短、共同发展"的原则，积极开展种子对外交流与合作，初期重点是开展品种、种质资源及相关技术交流。随着改革开放政策的深入贯彻，种子工作的对外交流也由相互提供资源发展到多种形式的经济技术合作。

一是我国种子行业积极走出去。改革开放后，中国种子公司与美国、法国、德国、荷兰、日本、韩国等农业发达国家以及中国香港、中国台湾等地区开展种子的交流合作和种子贸易活动。1979 年，以农业部副部长兼中国种子公司总经理刘锡庚为团长的种子代表团率先考察了美国、奥地利两国的种子培育、管理等方面工作。1982 年又恢复与苏联种质资源的交换和种子贸易活动。同时，积极选派人员出国培训、考察、洽谈贸易。仅中国种子公司 1979—2005 年就组织有种子系统、科研单位、农业院校等方面人员参加的技术培训小组 25 个、87 人，分别到日本、美国、德国、加拿大、瑞典、英国等国家的种子机构接受技术培训；种子考察团 65 个，280 多人次，分别到美国、日本、英国、法国、德国等 40 多个国家考察种子技术、种子生产、种子市场和种子科研等；种子贸易代表团、贸易小组 120 个，380 余人次，到美国、荷兰、法国等国家和地区洽谈贸易。2005 年，亚太种子协会（APSA）年会应邀在上海举办，中国代表强势出席，成就了国际种业创纪录的嘉年华。同时，世界各地的代表有机会亲眼见证了中国种业的发展。自此以后，参加亚太种子年会的中国代表保持逐年增加的趋势。中国种子协会和美国种贸协于 2012 年 12 月签署种业创新合作备忘录，明确双方在平等互利的基础上，在知识产权、种子质量、植物检疫技术、种业创新方面进行合作，推动共赢。

二是为促进种子科技交流，积极邀请外国客商来华洽谈。1981—1982 年，中国种子公司每年接待洽谈贸易的团组有 200 多批，世界上一些著名的种子公司与中国种子公司建立了业务往来。1999 年起，廊坊市农林科学院在 5 年时间内，通过与匈牙利国家科学院 MV 农业研究所的科技合作，引进匈牙利优质面包专用小麦种质资源 49 份。通过对这些种质资源的观察、评鉴和判断在本所育种程序中的应用，形成了众多优质、抗寒、综合性状优良的苗头品系。这项工作对丰富我国小麦种质资源、促进交流合作和推动小麦育种工作深入开展具有重要意义。2002 年，山东登海种业集团公司与美国先锋海外公司（美国杜邦公司的下属子公司）共同投资组建的山东登海先锋种业有限公司于 12 月 10 日在山东省莱州市宣告成立；甘肃定西市农科院组织相关科技人员赴俄罗斯开展冬小麦种质资源及现代育种技术合作交流。通过外出学习考察，定西市引进俄罗斯种质资源 49 份，其中，冬小麦 44 份，马铃薯 5 份，为我国马铃薯、冬小麦育种资源及技术创新提供了新储备。

三是积极组织出口贸易。中国向东南亚、欧洲、非洲及澳大利亚出口大批杂交水稻种子，向日本出口绿肥、大蒜、蔬菜种子，向美国出口丝瓜等蔬菜种子，都受到了进口国的欢迎。通过开展贸易，既为国家增加了外汇收入，也繁荣了国际种子市场。还举办中国国际种业博览会、农业高新技术成果产品交流交易会，打造国际种业交流合作的平台，为农民搭建了一个国际种业交流的阵地，打开了一扇洞察国际种业前沿的窗口。

四是积极开展对外科技援助，让种子充当"使者"。支持农业企业到东盟进行农业资源开发，鼓励他们在柬埔寨、文莱、老挝、越南等实施了柬埔寨户用沼气示范与推广，文莱水稻高产栽培示范，老挝果蔬新品种栽培示范，越南水稻、玉米试种基地等一批境外农业技术试验示范项目。广西农业职业技术学院与老挝合作建立"中老农业合作试验基地"，旺旺大农牧有限公司在文莱巴东地区实施"中文合作研发水稻试验示范项目"并大获成功，"中越农业综合技术示范研究推广基地"杂交水稻组合和瓜菜品种种植示范效果明显。湖南省农科院筛选出13个杂交水稻组合在一些亚洲国家进行品种区试试验，其中2个品种已分别通过巴基斯坦、孟加拉国和印度尼西亚审定。通过对上述品种区试试验，探明了这些品种在中国杂交水稻在巴基斯坦、孟加拉国及印度尼西亚当地的生态适应性，并探索出相关品种搭配及栽培完成试验研究及其应用，为杂交水稻在这些国家大面积推广应用提供种子出口提供有效保障和强有力的技术支撑。发展中国家学员到我国进行交流学习，我国技术人员带着技术、品种、设备等"走出去"。种业对外科技援助为世界农业合作发展提供了个交流的平台，打开了一扇相互了解、寻求合作的窗口，是协同发展的捷径。这种国际间的种质交换，有利于我国与合作国之间种质资源的共享，可以加快生物育种步伐，实现技术进步和市场开发的共赢。湖北种子集团已经与亚洲的巴基斯坦、马来西亚等国合作建立了国际种子试验基地，农业科技人员常年在国外开展新品种的选育工作。江淮园艺分别与印度、巴基斯坦、孟加拉国、印度尼西亚等17个国家建立了良好的合作关系，主要以培育适合合作国瓜菜市场需求的品种、配套栽培管理技术、病虫害防治技术研究等为重点。

五是加强政策引导。2018年，中共中央国务院印发《关于支持海南全面深化改革开放的指导意见》《关于积极有效利用外资推动经济高质量发展若干措施的通知》，要求"围绕种业等重点领域，深化现代农业对外开放""取消或放宽种业等农业领域外资准入"，大幅放宽外商投资种业准入限制。国家发布全国适用的《外商投资准入特别管理措施（负面清单）》和在自贸试验区范围内适用的《自由贸易试验区外商投资准入特别管理措施（负面清单）》，大幅提升种业对外开放水平。国内有实力的企业积极推动走出去，尤其与"一带一路"沿线国家加强合作。

第三章　中国种子历史文献摘编

种子是农业最重要的生产资料，在自古重农的中国，一直就备受重视。早在远古时期，农业起源之初，人们就已开始种子的识别、选育、引进等实践。而至 19 世纪中叶，才作为系统的学科被研究。本章通过收集、整理和注解自《诗经》始至 20 世纪上半叶，有关种子的历史文献资料，以求为读者展示中国种业发展之沿革。

第一节　古代（1840 年以前）

中国有着悠久的农业历史，中国农业历史的一侧面就是种子利用和改造的历史。中国古代劳动人民在长期的生产实践中，积累了丰富的农作经验和生物学知识，这些经验和知识在历代科学专著、月令农书以及笔记杂谈等文献中均有记载。

一、识种

1. 公元前 1066—前 476 年间，西周初期至春秋中期的诗歌选集《诗经》中，就有关于农作物选种和品种的材料，提到谷类要挑选光亮、饱满的种子，已有适于早播、晚播，收获期有早、晚区别的品种。

原文：

《诗·大雅·生民》："诞降嘉种维秬维秠，维穈维芑"。

《诗·大雅·生民》："种之黄茂，实方实苞。"

《诗·小雅·大田》："大田多稼，既种既戒，既备乃事。"

《诗·豳风·七月》："黍稷重穋，禾麻菽麦。"

《诗·鲁颂·閟宫》："黍稷重穋，稙稚菽麦。"

今译：

《诗·大雅·生民》："诞降优良的品种，黍有秬（jù，黑黍品类）、秠（pī，一稃二米的品类），粟谷有穈（mí，赤苗品类）、芑（白苗品类）。"

《诗·大雅·生民》："谷类选种，要求注意挑选种子光亮、美好、肥大、饱满的。"

《诗·小雅·大田》："田间有多种庄稼。种庄稼要选好种，整治好农器。

这样，播种百谷前的准备工作才算作停当了。"

《诗·豳风·七月》："黍稷有重（晚熟的品类）、（早熟的品类）不同的品种，农作物有禾、麻、豆、麦等种类。"

《诗·鲁颂·閟（bì）宫》："黍稷有晚熟、早熟不同的品种，豆、麦有稙（zhì，宜早播的品类）、稚（zhì，宜晚播的品类）不同的品种。"

2. 公元前 3 世纪，《吕氏春秋》"任地"、"审时"等篇农业文章中，一些内容涉及对种子、品种的要求。

原文：

任地篇中："子能使藁数节而茎坚乎？子能使穗大而坚均乎？子能使粟圆而薄糠乎？子能使米多沃而食之疆乎？""种稺禾不为稺，种重禾不为重，是以粟少而失功。"

今释：

"任地篇中：你能有节密、茎秆坚强的庄稼吗？你能使庄稼穗子长得既大而又坚实均匀吗？你能得到子粒饱满而且皮薄少糠的庄稼吗？你能让打下的谷物碾成米做出饭吃着'有油性''有劲'吗？""种的早熟品种不像早熟品种，种的晚熟品种不像晚熟品种，所得的谷物少而失去了农作的功效。"

3. 公元前 3 世纪，《吕氏春秋·用民》提到种麦得麦的道理。

原文：

夫种麦而得麦，种稷而得稷，人不怪也。

今释：

播种麦子收获麦子，播种稷子收获稷子，人们不认为是件怪事。

4. 公元前 1 世纪，西汉·刘安撰《淮南子·修务训》一书论述了要根据环境来种植农作物。

原文：

于是神农乃始教民播种五谷，相土地宜，燥湿肥墝高下。

今释：

神农开始教导人民播种五谷，通过观察土壤的干湿、肥沃、地势等情况，来选择种植适宜的农作物。

墝：古体字，同"硗"（qiāo），土地坚硬不肥沃。

5. 公元前 1 世纪，西汉·刘向撰《说苑》"杂言"中记载有种田人注意种的选择的说法。

原文：

农夫树田。田者择种而种之。丰年必得粟。

今释：

说到农民种田。种田的人注意种的选择而种植，遇到丰年必定收获很多谷物。

6. 1世纪，东汉·王充《论衡·初禀篇》述及种子的特点。

原文：

草木生于实核，出土为栽蘖，稍生茎叶，成为长短巨细，皆由实核。

今释：

草木从种子生出，出土为幼苗嫩芽，生长成为长短、大小不同的茎叶，这些性状都是由种子决定的。

7. 1世纪，东汉·王充《论衡·奇怪篇》阐说万物生长与原来的种类相似。

原文：

万物生于土，各似本种；不类土者，生不出于土，土徒养育之也。

物生自类本种。

今释：

万物生于土，各与原来的种类相似，其所以不与土相像，是因为它们的本性不是从土那里得到的，土仅仅是养育万物的条件。

万物生长本来与原来的种类相像。

8. 1世纪，东汉·王充《论衡·物势篇》认为万物生长在天地间都是同种类繁殖同种类。

原文：

因气而生，种类相产，万物生天地之间，皆一实也。

今释：

凭借"气"而生息，同种类繁殖同种类，各种有生命的东西，都是同样的情况。

9. 1世纪，东汉·班固《汉书·食货志》提到种庄稼必须种类杂错，以防灾害。

原文：

《汉书·食货志》曰："种谷必杂五种，以备灾害。（师古曰：'岁月有宜，及水旱之利也。五种即五谷，谓黍、稷、麻、麦、豆也。'）

今释：

《汉书·食货志》说："种庄稼，必须错杂着种植各种作物，用以防备灾害。"（唐代颜师古注解说："这是因为每年年份月份对不同作物的相宜不相宜很不一样，有无水旱灾害的发生也难预测。所说的五种就是五谷，指黍、稷、麻、麦、豆。"）

10. 6 世纪，后魏·贾思勰《齐民要术·种谷第三》阐说谷类的质性。

原文：

凡谷成熟有早晚，苗秆有高下，收实有多少，质性有强弱，米味有美恶，粒实有息耗。

今释：

谷子，成熟日期有的早有的晚，茎秆有的高有的矮，所收种实有的多有的少，植株质性有的强有的弱，谷米的品种有的好有的不好，舂（chōng）米时有的出米多有的出米少。

11. 6 世纪，贾思勰撰《齐民要术》种谷第三中叙，要根据土地的肥沃和贫瘠程度来调整用种数量。

原文：

良地一亩用子五升，薄地三升。

今释：

一亩肥沃的土地需要五升种子，贫瘠的土地则需要三升。

12. 6 世纪，贾思勰撰《齐民要术》一书中记载粟品种 97 个、黍品种 12 个、穄 6 个、粱 4 个、秫 6 个、小麦 8 个、水稻 36 个。书的"种谷第三"所载粟 97 个品种中，11 个为转引 3 世纪郭义恭《广志》的品种，贾思勰自己添加了 86 个品种。在给粟品种命名方面，贾思勰订立了："以人姓字为名目"、"观形立名"、"会义为称"的命名原则。

原文：

谷，稷也。名粟"谷"者，五谷之总名，非止为粟也。然今人专以稷为谷望，俗名之耳。郭义恭《广志》曰：有赤粟（白茎），有黑格雀粟，有张公斑，有含黄仓，有青稷，有雪白粟（亦名白茎）。又有白蓝，下竹头（茎青）、白逮麦，擢石精，卢狗蹯之名种云。

按今世粟名，多以人姓字为名目，亦有观形立名，亦有会义为称，聊复载之云耳朱谷，高居黄，刘猪獬，道愍黄，聒谷黄，雀懊黄，续命黄，百日粮，有起妇黄，辱稻粮，奴子黄，音加支谷，焦金黄，鹤履仓（一名麦争场），此十四种，早熟，耐旱，免虫；聒谷黄、辱稻粮，二种味美。今堕车，下马看，百群羊，悬蛇，赤尾，黑虎，黄雀，民泰，马曳缰，刘猪赤，李浴黄，阿摩粮，东海黄，石□岁，青茎青，黑好黄，陌南禾，隈堤黄，宋冀痴，指张黄，兔脚青，惠日黄，写风赤，一睨黄，山醢，顿党黄，此二十四种，穗皆有毛，耐风，免雀暴；一睍黄一种，易春。宝珠黄，俗得白，张邻黄，白醕谷，钩干黄，张蚁白，耿虎黄，都奴赤，茄芦黄，薰猪赤，魏爽黄，白茎青，竹根黄，调母粱，磊硙黄，刘沙白，僧延黄，赤粱谷，灵忽黄，獭尾青，续得黄，秆容青，孙延黄，猪矢青，烟熏黄，乐婢青，平寿黄，鹿橛白，醕折筐，黄穄，阿居黄，赤巴粱，鹿蹄黄，饿狗仓，可怜黄，米谷，鹿橛青，阿逻逻；此三十八种，中大谷；白醕谷，调母粱二种味美；秆容青，阿居黄，猪矢青，三种味恶；黄穄，乐婢青，二种易春。竹叶青，石抑閦（竹叶青一名胡谷），水黑谷，忽泥青，冲天棒，雉子青，鸱脚谷，雁头青，揽堆黄，青子规；此十种，晚熟，耐水，有虫灾则尽矣。

今释：

"谷"就是"稷"。把"粟"称为"谷"，是因为'谷'是包括一切谷类总名称，并不是专指粟的。但是现今（后魏时期），人们认为'稷'是谷类最有代表性的，所以习惯上都把粟称为"谷"了。晋郭义恭《广志》中粟的品种有：赤粟——茎是白的，黑枝雀粟，张公斑，含黄苍，青稷，雪白粟——又称为'白茎'。还有白蓝，下竹头——茎是青的，白逯麦，擢石精，黑狗脚掌（卢狗蹯）等等。

依我看，现今粟的品种，大多用品种选出人的姓氏取名。再是根据品种的外表、形状、色泽取名，三是依品种耐旱、耐水、耐风、早熟、晚熟、免虫、免雀暴等质性特点取名。在这里姑且把粟的品种这么记载下来。朱谷、高居黄、刘猪獬（xiè）、道愍（mǐn）黄、聒谷黄、雀懊黄、续命黄、百日粮、有起妇黄、爵（jué）稻粮、奴子黄、音加支谷、焦金黄、鹤履仓（一名麦争场），这十四种，成熟早而耐旱，不惹虫，其中聒谷黄和辱稻粮两种味道好。今堕车、下马看、百群羊、悬蛇、赤尾、黑虎、黄雀、民泰、马曳缰、刘猪赤、李浴黄、阿摩粮、东海黄、石□（lèi）岁青——茎青黑，成熟时黄、陌南禾、隈（wēi）堤黄、宋冀痴、指张黄、兔脚青、惠日黄、写风赤、一睍黄、山醕、顿党黄，这二十四种，种子有毛，不怕风，雀鸟不伤害，其中一睍黄一种，容易春。宝珠黄、俗得白、张邻黄、白醕（cuó）谷、钩干黄、张蚁白、耿虎黄、都奴赤、茄芦黄、薰猪赤、魏爽黄、白茎青、竹根黄、调母粱、磊硙（wèi）黄、刘沙白、僧延黄、赤粱谷、灵忽黄、獭尾青、续德黄、秆容青、孙延黄、猪矢青、烟熏黄、乐婢青、平寿黄、鹿橛（jué）白、醕折筐、黄穄（cǎn）、阿居黄、赤巴粱、鹿蹄黄、饿狗仓、可怜黄、米谷、鹿橛青、阿逻逻（luó），这三十八种，秆粗穗大；白醕谷、调母粱二种味道好；秆容青、阿居黄、猪矢青三种，味道不好；黄穄、乐婢青二种容易春。竹叶青（又名"胡谷"），石抑闷（chù）、水黑谷、忽泥青、冲天棒、雉子青、鸱（chī）脚谷、雁头青、揽堆黄、青子规等十种，成熟晚，不怕潦，但是一有虫灾就全毁了。

13. 6 世纪，《梁元帝纂要》（萧绎552—554 在位）里面叙说种核、种仁的生命传递作用。

原文：

草木子植生，去皮则死。

草木一荄之细，一核之微，其色香葩叶相传而生也，经千年而不变，其根干有生死，其神之传物未尝死也。

草木一核之微，而色香臭味、花实枝叶无不具于一仁之中，及其再生，一一相肖，此造物所以显诸仁而藏诸用也。

今释：

草木由种子种植出生，去了皮就不能成活了。

草木颜色、香味、花、叶，可由一条细根、一个小核世世代代向下传，经过千年而没有什么变化。它的根干有生有死，它传递性状的物质却没有消亡。

草木的子实、种核是很小的，而它的色香臭味，花、果、枝、叶几乎没有不"纳入"一个种仁之中的东西。再把它种下去，一样一样地'再现'与前代相像的形态和性状，可以看成天然生成植物，该种仁起这类"纳入"和"再现"的作用。

14. 10 世纪，宋·蔡襄《荔枝谱》中述说荔枝树百千株没有完全相同的。

原文：

荔枝以甘为味，虽有百千树莫有同者。

今释：

荔枝以甜为主要品味，但是，成百上千棵树，其品味却没有完全相同的。

15. 1031 年，宋·欧阳修撰《洛阳牡丹记·花释名第二》里面提到牡丹如何命名。

原文：

牡丹之名，或以氏或以州，或以地或以色，或旌其所异者而志之。姚黄、左花、魏花以姓著；青州、丹州、延州红以州著；细叶、粗叶寿安、潜溪绯以地著；一㧑红、鹤翎红、朱砂红、玉板白、多叶紫、甘草黄以色著；献来红、添色红、九芯真珠、鹿胎花、倒晕檀心、莲花萼、一百五、叶底紫皆志其异者。

今释：

牡丹品类的名称，有的以人命名，或有的以州命名，有的以产地、以花的颜色命名，或者取其花与其他品种相异的特点命名。姚黄、左花、魏花用姓氏取名；青州红、丹州红、延州红以州取名；细叶寿安、粗叶寿安、潜溪绯以产地取名；一红、鹤翎红、朱砂红、玉板白、多叶紫、甘草黄以花的颜色取名；献来红、添色红、九芯真珠、鹿胎花、倒晕檀心、莲花萼（è）、一百五、叶底紫都是以花的特别之处取名的。

16. 1031 年，宋·欧阳修撰《洛阳牡丹记·花释名第二》中叙及当时牡丹品种的更替。

原文：

姚黄者，千叶黄花，出于民姚氏家。此花之出于今未十年，姚氏居白司马坡，其地属河阳，然花不传河阳传洛阳，洛阳亦不甚多，一岁不过数朵。

姚黄未出时，牛黄为第一；牛黄未出时，魏花为第一；魏花未出时，左花为第一；左花之前，唯有苏家红、贺家红、林家红之类，皆单瓣花，当时为第一，自多叶千叶花出后，此花黜矣，今人不复种也。

今释：

姚黄为多瓣黄花品类，出于姚姓的人家，迄今不到十年姚家住在白司马坡，地方归河阳管辖，可是这种花不在河阳传播，而在洛阳种植，不过，洛阳也不多，一年也就几朵。

姚黄未出现时，牛黄数第一；牛黄未出现时，魏花数第一；魏花未出现时，左花数第一。左花前面，唯有苏家红、贺家红、林家红等，都是单瓣花，当时数第一。自从重瓣花出现后，这类花就被更替，现今人们已不再栽种了。

17. 1090—1094 年间，宋·曾安止撰《禾谱》，专述当时江西泰和地区水稻品种。

原文：

《禾谱·序》："……近时士大夫之好事者，尝集牡丹、荔枝与茶之品，为经及谱，以夸于市肆。予以为农者，政之所先，而稻之品亦不一，惜其未有能集之者，适清河公表臣持节江右，以是属余，表臣职在将明，而耻知物之不博。"

《禾谱》中："……稻之所以为稻，禾之所以为禾，一类之中，又有总名焉。曰稻云者，兼早晚之名。大率西昌俗以立春芒种节种，小暑大暑节刈为早稻，清明节种，寒露霜降节刈为晚稻。自类以推之，有秔有糯，其别凡数十种。"

"百谷之种，其略见于经，其备见于今，其种或产于中国，或生于四夷，今西昌早种中有早占禾，晚种中有晚占禾，乃海南占城国所有，西昌传之才四、五十年，推今验古，此其类也。"

今释：

《禾谱·序》中："……近年士大夫当中一些人，常就牡丹、荔枝、茶等撰写谱录，借以显示。我以为农业是为政第一的大事，稻的品类又很多，可惜没有人收集整理材料。正好清河公表臣（可能是旌德钟清卿，字表臣）公务过赣江右的泰和，嘱我做这件事，表臣任职清正廉明，耻于所知的事不广博。"

《禾谱》中称："稻所以称为稻，禾所以称为禾，一类当中，又有总名。称为稻，兼有早稻晚稻的品名。大约西昌（泰和县古称）民众习惯认为立春、芒种种下，小暑、大暑收割的为早稻；清明种下，寒露、霜降收割的称晚稻。这样类推，籼、粳、糯稻，可以分别为几十个品种类型。"

"百谷的种类、品种，约略可见于典籍，详备可识在当今。其种或中国所产，或原生长于四邻国家地区。现今泰和早稻当中有早占禾，晚稻当中有晚占禾，都是原产越南的占城稻。这种稻辗转传到泰和才四五十年。从现今的品种回溯，可以想象古代谷物品种的流传。"

18. 1228 年，宋绍定《四明志》所述水稻已有早中晚的区别。

原文：

明之谷，有早禾，有中禾，有晚禾。早禾以立秋成，中禾以处暑成。中最富，早次之，晚禾以八月成，视早益罕矣。

今释：

四明的稻谷，有早禾、中禾、晚禾的区别，'早禾'立秋成熟，中禾处暑成熟。中禾占的分量最大，早禾少些。晚禾八月成熟，比早禾还要少。

19. 1313 年，元·王祯撰《农书·播种篇》中，阐释籼、粳、糯的不同类别。

原文：

南方水稻，其名不一，大概为类有三，早熟而紧细者曰籼，晚熟而香润者为粳，早晚适中、米白而粘者曰糯。三者布种同时，每岁收种，取其熟好、坚栗无秕、不杂谷子，晒干菲藏置高爽处。至清明节取出，以盆盎别贮浸之，三日漉出，纳草篅中，晴则暴暖，沮以水，日三数，遇阴寒则沮以温汤，候芽白齐透，然后下种。

今释：

南方水稻，名称很多，大致可以分为三类。早熟、子粒细长的称籼稻；晚熟、熟饭米粒香润的为粳稻；收获早晚适中，碾出米粒发白，熟饭黏软的称糯稻。三种稻谷播种时期近同。每年收选种子，取成熟好、坚实、无粗粒、不混杂的种子，晒干，筐袋装盛，放置在高爽的地方到第二年清明节取出，用缸盆加水浸泡，三天后捞出，放在草筐里催芽，天晴温度高时，一天给加水三次；遇到阴寒天气，就加温水。等到稻种整齐地发出白芽，就可播种。

20. 1568 年以前，明·黄省曾撰《理生玉镜稻品》中，谈到占城稻的多种变异类型。

原文：

亦有六十日籼、八十日籼、百日籼之品，而皆自占城来。耐水旱，而成实作饭则差硬。宋氏使占城，珍宝易之，以给於民者。在太平，六十日籼谓之拖犁归。有赤红籼，有百日籼，俱白秆而无芒。或七月、或八月而熟，其味白淡而红甘。在闽，无芒而粒细。有六十日可获者，有百日可获者，皆曰占城稻。

今释：

还有六十日籼、八十日籼、百日籼等品类，都是源自越南占城。能耐水耐旱，只是碾成米做出饭吃着硬些，是宋代朝廷派遣人出使占城用珍宝换来的稻种，分给民众种植的。在太平地方，把六十日籼叫做拖犁归。另有赤红籼、百日籼都是白颖无芒，七月或是八月成熟，做出饭味道淡、色发红。在福建，无芒、粒细，有可以六十天收割的，也有百天收割的，都称为占城稻。

21. 1628 年，明·徐光启撰《农政全书·树艺》中，以玄扈（徐光启字玄扈）先生曰，述说撰者种蔬果谷瓜都以择种为第一义的主张。

原文：

又曰：种蔬果谷蓏诸物，皆以择种为第一义。种一不佳，即天时地利人力，俱大半弃掷。芜菁子，比菜稍迟；正值梅天，南方多雨，子多不实者。种时务宜簸扬，或淘汰。或选择种子，取其最粗而圆满者种之，其本末俱大。若漫种秕者，即十不当一也。

今释：

徐光启说：种植蔬、果、谷、瓜等类植物，都以择种为第一重要的事项。种如果不是优良的，即使天时、地利、人力再好，也是大半起不了作用。芜菁种子收取，比菜稍晚一些；那时，正好是梅雨时期，南方多雨，种子大多不能成实。所以，要播种时，务必要簸扬或淘选种子。选择种子，拣取最粗大圆满的播下去，种与植株都健壮硕大。如果随随便便播种秕粒（子实不饱满的种子），会得到"十不当一"的效果。

22. 1628 年，明·徐光启撰《农政全书·蚕桑广类》里面，就棉花生长，指明择种的重要性。

原文：

但今人不知择种，即秕者半；不秕之中，羸者半。凡遇梅雨辄死；或梅中草盛，辄死。皆赢种，而咎早种乎？此物即不死，亦少成少实。凡密种者，其地力人力粪力，半为此物所耗，岂不可惜。故择种要矣。

今释：

现今的人们不知道选择种子，致使秕粒的种约占了一半；不秕的种子中，瘦弱的又占了一半。遇到梅雨很容易死苗，或由于梅雨期杂草茂盛而死。这些都是因为种子瘦弱，能够归咎于早播种吗?! 这种棉花种子长出的苗，即使不死，也很少成实。凡是密种的，地力、人力、粪力约一半由瘦弱的种子长出的植株所消耗，岂不是太可惜了！故此说，选择种子是很重要的事！

23. 1637 年，明·宋应星撰《天工开物》"乃粒"里面叙述黍、稷、粱、粟品种类型随地区不同产生变异。

原文：

凡粮食米而不粘者，种类甚多，相去数百里，则色味形质，随方而变，大同小异，千百其名。

今释：

黍、稷、粱、粟等谷物，种类品种很多，相隔几百里，谷物色泽、品味、形状、质地就随地域而出现变化。总的方面相同，又有许多细微的差别，有成百上千个名称。

24. 1637 年，明·宋应星《天工开物》"乃粒"中，提到旱稻培育的奇事。

原文：

凡稻旬日失水，则死期至，幻出早稻一种，粳而不粘者，即高山可播，一异也。

今释：

水稻十天缺水，就会发生干旱，后来人们培育出一种早稻，这种稻，米粳性，不黏，在高山地区也可栽种，这是一件引起民众惊奇的事。

25. 1747 年，清·杨屾撰《知本提纲》，其"修业章农业之部"里面阐述从一开始就要重视种子选择。

原文：

择种尤谨谋始：母强则子良，母弱则子病。母，犹种也。入地者为母，新收者为子。强，坚实也。布种固必识时，然子皆本母，择种不慎，贻误岁计亦非浅鲜。故凡欲收择佳种者，必宜别种一地，不可瘠，亦不可过肥，务上底粪，多为耘耔，按期浇灌。成熟之时，麦则择纯色良穗、子粒坚实者，连秸作束，立暴极干，採取精粹之颗粒，扬去轻秕，收藏竹囤中，上用麦糠密盖。稻粟则择纯色良穗截取，日中暴极干，连穗收悬，勿令湿郁；郁则不生，即生亦寻死。盖种取佳穗，穗取佳粒，收藏又自得法，是母气既强，入地秀而且实，其子必无不良也。若滥用间杂轻秕之种，必有三患：禾苗早晚不均，熟候不一，则有轻秕脱落之患；碾磨有难易，则有生粒破碎之患；炊爨生熟不一，则有太过不及之患。是其母气既杂，子自无不病也。布种者尚慎择之哉！

今释：

选择种子从一开始就要谨慎地进行。母强子才会良好，母弱子就多病。这里说的母，即相当于种子，播到地里的为母，新收获的为子。强，指的是坚实。播种固然必须了解农时，可是收获物都是由种子开始的。选择种子不谨慎，耽误一年的收成不是小事。所以要想收取优良种子的，必需另外选择田地，不能瘠瘦，又不能过肥，一定上足底粪，多耘多锄，按时浇水，成熟的时候，小麦选择颜色纯正、子粒坚实的好穗，连麦秸捆扎成束，立即晾晒使它极干，再揉取精好的子粒，扬去轻秕的子粒杂物，在竹囤中收藏，上面用麦糠盖好。水稻和谷子就选择颜色纯正的好穗子收下来，在阳光下晒干，连穗悬挂起来收藏，不让它受湿变质，变质就不能萌生，即使出了芽不久也会死去。所以说：各类作物种类或品种中，做到选取好穗，穗子中选取好粒，收藏又各自得法，这是种子好、母气强，播种下去生长坚实，其收获一定没有不好的。滥用掺杂轻秕的种子，必然有三种灾患：一是庄稼出苗早晚不均，成熟的时期不一致，而且有轻秕子粒脱落的害处；第二是碾磨难易不一样，出的米有的未去皮壳，有的已很碎了；第三是做饭时米生的生、熟的熟，不是太熟就是太生。这是因为种子不纯、母气混杂，种出的庄稼没有不出病患的。所以种庄稼的人，要把谨慎选择种子当大事对待。

二、引种

1. 《诗经》记载的农作物种约有 70 余种

《诗经》是我国最早的一部诗歌总集，记录了从西周初到春秋中期约五百多年间，我国人民真实的生活生存状态。《诗经》中的大量诗句与农业息息相关，记载的农作物种有 70 余种，在此释编如下。

原文：

《诗·周南·关雎》：参差荇菜，左右流之。

今释：

《诗·周南·关雎》：长长短短的荇（xing）菜，左右不停地采摘。

荇菜，一种水生植物，叶子浮在水面，可食。

原文：

《诗·周南·葛覃》：葛之覃兮，施于中谷，维叶萋萋。

葛之覃兮，施于中谷，维叶莫莫。

今释：

《诗·周南·葛覃》：葛草长长壮藤蔓，一直蔓延山谷中，叶子碧绿又茂盛。

葛，藤本植物，茎的纤维可以织成葛布。

原文：

《诗·周南·卷耳》：采采卷耳，不盈顷筐。

今释：

《诗·周南·卷耳》：采了又采的卷耳，却总是装不满一浅筐。

卷耳，又名苍耳，可食用也可药用。

原文：

《诗·周南·桃夭》：桃之夭夭，灼灼其华。

今释：

《诗·周南·桃夭》：桃树叶茂枝繁，桃花粉红灿烂。

原文：

《诗·周南·芣苢》：采采芣苢（fǒu yǐ），薄言采之。

今释：

《诗·周南·芣苢》：车前子采呀采，快点把它采回来。

芣苢，即"车前子"，又名车轮菜，野生植物可食。

原文：

《诗·召南·草虫》：陟陟南山，言采其蕨。

陟陟南山，言采其薇。

今释：

《诗·召南·草虫》：到高高的南山上，去采摘蕨菜（薇菜）。

蕨，山中野菜，初生像蒜，茎嫩可食。

薇，山中野菜，又名野豌豆苗，古人常采以为食。

原文：

《诗·召南·采蘋》：于以采蘋？南涧之滨。

于以采藻？于彼行潦。

今释：

《诗·召南·采蘋》：到什么地方去采摘蘋草？就在南山的溪流旁。

到什么地方去采摘水藻？就在那片洼地上。

蘋，即"浮萍"，多年生水草，可食。

藻，聚藻，生水底，叶像蒿，可食。

原文：

《诗·召南·甘棠》：蔽芾甘棠，勿翦勿伐。

　　　　　　　　蔽芾甘棠，勿翦勿败。

　　　　　　　　蔽芾甘棠，勿翦勿拜。

今释：

《诗·召南·甘棠》：甘棠树茂盛又高大，莫剪枝叶莫砍伐。

　　　　　　　　甘棠树茂盛又高大，莫剪枝叶莫损伤。

　　　　　　　　甘棠树茂盛又高大，莫剪枝叶莫弯曲。

甘棠，即"棠梨树"，又名杜梨。

原文：

《诗·召南·摽有梅》：摽有梅，其实七兮。

　　　　　　　　　摽有梅，其实三兮。

　　　　　　　　　摽有梅，顷筐塈之。

今释：

《诗·召南·摽有梅》：梅子熟了纷纷落下，树上还有七成。

　　　　　　　　　梅子熟了纷纷落下，树上还有三成。

　　　　　　　　　梅子熟了纷纷落下，拿着筐来拾取。

原文：

《诗·召南·何彼襛矣》：何彼襛（nóng）矣，唐棣之华。

今释：

《诗·召南·何彼襛矣》：怎么如此的浓艳，像那盛开的唐棣花一样。

唐棣，树木名，又名鹊梅、车下李，花有白、赤两种，结实形如李，可食。

原文：

《诗·邶风·匏有苦叶》：匏有苦叶，济有深涉。深则厉，浅则揭。

今释：

《诗·邶风·匏有苦叶》：葫芦叶枯葫芦熟，济水深深已可渡。水深你就用葫芦，水浅就挽裤腿走。

邶是殷商故地，在朝歌北部。匏（páo），指"葫芦"。古人渡河有时将多个葫芦拴在腰间，以便浮水，故称"腰舟"。

原文：

《诗·邶风·谷风》：采葑采菲，无以下体？

谁谓荼苦，其甘如荠。

我有旨蓄，亦以御冬。

今释：

《诗·邶风·谷风》：采摘蔓菁和萝卜，难道要叶不要根？

葑，指"蔓菁"，又名芜菁，俗称大头菜。菲，指"萝卜"。

《诗·邶风·谷风》：谁说苦菜味道最苦，在我看来甘甜如荠。

荼，指"苦菜"。

《诗·邶风·谷风》：我准备好干菜和腌菜，储存起来过冬。

这里的"蓄"并非指一种蔬菜，应是"储蓄"之意。

原文：

《诗·邶风·简兮》：山有榛，隰（xí）有苓。

今释：

《诗·邶风·简兮》：高山上有榛树，低洼潮湿的地方有苍耳。

榛，是一种落叶灌木或小乔木，结球形坚果，称"榛子"，果仁可食。木材可做器物。苓，有许多解释，一指"苍耳"、"甘草"；一说通"莲"，即荷花。

原文：

《诗·鄘风·桑中》：爰采唐矣？沬之乡矣。

今释：

《诗·鄘风·桑中》：到哪里去采女萝？到卫国的沬乡。

鄘，音 yōng，今河南汲县境内。今《鄘风》存诗，都是卫诗。

唐，指"女萝"，蔓生植物，俗称"丝菟（tù）"。

原文：

《诗·鄘风·定之方中》：树之榛栗，椅桐梓漆，爰伐琴瑟。

今释：

《诗·鄘风·定之方中》：种植榛树和栗树，还有椅、桐、梓、漆，成材可以做成琴瑟。

原文：

《诗·卫风·氓》：桑之未落，其叶沃若。

桑之落矣，其黄而陨。

于嗟鸠兮！无食桑葚。

今释：

《诗·卫风·氓》：桑树上的叶子还没落下时，嫩绿润泽而繁茂。

桑树叶落时，枯黄而憔悴。

斑鸠啊，不要贪吃桑葚。

我国最早栽桑的文字记载见于《夏小正》："三月：摄桑"。"摄桑"指修剪桑树，去掉那些扬出的枝条。诗经《豳风·七月》则描述得更为具体："蚕月条桑，取彼斧斨，以伐远扬，猗彼女桑。"今译为："养蚕的时节修剪桑树，剪去桑树上的长条高枝，拉着短枝采摘嫩桑"。

原文：

《诗·卫风·芄兰》：芄兰之支，童子佩觿（xī）。

今释：

《诗·卫风·芄兰》：芄兰枝上结尖荚，小小童子佩角锥。

芄（wán）兰，蔓生植物，茎顶结有尖荚，俗名羊犄角。

原文：

《诗·卫风·伯兮》：焉得谖草？言树之背。

今释：

《诗·卫风·伯兮》：哪里能找到忘忧草，找来种在此屋旁。

谖（xuān），又名"萱草"，古人认为这种草可以使人忘记忧愁，又叫"忘忧草"。

原文：

《诗·卫风·木瓜》：投我以木瓜，报之以琼琚。

投我以木桃，报之以琼瑶。

投我以木李，报之以琼玖。

今释：

《诗·卫风·木瓜》：你将木瓜投赠我，我拿佩玉作回报。

你将木桃投赠我，我拿美玉作回报。

你将木李投赠我，我拿宝玉作回报。

原文：

《诗·王风·中谷有蓷》：中谷有蓷，暵其乾矣。

今释：

《诗·王风·中谷有蓷》：山谷中的益母草，天旱无雨将枯焦。

蓷（tuī），指"益母草"。

暵（hàn），干枯；干旱；曝晒。

原文：

《诗·王风·丘中有麻》：丘中有李，彼留之子。

今释：

《诗·王风·丘中有麻》：长满李子树的山坡下，刘姓小伙来了。

李，就是李子。留，姓氏，即"刘"之借字。

原文：

《诗·魏风·汾沮洳》：彼汾沮洳，言采其莫。

　　　　　　　　彼汾一方，言采其桑。

　　　　　　　　彼汾一曲，言采其藚。

今释：

《诗·魏风·汾沮洳》：汾河河边的洼地上，在采摘莫菜。

　　　　　　　　汾河的岸旁，在采摘桑叶。

　　　　　　　　汾河的河弯旁，在采摘泽泻。

莫，即"酸模"，多年生草本，嫩叶可食。

藚，即"泽泻"，苗如车前草，嫩时可食，也可入药。

沮洳（jù rù），低湿之地。

原文：

《诗·唐风·椒聊》：椒聊之实，蕃衍盈升。

　　　　　　　　椒聊之实，蕃衍盈掬。

今释：

《诗·唐风·椒聊》：花椒结籽挂在树上，累累的椒籽装满容器。

唐，周成王的弟弟姬叔虞的封地，都城在今山西翼城县南。

椒聊，指"花椒"，一说聊指"高木"。1991 年 5 月，在河南固始县城关镇葛藤山的商代墓中发现几十粒花椒，这在商代墓中还属首次发现，也是目前国内最早的花椒物证。

原文：

《诗·唐风·杕杜》：有杕之杜，其叶湑湑。

　　　　　　　　有杕之杜，其叶菁菁。

今释：

《诗·唐风·杕杜》：路旁棠梨孤零零，树上的叶子却很茂盛。

　　　　　　　　路旁棠梨孤零零，树上的叶子却很青翠。

杕（dì），即"棠梨树"，果实小而酸。

原文：

《诗·桧风·隰有苌楚》：隰有苌楚，猗傩其枝。

　　　　　　　　　　　隰有苌楚，猗傩其华，

　　　　　　　　　　　隰有苌楚，猗傩其实。

今释：

《诗·桧风·隰有苌楚》：低洼的地上长着羊桃，羊桃的枝蔓繁茂。

　　　　　　　　　　　低洼的地上长着羊桃，羊桃的花朵美艳。

　　　　　　　　　　　低洼的地上长着羊桃，羊桃的果实累累。

苌（cháng）楚，即羊桃、猕猴桃。

原文：

《诗·曹风·下泉》：冽彼下泉，浸彼苞稂。

今释：

《诗·曹风·下泉》：寒冽泉水往外冒，浸泡丛丛的狗尾草。

稂（láng），指生而不结实的草，也叫狗尾草。

原文：

《诗·豳风·七月》：六月食郁及薁，七月亨葵及菽。

　　　　　　　　　　八月剥枣，十月获稻。

　　　　　　　　　　七月食瓜，八月断壶，九月叔苴（jū）。

　　　　　　　　　　黍稷重穋（lù），禾麻菽麦。

今释：

《诗·豳风·七月》：六月吃李子和野葡萄，七月烹煮葵和豆子。

郁，指"李子"。薁（yù），指"野葡萄"。这里的野葡萄和一般意义上的"欧洲葡萄"可能并不是一个品种。因为葡萄在西汉初年，才从西域逐步传入中国内地。

"菽"，即大豆，黄豆，被中国人最早驯化和种植，迄今已有五千余年的历史。

这里的"瓜"，很有可能是菜瓜。在西汉之前，我国食用的瓜类只有冬瓜和菜瓜。

壶，指"葫芦"。苴，指"麻子"。

稷，指"粟"，小米。

重穋：即"穜穋"，两种谷类，穜，早种晚熟；穋，晚种早熟。

原文：

《诗·小雅·鹿鸣》：呦呦鹿鸣，食野之苹。

　　　　　　　　　　呦呦鹿鸣，食野之蒿。

呦呦鹿鸣，食野之芩。

今释：

《诗·小雅·鹿鸣》：小鹿呦呦欢鸣，在那原野上啃食苹草。

　　　　　　　　小鹿呦呦欢鸣，在那原野上啃食蒿草。

　　　　　　　　小鹿呦呦欢鸣，在那原野上啃食芩草。

原文：

《诗·小雅·常棣》：常棣之华，鄂不韡韡（wěi）。

今释：

《诗·小雅·常棣》：常棣花真鲜艳，花萼花蒂紧紧相连。

常棣，又作"棠棣"，又名"郁李"。

原文：

《诗·小雅·南山有薹》：南山有薹，北山有莱。

　　　　　　　　　　　南山有桑，北山有杨。

　　　　　　　　　　　南山有杞，北山有李。

　　　　　　　　　　　南山有栲，北山有杻（niǔ）。

　　　　　　　　　　　南山有枸，北山有楰（yú）。

今释：

《诗·小雅·南山有薹》：南山头上有莎草，北山坡上有藜草。

　　　　　　　　　　　南山头上有桑树，北山坡上有杨树。

　　　　　　　　　　　南山头上有枸杞，北山坡上有李子。

　　　　　　　　　　　南山头上有栲树，北山坡上有杻树。

　　　　　　　　　　　南山头上有枸榾，北山坡上有苦楸。

原文：

《诗·小雅·白驹》：皎皎白驹，食我场藿。

今释：

《诗·小雅·白驹》：光洁的小马驹，吃我园中的嫩豆叶。

藿（huò），豆叶。

原文：

《诗·小雅·我行其野》：我行其野，蔽芾其樗（chū）。

　　　　　　　　　　　我行其野，言采其蓫（zhú）。

　　　　　　　　　　　我行其野，言采其葍（fú）。

今释：

《诗·小雅·我行其野》：走在荒凉的旷野，路旁的椿树枝叶稀落。

走在荒凉的旷野，采摘那蓬叶多辛苦。

走在荒凉的旷野，采摘那蕳根来充饥。

樗，臭椿树，不成材，常用来比喻所托非人。

蓬，草名，俗称"羊蹄菜"。

蕳，多年生蔓草，根部可食。

原文：

《诗·小雅·黄鸟》：黄鸟黄鸟，无集于榖，无啄我粟。

　　　　　　　　黄鸟黄鸟，无集于桑，无啄我梁。

　　　　　　　　黄鸟黄鸟，无集于栩，无啄我黍。

今释：

《诗·小雅·黄鸟》：黄鸟啊，不要落在楮树上，不要啄食我的粟米粱。

　　　　　　　　黄鸟啊，不要落在桑树上，不要啄食我的红高粱。

　　　　　　　　黄鸟啊，不要落在柞树上，不要啄食我的黍粱。

榖（gǔ），即"楮树"。

栩，即"柞树"。

原文：

《诗·小雅·采芑》：薄言采芑，于彼新田，呈此菑亩。

今释：

《诗·小雅·采芑》：采集鲜嫩的苦荬菜，在去年开垦的新田，在这初垦的菑（zī）田。

芑（qǐ），即"苦荬菜"，一种像苦菜的野菜。

原文：

《诗·小雅·瓠叶》：幡幡瓠叶，采之亨之。

今释：

《诗·小雅·瓠叶》：风吹动瓠叶，采来烹煮。

瓠（hù），瓠瓜，又叫葫芦，果实、嫩叶可食。

原文：

《诗·小雅·頍弁》：茑与女萝，施于松柏。

　　　　　　　　茑与女萝，施于松上。

今释：

《诗·小雅·頍弁》：爬藤茑萝与松萝，攀缘松柏才生长。

茑（niǎo），茑萝，攀缘植物，果实味酸。

女萝，松萝，附生在大树上。

原文：

《诗·大雅·绵》：绵绵瓜瓞，民之初生，自土沮漆。

周原膴膴，堇荼如饴。

今释：

《诗·大雅·绵》：连绵不绝的瓜田，周民诞生渐渐发达，从土迁到漆水下。

岐山南面的土地肥沃，堇荼苦菜甜如饴糖。

瓞（dié），小瓜。

膴膴（hū hū），肥沃。

堇荼（jǐn tú），野菜，又名"苦堇"、"堇葵"，味苦。

2. 公元前 111 年，《三辅黄图》（撰人及成书年代不详）书中载秦汉时期三辅的城池、宫观、陵庙等，各项建筑皆指出所在方位，其中扶荔宫曾为引种栽植奇花异果的地方。

原文：

扶荔宫在上林苑中，汉武帝元鼎六年，破南越，起扶荔宫，以植所得奇草异木，菖蒲百本，山姜十本，甘蕉十二本，留求子十本，桂百本，密香指甲花百本，龙眼、荔枝、槟榔、橄榄、千岁子、柑橘皆百余本。上木南北异宜，岁时多枯瘁。荔枝自交趾移植百株，于庭无一生还者，连年犹移植不息，后数岁偶一株稍茂，终无华实，帝亦珍惜之。一旦萎死，守吏坐诛者数十人，遂不复莳矣。

今释：

扶荔宫在上林苑里面，汉武帝元鼎六年（公元前111年），破南越（今南岭以南的广大地区）后建立扶荔宫，用来种植当时得到的奇草异木，有：菖蒲百株，山姜十株，甘蕉十二株，留求子十株，桂百株，蜜香指甲花百体，龙眼、荔枝、槟榔、橄榄、千岁子、柑橘各百余株。由于草木南北生长条件不同，一年不同时节多出现焦枯。荔枝从交趾（西汉交趾在今越南河内市西北）移植于扶荔宫上百株，没有一株能成活。但仍坚持接连几年移植，后来偶尔出现一株生长稍茂盛，终没有开花结实。皇帝也很珍视它。一旦荔枝枯萎死亡，经营的官员受诛的有几十个人。后来朝廷就没有再在都城西安栽种荔枝。

3. 公元 2 世纪，东汉崔寔的《四民月令》最早记载苜蓿栽培技术。

原文：

七月，八月，可种苜蓿。

今释：

七月和八月，是适宜适宜种植苜蓿的季节。

苜蓿最初是作为马匹饲料引入中国。《史记·大宛列传》中记载："马嗜苜蓿，汉使取其实来，于是天子始种苜蓿"。先是在西安一带种植，以后逐渐扩大到陕西各地。苜蓿在中国古代主要有三种用途，一是作为牲畜饲料；二是作为救荒植物；三是作为中药。

4. 304 年，晋·嵇含《南方草木状》曾叙及芜菁种子携至岭南地区种植出现的变异。

原文：

芜菁，岭峤以南俱无之，偶有士人因官，携种就彼种之，出地则变为芥。

今释：

五岭以南原来没有芜菁（蔓菁）。偶然的机会，是有的读书人当官，从北方携带蔓菁种子到这里来种植，但是，长出来却是芥菜的样子。

5. 6 世纪，贾思勰《齐民要术·种椒第四十三》中曾叙述花椒树的习以性成。

原文：

熟时收取黑子。

此物性不耐寒，阳中之树，冬须草裹。（不裹即死。）其生小阴中者，少禀寒气，则不用裹。（所谓"习以性成"。一木之性，寒暑异容；若朱、蓝之染，能不易质？故观邻识土，见友知人也。）

今释：

花椒成熟时，收取其黑色的种子。

花椒这植物不耐寒，原来生长在阳面的花椒树，冬天须要用草包裹，不包裹就会冻死。原来生长在较阴处的，因为从幼株时就习惯、适应了阴冷，就不必包裹，这就是所谓"习惯成本性"。一种树的本性，耐寒与否，有不同的表现。好像朱红、靛蓝作染料，被染的白布颜色怎能不变化。用同样道理，观察一个人的邻居和朋友，可以推测这个人的性情。

6. 6 世纪，贾思勰《齐民要术·种蒜第十九》里面曾述说蒜种、芜菁种子换地区种植出现的歧义。

原文：

收条中子种者，一年为独瓣；种二年者，则成大蒜，科皆如拳，又逾于凡蒜矣。（瓦子垅底，置独瓣蒜于瓦上，以土覆之，蒜科横阔而大，形容殊别，亦足以为异。今并州无大蒜，朝歌取种，一岁之后，还成百子蒜矣，其瓣粗细，正与条中子同。芜菁根，其大如碗口，虽种他州子，一年亦变大。蒜瓣变小，芜菁根变大，二事相反，其理难推。又八月中方得熟，九月中始刈得花子。至于五谷蔬果，与余州早晚不殊，亦一异也。并州豌豆，度井陉以东，山东谷子，入壶关、上党，苗而无实。皆余目所亲见，非信传疑：盖土地之异者也。）

今释：

用蒜薹中的蒜子来作种，第一年所收的蒜都是独瓣的。种到第二年，才成为大蒜。它的蒜头能有拳头大，长得比一般的蒜要好。

在垅底上放一片小瓦片，将独瓣蒜放在瓦片上，再盖上土，蒜头就长成扁阔的形状，看起来很大，样子特别，显得很新奇。

现今山西并州不产大蒜，有人到河南朝歌去寻找蒜种。回来种上一年，又成了百子蒜。蒜瓣和蒜薹上的蒜子大小相像。并州的芜菁根长得有碗口那么大；就是从别的州找来种子，种下一年，也会变大。蒜瓣变小和芜菁根变大，这两个变化，方向相反，其理由实在不容易推测。此外，并州种植的芜菁八月中长成，九月中才开始收取其结的种子。而五谷，其他蔬菜、果实，成熟时期的早晚却又和其他州同样，这也很特殊。

还有并州产的豌豆，到井陉口以东种植，山东的谷子，种到壶关、上党一带，便都徒长而不结实这都是我亲眼所见到的事，并不是单听传言。所以出现这些情形，大概是由于土地条件的差异。

7. 10 世纪，唐·刘恂撰《岭表录异》里面述及在广州种小麦，只长苗不结实的情形。

原文：

广州地热种麦则苗不实。

今释：

广州地区气候热，种下麦子，只长苗不结实。

8. 993 年，《宋史·食货志》、《宋史·河渠志》载宋太宗淳化四年何承矩曾在河北主持辟水田，引种种稻。

原文：

何承矩请于顺安砦西引易河筑堤为屯田。既而河朔连年大水，及承矩知雄州，又言宜因积潦蓄为陂塘，大作稻田以足食。会沧州临津令闽人黄懋上书言："闽地惟种水田，缘山导泉，倍费功力，今河北州军多陂塘，引水溉田，省功易就，三、五年间，公私必大获其利"。诏承矩按视，还，奏如懋言，遂以承矩为制置河北沿边屯田使，懋为大理寺丞充判官，发诸州镇兵一万八千人给其役。凡雄莫、霸州、平戎、顺安等军兴堰六百里，置斗门，引淀水灌溉。初年种稻，值霜不成。懋以晚稻九月熟，河北霜早而地气迟，江东早稻七月即熟，取其种课令种之，是岁八月，稻熟。初，承矩建议，沮之者颇众；武臣习功战，亦耻于营葺。既种稻不成，群议愈甚，事几为罢。至是，承矩栽稻穗数丰，遣吏送阙下，议者乃息。而莞蒲、唇蛤之饶，民赖其利。

今释：

何承矩请求在顺安（今河北高阳一带）砦西引易河筑堤修建屯田。河北山西一带连年大水时，何承矩任雄州（今河北雄县一带）知州，又上书适宜就着积潦，把水蓄入陂塘，大力开发稻田以供食用。这时沧州（今河北沧州一带）临津令福建人黄懋（mào）也上书，说"福建地方惟有种水田，那是沿山引导泉水，非常耗费功力。当今河北一带州、军有很多陂塘，引水灌溉农田，既省功又容易完成，三五年间，公私一定能收到很多的利益。"朝廷下诏让何承矩去黄懋那里视察，何承矩回来上报，和黄懋的奏章中所述一样。这样，朝廷就以何承矩为制置河北沿边屯田使，黄懋为大理寺丞充判官，调配各州镇官兵一万八千人从事这项任务。雄州、莫州（今河北任丘一带）、霸州（今河北霸县一带）、平戎（平戎军即保定军，今河北保定市一带）、顺安等军修筑堤堰六百里，设置斗门，引淀水灌溉。第一年种稻，遭上霜害未得到收成。分析原因，黄懋认为是犹豫晚稻九月成熟，河北地方降霜早而地气晚所致。于是改用江东七月即成熟的早稻，取得种子命令播下。这年八月水稻就成熟了。最初，何承矩向朝廷建议筑堤种稻，官员中不同意的甚多，武将致力于练功打仗，也不屑于经营农田水利建设事物。出现种稻未得到收成的情况时，群臣的非议更为厉害，几乎把屯田种稻这件事停顿下来。有了水稻收成，何承矩命人载几车稻穗送往朝廷那里，各种非议得到平息。民众从此得到收取丰富蒲、苇、鱼、蚌等产品的好处。

9. 1011 年，《宋史·食货志》载大中祥符（宋真宗赵恒用的第三个年号）四年（1011 年）年从福建调稻种给江淮、两浙。

原文：

端拱初"言者谓江北之民杂植诸谷，江南专种粳稻，虽土风各有所宜，至于参植以防水旱，亦古之制。于是诏江南、两浙、荆湖、岭南、福建诸州长吏，劝民益种诸谷，民乏粟、麦、黍、豆种者，于淮北州郡给之；江北诸州，亦令就水广种粳稻，并免其租。"

"大中祥符四年……帝以江淮、两浙稍旱即水田不登，遣使就福建取占城稻三万斛，分给三路为种择民间高仰者之，盖早稻也。内出种法，命转运使揭榜示民。后又种于玉宸殿，帝与近臣同观；毕刈，又遣内侍持于朝堂示百官。稻比中国者穗长而无芒，粒差小，不择地而生。"

今释：

端拱（宋太宗第三个年号，988—989 年）初，"向上呈奏的官员说，江北的民众杂种各种谷物，江南民众则专种粳稻。虽然说各地有各自相宜的风土条件，而杂错种植各类作物防备水旱天年偶然出现，也是自古以来流传的规制。于是朝廷下诏给江南、两浙、荆湖、岭南、福建等地方官员，要他们劝导民众多种各类谷物。民众缺少粟、麦、黍、豆种子的，从淮北各州郡调剂供应；江北各州，也命令他们就水源的情况，多种水稻，并免除租赋。"

"大中祥符四年（1011 年），皇帝为解决江淮、两浙稍微发生旱情，水田生产就出现困难的问题，派遣官员到福建，调取占城稻种三万斛，分发给三路作为种子使用，选择高处的田块种植，是一种早稻。朝廷出示种植方法，命令转运使出榜向民众揭示，后来又在皇城玉宸殿种植，皇帝与近臣还一同去观看。水稻收割了，皇帝又让内侍把稻束带到朝堂向百官展示。这种原产自越南的水稻品种比中国原来种植的水稻穗子长，没有芒，稻粒小些，对土地的选择要求不严格。"

10. 11 世纪，宋·欧阳修撰《新五代史·四夷附录第二》记载了西瓜的传入。

原文：

明日东行，地势渐高，西望平地，松林郁然，数十里遂入平川，多草木，始食西瓜，云契丹破回纥得此种，以牛粪覆棚而种，大如中国冬瓜而味甘。

今释：

一日向东到一处地势高的地方，向西望去一马平川，松林茂盛，过了数十里，在多草木的平川地带发现了西瓜，并开始食用，后来契丹人敬献回馈时得此瓜的种子，用牛粪大棚种植，此瓜形如冬瓜，味道甘甜。

西瓜又称寒瓜、水瓜、夏瓜等，元代王祯《农书》中记载："种出西域，故名西瓜"，但其传入中国的具体时间，目前学术界尚无定论。张仲葛在《西瓜小史》一文中认为，西汉武帝时期，张骞出使西域才有西瓜。目前关于西瓜传播方面的研究，基本都以《新五代史·四夷附录第二》作为西瓜传播的史料源头。北宋太平兴国年间（976—983 年）的《太平寰宇记》卷六十九《河北道十八·幽州》土产部分在记载了"瓜子"，即西瓜（打瓜）子。因此可以推测在 10 世纪下半叶，西瓜在今北京、廊坊、天津一带已经有了相当的栽培规模。

北宋年间，一些记录当时中原汉地风物的书籍，如《政和本草》《太平御览》《东京梦华录》等都没有关于西瓜的记载。北宋画家张择端的《清明上河图》中，画有一个水果摊，摊前放有数块切开的西瓜。直到南宋绍兴十三年（1143年），南宋官员洪皓才从金国带回了西瓜的种子。洪皓在其《松漠纪闻》中记载："西瓜形如匾蒲而圆，色极青翠，经岁则变黄……予携以归，今禁圃乡圃皆有，亦有留数月，但不能经岁，仍不变黄色。"至此，西瓜在长江流域地区也开始大规模种植。元代开始，对西瓜的认识更加深入，《农桑辑要》首次提出了西瓜的栽培方法，卷五瓜菜中记载："新添西瓜：种同瓜法"。元代吴瑞所撰的《日用本草》则是首次记载了西瓜的药用价值，该书记载："西瓜，味甘寒，无毒，消暑解热，解烦渴，宽中下气利小水，治血痢"。明代西瓜的栽培技术日渐成熟，品种资源更加丰富，种植面积和规模相较于前朝都有明显增加。清代西瓜的生产则达到了中国封建社会的顶峰。全国各地方志有关西瓜的记载也多以明清为主，且涉及性状、种植、用途、产量、传播、贸易等诸多方面。

11. 1286年，元·司农司撰《农桑辑要》中，曾就苎麻棉花等作物引种驳"风土不宜"说。

原文：

论九谷风土及种蒔时月"条有："谷之为品不一。风土各有所宜；种艺之时，早晚又各有不同。

论苎麻木棉"条有："大哉！造物发生之理，无乎不在。苎麻，本南方之物；木棉亦西域所产。近岁以来，苎麻艺于河南，木棉种于陕右，滋茂繁盛，与本土无异。二方之民，深荷其利。遂即已试之效，今所在种之。悠悠之论，率以风土不宜为解。盖不知中国之物，出于异方者非一：以古言之，胡桃、西瓜，是不产于流沙葱岭之处乎？以今言之，甘蔗、茗芽，是不产于群牁、邛、筰之表乎？然皆为中国珍用。奚独至于麻、棉，而疑之？虽然，托之风土，种艺之不谨者，有之；抑种艺虽谨，不得其法者，亦有之。故特列其种植之方于右，庶勤于生业者有所取法焉。

今释：

五谷的品类很多，各有相宜的风土条件；种植的时间，早晚又不相同。

有生命之物发生的道理，几乎没处不存在。苎麻本来是南方的产物，棉花也产于西域。近年以来，苎麻在河南种植，棉花在陕西一带种植，长得滋茂繁盛，与原出产的地方没有什么两样。河南陕西的民众，得到实际的利益。由于已有试种的成效，现今又在不少地方种植。一些似是而非的议论，多以风土不宜来解释。其实他们不了解中国的产物，从外地传来的远不止一种。古代，胡桃、西瓜原来难道不是产于流沙葱岭（泛指帕米尔高原、昆仑山脉西部）以外的地方？近一点说，甘蔗、茶，原来也只产在川贵地区，后来在南北许多地区种植并得到珍视，何至于单单对麻、棉引起怀疑呢！虽说托言风土，但也有种植不谨慎的问题，就是种植谨慎，还有不得其法的障碍。故此，将种植的方法写出来，为的是给勤于治生、兴业的人们提供借鉴。

12. 16 世纪，元·贾铭所撰的《饮食须知》最早记载了南瓜的出现。

原文：

南瓜，味甘性温。多食发脚气黄疸。同羊肉食，令人气壅。忌与猪肝、赤豆、荞麦面同食。

今释：

南瓜，味道甘甜适宜温补。过多食用会导致脚气和黄疸。和羊肉一起食用，会令人气壅喉痹。切忌和猪肝、红豆、荞麦一起食用。

南瓜又名倭瓜、番瓜、金瓜、饭瓜等。因南瓜是从南方引进到北方种植，故称南瓜。据现代考古挖掘，南瓜属作物的几个栽培品种均起源于美洲，我国目前没有发现南瓜的野生品种，中国南瓜从外国引入这一点当无异议。

根据方志等史料记载南瓜最早引种到中国的时间和路径是在 16 世纪初期的东南沿海和西南边疆一带。东南海路，是南瓜首先传入东南亚，然后引种到我国东南沿海。西南陆路是南瓜传入印度、缅甸后，再进一步引种到我国西南边疆。南瓜在明代就完成了大部分省份的引种工作，其推广速度比之同样来自美洲的番茄、辣椒、玉米、番薯等作物更为迅速。入清以后南瓜在各省范围内迅速普及，华北地区、西南地区逐渐成为南瓜主要产区，最终奠定了我国世界第一大南瓜生产国的地位。

13. 1503 年，《常熟县志》最早记载了花生的出现。

原文：

落花生，三月栽，引蔓不甚长。俗云花落在地，而子生土中，故名。霜后煮熟可食，味甚香美。

今释：

落花生，在三月份栽种。因为这种植物的花在外，而果实在土壤中，因此得名。煮熟后可以食用，十分美味。

花生传入我国应不晚于 16 世纪。然而《本草纲目》和《农政全书》没有花生的记载，在当时全国应该尚未普遍种植花生。万历年间（1573—1620 年）的《仙居县志》中记载："落花生原出福建，近得其种植之"。无独有偶，世德堂遗书《星余笔记》（1672 年）中也记载："云种自闽中来，今广南处处有之"。因此学术界一般认为福建是花生最早传入地之一，而浙江可能传自福建，后逐渐在北方地区种植。初传的花生为龙生型品种，产量低，结子分散，收获不便，栽培面积有限。1862 年，美国传教士梅里士（Charles Rogers Mills）将弗吉尼亚型花生引种到山东登州，产量丰富，迅速向全国传播，并逐渐淘汰原有小粒种花生，发展成为传统时代重要的经济作物、油料作物。

20 世纪五六十年代，我国学术界对于花生有"本土外来之争"，主要是因为 1961 年江西修水县山背地区原始社会遗址中掘得四粒完全炭化的花生种子。经鉴定，确为花生种子，时间约在新石器晚期。后来著名的农史学者游修龄专门作《说不清的花生问题》一文，从五个方面驳斥了"中国是花生的原产地"这一观点：①文献记载的缺失；②我国境内至今尚未发现花生的野生种群；③花生的多样性并非始于新石器晚期，而是在花生被引种之后；④一些学者做了折中解释，认为"早期的花生因某种原因突然消失了，明朝重新引入"，但这一说法同样缺乏力证；⑤过分强调花生出土的实物和碳十四鉴定，缺乏其他相关的证明或线索。自此关于花生原产地的问题学术界再无争议。

14. 1560 年，《平凉府志》最早记载了玉米的形状、特征以及收种日期。

原文：

番麦，一名西天麦，苗如葛秫而肥短，末有穗如稻而非实，实如塔，如桐子，生节间，花垂红绒于塔末，长五、六寸，三月种，八月收。

今释：

番麦，又叫西天麦，麦苗像葛和高粱但更加短粗，末端有像稻穗一样的穗，这种穗不是它的果实，它的果实像塔和桐子，生长在节间，番麦末有长五六寸的红绒，三月下种，八月收获。

玉米原产于中美洲和南美洲，早在公元前 5300 年，古印第安人在墨西哥南部就开始种植玉米。1492 年，哥伦布的远航船队发现了新大陆，随后玉米被引进到了西欧，又过了约半个世纪，玉米随着欧洲殖民者传入非洲和亚洲。关于玉米传入我国的路线、时间，史料无明确记载。民间传说大致有以下三种：一是从西班牙传到麦加，再从麦加经中亚引种到我国的西北地区；二是先从欧洲传到印度、缅甸等地，再由印、缅引种到我国西南地区；三是先从欧洲传到菲律宾，后又由葡萄牙人或在菲律宾等地经商的中国商人，经海路传到中国。玉米首先发展起来的地区是在明末、清中叶的淮河以南山区。19 世纪中期，玉米种植已遍及大江南北的绝大多数省区，晚清至民国时期，玉米已发展成为中国仅次于水稻和小麦的第三大作物。

15. 1591 年，明·高濂所撰的《遵生八笺》中的"燕闲清赏笺·四时花纪"一节，最早记载了辣椒的出现，该书将辣椒归为花类，属于观赏植物。

原文：

番椒，化生花白，子俨秃笔头，味辣色红，甚可观，子种。

今释：

番椒，（辣椒）花为白色，果实就像秃笔头，味道辛辣，色泽红艳，有很高的欣赏价值，种子可以培育。

辣椒原产于美洲，哥伦布航行美洲时将它带回欧洲。辣椒于 1493 年传入西班牙，1548 年传到英国，16 世纪中叶传遍中欧各国。1542 年西班牙人、葡萄牙人将辣椒传入印度，同年，葡萄牙人将辣椒传入日本，16 世纪末辣椒传到朝鲜。进入 17 世纪，许多辣椒品种传入东南亚各国。与《遵生八笺》同时期的许多书籍也不乏关于辣椒的记载。如王象晋（1561—1653 年）所撰的《二如亭群芳谱》蔬谱中记载："番椒，白花，实如秃笔头，色红鲜可观，味甚辣，子种"。《农政全书》在花椒后面附："番椒，亦名秦椒，白花，子如秀笔头，色红鲜，可观，味甚辣"。可见当时辣椒的传播已经相当广泛，且已用于食用。

辣椒最先引入华东的浙江、东北辽宁，然后由浙江传到中西南地区的湖南、贵州和华北地区的河北；雍正年间增加了西部地区的陕西，华北地区扩大到了山东；乾隆年间华东地区扩大到安徽、福建、台湾，湖南周边地区扩展到广西、广东、四川、江西、湖北，西部扩展到甘肃；嘉庆年间华东地区又扩大到江苏；道光年间华北地区扩大到山西、河南、内蒙古南部，此时华东、华中、华南、西南（除云南）、华北、东北、西北辣椒栽培区域都已连成一片。

16. 明万历年间（1573—1620 年），何乔远《闵书》最早记载了番薯的出现。

原文：

番薯，万里中闽人得之于外国，瘠土砂砾之地，皆可以种。

今释：

番薯，是外国传入闽地，在贫瘠或沙砾的土地上，都可以种植。

番薯是我国重要的农作物，一度有"民食之半"的地位，明人叶向高赞道："诞降嘉植，山限水得，既甘且旨，匪古伊今，壶餐以济，灾荒不侵"。番薯有土生说和引生说，目前大部分学者认可后者，认为是明中后期传入我国，少数学者特别是明清学者是则认为，番薯是中国的原产作物。支持此观点的史料不少，如东汉杨孚《异物志》记载："甘薯似芋，亦有巨魁。剥去皮，肌肉正白如脂肪。南人当米谷。"西晋嵇含《南方草木状》是我国最早关于"甘薯"

的史料:"甘薯,盖薯蓣之类,或曰芋之类,根叶亦如芋。实如拳,有大如瓯者,皮紫而肉白。蒸鬻食之,味如薯蓣,性不甚冷。旧珠崖之地,海中之人,皆不业耕稼,惟掘地种甘薯,秋熟收之,蒸晒切如米粒,仓囷贮之,以充粮粮,是名薯粮。北方人至者,或盛具牛豕脍炙,而末以甘薯荐之,若粳粟然。"也有学者认为,本地薯是薯蓣科的一种植物,和旋花科的番薯并无亲缘关系。

番薯传入中国并得以普及是多人多次引进的结果。番薯传入中国有很多途径,有陆路和水路两种方式,主要是从菲律宾和越南两国传入福建和广东两省。番薯传入我国后,最初的一个世纪,局限于闽粤,17世纪后期开始向江西、湖南等省及浙江、江苏沿海地区扩展,在解决了薯种越冬问题后,18世纪中期已遍及南方各省,并开始向黄河流域及以北地区扩展,逐渐普及全国。

17. 1621年,明·王象晋所撰的《群芳谱·果谱》最早详细记载了番茄的性状

原文:

蕃柿,一名六月柿,茎似蒿,高四五尺,叶似艾,花似榴,一枝结五实,或三、四实,一树二三十实,缚作架,最堪观。火伞火珠未足为喻。草本也。来自西蕃,故名。

今释:

蕃柿(即番茄),又称六月柿,茎像蒿,长四五尺,叶像艾,花像榴,一枝能结三五个果实,一棵树能结二三十个果实,绑在架子上,可以观赏。火伞、火珠都没有它的颜色艳丽。因为来自西蕃,所以称蕃柿。

番茄又称西番柿、蕃柿。中国自古有番茄野生种的存在,在20世纪后半叶,湖南省相继发现野生番茄的存在。无独有偶,1983年8月,在成都北门外凤凰山的西汉古墓中也发现了番茄种子,后经培育竟开花结果。但栽培的番茄在学术界基本一致认为是明万历年间(1573—1620年)作为观赏植物传入我国。番茄的传播途径有多种,其中由海路传入的可能性最大。番茄自引种到我国后,长期作为观赏植物,传播速度缓慢且具有一定的间断性。清代末叶、民国初期也只是在大城市郊区有零星的栽培,后来进入菜园。直到20世纪我国东北、华北、华中地区才开始种植,大规模发展则在新中国成立后。

18. 1628年,明·徐光启撰《农政全书》"蚕桑广类"中,讲述棉花择种。

原文:

余见农人言吉贝者,即劝令择种,须用青核等三四品;棉重,倍入矣。或云:凡种植必用本地种;他方者,土不宜种,亦随地变易。余深非之。乃择种者，竟获棉重之利；三五年来，农家解此者十九矣。鸣呼！即如彼言，吉贝自南海外物耳，吾乡安得而有之？

又曰：嘉种移植，间有渐变者；如吉贝子色黑者渐白，棉重者渐轻也。然在近地，不妨岁购种；稍远者，不妨数岁一购。其所由变者，大半因种法不合；间因天时水旱；其缘地力而变者，十有一二耳。

今释：

我见到农民谈到棉花就劝他们选择种子，须取用'青核'等三四个品类，皮棉出得多，收益成倍增加。也有人说，种棉必用本地种，别处的品类，这里的土壤不宜种植，是随地域而变化的。我很不同意这种看法。对棉种认真选择的人，连续得到了多收皮棉的好处。近三五年来，已有约90％的农家明白了这个道理。而且，照他们的说法，那棉花也是来自生长在海南的外地之物，我们上海怎么会种起来了呢？

也有人说，优良的棉种换地方种植，中间有渐变的。如棉子颜色黑的渐渐变浅，出棉絮多的变少。在距离近的地方，不妨每年购买良种，离得稍远的地区，不妨几年买一次良种。种子所以变化，大半因为种法不合适；也有因天时水旱变化的；由于地力而变异的，十个当中不过一二个。

19. 1628年，明·徐光启撰《农政全书》"树艺"中阐释芜菁种子选留。

原文：

玄扈先生曰："南方种芜菁，收子多在芒种后梅雨中，子既不实，亦有荚中生芽者。漫将作种，便无大根。加以密种少粪，其变为菘，亦无怪也。今欲稀种多壅，似亦无难；独梅时多雨，非人力可为。近立一法，可得佳种：凡芜菁，春时摘苔者，生子迟半月；若摘苔二遍，即迟一苔一遍，拟至后收子；其一摘苔二遍，拟小暑后收子。南方梅雨，多在夏至前，或时在夏至后。小暑后，伏时多晴，分作三次收，定有一两次不秕者。又复简择淘汰，稀种厚壅，无缘可变为菘矣。"

今释：

徐光启说："南方种芜菁，采收种子多在芒种节以后。因为处在梅雨期，种子既不成实，也有在荚中生芽的，随随便便作种子播下去，便会不长出大根。再加上种得密，施粪少变为菘（sōng）菜，并不奇怪。现今要稀播，多培壅（yōng），好像也不太难，唯有梅时多下雨，不是人力所能作用的。近来确定一种方法可得到优良种子：凡是芜菁，春时摘苔的，生子晚约半个月，如果摘苔两遍，就要迟一个月。适宜将留种的芜菁，分作三批处理：其一，不摘苔，拟在芒种节后收取种子；另一，摘苔一遍，拟夏至节后收取种子；再一，摘苔两遍，拟在小暑节后收取种子。南方梅雨，大多在夏至节以前，也许在夏至以后。小暑以后，伏时天气大多晴好，分做三次采收种子，一定有一两次子粒不秕的。再加上挑拣、淘选、稀播、多施肥等，也就没有变为菾的缘由了。"

20. 1628 年，明·徐光启撰《农政全书》"树艺"中，叙述撰者深排风土之论。

原文：

余谓风土不宜，或百中间有一二；其他美种不能彼此相通者，正坐懒慢耳。凡民既难虑始，仍多坐井之见；士大夫又鄙不屑谈，则先生之论，将千百载为空言耶？且辗转沟壑者何罪焉！余故深排风土之论，且多方购得诸种，即手自树艺；试有成效，乃广播之。"

今释：

我说"风土不宜"，或许一百当中会有一二的样子，其他优良种子不能相互沟通传播，正是由于懒惰的缘故。一般民众难于开拓，技术方法受狭小活动范围的局限；读书的人们鄙薄技术不屑于谈论。这样像丘浚（xùn）等人，南方北方兼种各种谷物，对有成效的人加以奖赏的主张，成百年上千年也将是空话。又怎么能怪罪在田野沟汉辛劳的人们！我就很反对'风土'的论调，而且多方购买各种种子，亲自种植；经过试验取得成效，便进行推广传播。"

21. 1628 年，明·徐光启《农政全书》"树艺·蓏部"里面记叙甘薯的引种、传播。

原文：

玄扈先生曰："薯有二种，其一，名山薯，闽、广故有之；其一，名番薯，则土人传云；近年有人，在海外得此种。海外人，亦禁不令出境；此人取薯藤，绞入汲水绳中，遂得渡海。因此分种移植，略通闽广之境也。……其藏种有二法：其一，传卵，于九十月间，掘薯卵，拣近根先生者，勿令伤损，用软草苞之，挂通风处，阴干。至春分后，依前法种。一传藤，八月中拣近根老藤，剪取长七八寸，每七八条作一小束，耕地作。将藤束栽种如畦韭法。过一月余，即每条下生小卵如蒜头状。冬月畏寒，稍用草器盖，至来春分种。若原卵在土中者，冬至后，无不坏烂也。

"又曰。薯根极柔脆，居土中甚易烂。风干收藏，不宜入土，又不耐冰冻也。余从闽中市种北来，秋时用传藤法：造一木桶，栽藤种于中。至春，全桶携来过岭分种，必活。春间携种，即择传根者持来。有时传藤或烂坏，不坏者，生发亦迟。惟带根者，力厚易活，生卵甚早也。"

"又曰：或问'薯本南产，而子言可以移植，不知京师南北以及诸南北以及边，皆可种之以助人食、无令军民枵腹否？'余遽应之曰：'可也。'薯春种秋收，与诸谷不异。京边之地，不废种谷，何独不宜薯耶？今北方种薯，未若闽广者，徒以三冬冰冻，留种为难耳。欲避冰冻，莫如窖藏。吾乡窖藏，又忌水湿，若北方地高，掘土丈余，未受水湿，但入地窖，即免冰冻，仍得发生。故今京师窖藏菜果，三冬之月，不异春夏，亦有用法煨艺，令冬月开花结蓏者。其收藏薯种，当更易于江南耳。则此种传流，决可令天下无饿人也。"

今释：

徐光启［字玄扈（hù）］认为："薯有二种，一种名山薯（山药），福建、广东原来就种植。一种名番薯（甘薯），根据福建当地人的传言，说是近年有人从海外得到的。海外人禁止番薯种苗出境。此人是将薯藤绞缠到汲水绳当中，才使甘薯的种植渡海传来，经过分种移植，在福建广东逐渐得到推广。"

"甘薯藏种有两种方法。一是以种薯相传，于九、十月间，挖掘根者选挨近根先出生的，不要损伤，用软草包裹，挂在通风的地方阴干。至春分后将薯块截成二三寸种下。另是传藤，八月中拣选近根的老藤，剪取长七八寸，每七八条札成一个小捆，耕地作成垅，把藤捆像作畦（qí）种韭菜那样栽下去。过一个多月，每条下生了蒜头形状的小薯块。冬季怕冷，要用草及其他器物覆盖，到第二年春天分别栽种如果原来的薯块仍在田间，冬至以后，就都烂坏了。"

"薯块很柔脆，留在原来的土中很容易烂掉。用风干的办法收藏，不宜入土，可又不耐冰冻。我从福建买薯种到北方来栽种，秋季，用的是传藤的方法：置备一只木桶，将薯藤栽种在里面，到春天，把整个木桶带着走，经过山山岭岭，栽上一定能成活。春季选薯种，就要选择薯块作种用。有的时候，传来的藤蔓或烂坏，即使不烂坏的，生发得也很晚。只有带根的生命力厚实，栽种容易成活，很早就能结薯块。"

"有人问，甘薯本产南方，而你说可以移植，不知道京师（今北京）南北以及各边远地方是不是都可以栽种以助补民众食用，不致使军民饿肚子？我很快地回答说：可以。甘薯春天种，秋天收，和各种谷物没有什么两样。京师及边地能种谷物，为什么单单不能栽种甘薯？现今北方种甘薯，其所以不如福建、广东一带那么广泛，仅仅是因为冬天冰冻，留种甚为困难的缘故。要想躲开冰冻，不如采用窖藏方法。在我的老家上海采用窖藏方法，又担心水湿。像北方地势高的地方，挖上一丈多深，还未受水湿，只要将甘薯放入地窖就可免除冰冻，保持生发的能力。现今京师窖藏蔬菜、果品，使冬季新鲜蔬果供应几乎与春夏没有什么差异。也有采用煨热的方法，让冬季开花结瓜的。在京师收藏薯种，应当说比江南更容易。甘薯的传播推广，一定可以减少天下挨饿的人。"

三、选种和育种

1. 公元前 1 世纪，西汉《氾（fán）胜之书》载有小麦择穗留种的技术。

原文：

《氾胜之书》说："储藏种子，如果要受潮湿，伤郁热，就会生虫子。"

"取麦种，候熟可获，择穗大强者斩，束立场中之高燥处，曝使极燥。无令有白鱼，有辄扬治之。取干艾杂藏之，麦一石，艾一把。藏以瓦器、竹器。顺时种之，则收常倍。"

今释：

《氾胜之书》曰："储藏种子，如果要受潮湿，伤郁热，就会生虫子。"

"收麦种，等到麦熟可以收获时，选取穗子大而健壮的，割下来，捆成捆，竖立在打谷场中高燥的地方，晒到极干。不要让它有'麦鱼子'，如果有，就将其簸扬出去。"

"用干艾和杂着种子收藏：一石麦子，用一把艾用瓦器或竹器储存。按照时令去种，可以得到加倍的收成。"

东汉著名学者王充在《论衡》中记载：后稷教民稼穑时教导民众"煮马粪为汁，渍（zì）种防虫"。就是用马粪加水煮沸形成溶液，放凉后再把种子放进去浸泡，用浸泡后的种子下种。这样可以减少虫子对种子的危害，这是目前已知的古人最早的种子防虫办法，开启了后世用农药拌种的先河。

2. 公元前 1 世纪，西汉《氾胜之书》中提到瓠种子选留方法。

原文：

《氾胜之书》区种瓠法："收种子须大者。"

"留子法：初生二三子不佳，去之；取第四、五、六子，留三子即足。"

今释：

《氾胜之书》区种瓠中指明："收种时，要选形大果实"。

"留果的方法：最初结的三个果不好，要去掉它们，留取第四、第五、第六个，只留三个果实，够用就可以了。"

氾胜之：西汉农学家。成帝（前 32—前 7 年）时为议郎。曾任轻车使者，在三辅（关中平原）提倡种麦，获得丰收。后升迁为御史。

3. 6 世纪，贾思勰《齐民要术》书中列有"收种第二"，其中讲到怎样安排种子田。

原文：

凡五谷种子，浥郁则不生，生者亦寻死。种杂者，禾则早晚不均，舂复减而难熟，粜卖以杂糅见疵，炊爨失生熟之节。所以特宜存意，不可徒然。

粟、黍、穄、粱、秫，常岁岁别收，选好穗纯色者，劁刈高悬之。至春治取，别种，以拟明年种子。（耧耩□种，一斗可种一亩。量家田所须种子多少而种之。）其别种种子，常须加锄。（锄多则无秕也。）先治而别埋，（先治，场净不杂；窖埋，又胜器盛。）还以所治襄草蔽窖。（不尔，必有为杂之患。）将种前二十许日，开出水淘，（浮秕去则无莠。）即晒令燥，种之。

今释：

谷类的种子，受潮湿伤郁热，就会燠（yù）坏而不发芽，即使有的发了芽，也长不好，很快就会死去。

如果使用混杂不纯的谷种，出的苗会早的早、晚的晚；得到的种实舂米的时候，要减少出米数量，煮饭难于同时做熟；将米拿到市上售卖，买主会挑疵，说不整齐，煮饭难掌握生熟，所以选用谷种特别要注意，不能不当一回事。

粟、黍、穄（jì，糜子）、粱、秫（shú，黏高粱），要年年分别收种：选出长得好的穗子，颜色纯正的，割下捆好，悬挂起来，到第二年春天脱粒，另外种下，预备明年作种用。用耧耩地埯种穴播下去，一斗种可以种一亩地；估计自己种田需要多少种子，按照需要来安排播种。这种另行种植的种子田，常要多锄。锄得多，就不会有秕谷。获取的种子，先收打，另外用窖埋藏。先收打，那时打谷场地干净，不会掺杂；用窖埋，又比用器具盛装的好。随即就用收打过的蒿秆，来掩蔽窖口。如果不这样，必定免除不掉掺杂的忧虑。预备下种之前二十多天，开窖，取出种子，用水淘选。淘去浮着的杂物秕粒，就不会有杂草。随即晒干，再去种。

4. 6 世纪，贾思勰《齐民要术》"种韭第二十二"记述韭收种子，剪一次就停剪来养种。

原文：

韭高三寸便剪之。剪如葱法。一岁之中，不过五剪。（每剪，耙耧、下水、加粪，悉如初。）收子者，一剪即留之。

今释：

韭菜长到三寸上下便可以剪割，剪割的方法和剪割葱相同。一年当中，最多可以剪割五次，每次剪割后，都要像第一次剪割那样，耙耧、灌溉、加粪。准备收种子的韭菜，只剪割一次就应留下来。

5. 6 世纪，贾思勰《齐民要术》"种瓜第十四"中讲述瓜选留"中央子"。

原文：

收瓜子法：常岁岁先取"本母子"瓜，截去两头，止取中央子。（"本母子"者，瓜生数叶，便结子；子复早熟。用中辈瓜子者，蔓长二三尺，然后结子。用后辈子者，蔓长足，然后结子；子亦晚熟。种早子，熟速而瓜小；种晚子，熟迟而瓜大。去两头者：近蒂子，瓜曲而细；近头子，瓜短而喝。凡瓜，落疏、青黑者为美；黄、白及斑，虽大而恶。若种苦瓜子，虽烂熟气香，其味犹苦也。)

又收瓜子法：食瓜时，美者收取，即以细糠拌之，日曝向燥，接而籭之，净且速也。

今释：

收瓜子的方法常常是：每年先选择"本母子瓜"，收瓜后，截掉两头，只用中间一段的种子。"本母子"，是刚刚长出几片叶后，就结成的瓜。这样的瓜留种所长成的植株将来结瓜也早。用瓜蔓中间长的瓜作种，瓜蔓要长到二、三尺长，才会结实。用迟熟瓜的瓜子作种，蔓长足了之后，才会结瓜，瓜成熟得也很晚。种早结瓜的瓜子，结的瓜成熟早但瓜小；种迟结瓜的瓜子，瓜成熟晚但瓜大，所以要把瓜两头的种子去掉，是因为靠蒂的种子，长出的瓜苗所结瓜弯曲细小，靠瓜头的种子，结的瓜，短而歪斜。瓜类中，条纹稀疏、颜色青黑的味道好；黄色、白色和有花斑的，尽管瓜形大，但味道不太好。如果种上发苦的苦瓜，种子就是熟透了，闻着气味香，吃下去味道还是苦的。

收子的另外方法：吃瓜时，遇到好味道的，就收下种子。随即用细糠拌和，晒到快干时，用手揉搓再籭一籭，这样处理既干净又快捷。

6. 6 世纪，贾思勰《齐民要术》"种桑柘第四十五"中提到桑子淘选。

原文：

桑葚熟时，收黑鲁椹，(黄鲁桑，不耐久。谚曰：'鲁桑百，丰绵帛。'言其桑好，功省用多。)即日以水淘取子。晒干，仍畦种。(治畦下水，一如葵法。)常薅令净。

今释：

桑葚成熟时，摘取黑鲁桑的椹收下。黄鲁桑不耐久。谚语中"鲁桑百，丰绵帛"，即是说鲁桑叶好，花的功夫少，用处多。当天用水淘洗，取得种子，晒干。用作畦的方法种植。开畦灌水，一切都像种葵的方法一样。畦里要晒干，常除草保持干净。

7. 6 世纪，贾思勰《齐民要术》"种枣第三十三"中指明枣要选"好味"的留栽。

原文：

枣常选好味者，留栽之。

今释：

一般选取味道好的枣，留下来栽种。

8. 6世纪，贾思勰《齐民要术》"插梨第三十七"中讲述梨的播种、插接繁殖。

原文：

种者，梨熟时，全埋之。经年，至春地释，分栽之，多著熟粪及水。至冬叶落，附地刈杀之，以炭火烧头。二年即结子。（若稆生及种而不栽者，则著子迟。每梨有十许子，惟二子生梨，余皆生社。）

插者弥疾插法：用棠、杜。（棠，梨大而细理；杜次之；桑梨大恶；枣、石榴上插得者，为上梨，虽治十，收得一二也。）杜如臂以上，皆任插。（当先种杜，经年后插之。主客俱下亦得；然俱下者，杜死则不生也。）杜树大者插五枝；小者，或三或二。

梨叶微动为上时，将欲开莩为下时。

凡插梨，园中者，用旁枝；庭前者，中心。（旁枝，树下易收；中心，上耸不妨。用根蒂小枝，树形可喜，五年方结子；鸠脚老枝，三年即结子，而树丑。）

今释：

培植实生苗，待梨熟了的时候，摘梨并把果实整个埋下。让新苗经过一年，到第二年春天土地解冻后，分开来栽，多施些熟粪作基肥，多浇些水。等到冬天落叶后，平地面割掉，用炭火烧灼伤口。再过二年，就可以结实了。野生的树苗和种植未移的实生苗，结实都很迟，每一个梨，有十多颗种子，只有两颗能长成梨树，其余只会长成杜梨树。

嫁接繁殖梨树较快。嫁接的方法：用棠梨树或杜梨树做砧木。用棠梨的，梨结得大而果肉细密，其次是杜梨树砧，用桑树作砧木最差。枣树或石榴树上嫁接所得的是上等梨，但是接十棵，也只能活一二棵。胳膊粗的杜梨树，都可以作砧木。应当先种杜梨树，隔一年，用来做砧木。砧木和接穗同时种也可以；但同时下种的，杜梨树如果死了，作接穗的梨树苗也没有用处了。粗壮的杜梨树，可以嫁接五个枝，小些的嫁接三枝或两枝。

梨叶芽刚刚萌发时最好，叶芽舒展时嫁接就迟了。

梨树嫁接，如果是栽种在果园中的，接穗就接成旁枝的形式，若是栽在庭院中的就接成直上的形式。接成旁枝形式，使树枝向上倾斜，容易收果；接成直上的形式，树向上生长，不妨碍房屋。用近根的小枝条作接穗，嫁接后树的形状好，但要五年后才能结实，分叉像斑鸠脚的老枝条作为接穗，嫁接三年就可结实。不过树形短小不美观。

9. 6 世纪，贾思勰《齐民要术》"种桃柰第三十四"中提到桃种子的埋藏催芽。

原文：

桃，柰桃，欲种，法：熟时合肉全埋粪地中。（直置凡地则不生，生亦不茂。桃性早实，三岁便结子，故不求栽也。）至春既生，移栽实地（若仍处粪地中，则实小而味苦矣。）栽法，以锹合土掘移之。（桃性易种难栽，若离本土，率多死矣，故须然矣。）

又法：桃熟时，于墙南阳中暖处，深宽为坑。选取好桃数十枚，掰取核，即内牛粪中，头向上，取好烂粪和土厚覆之，令厚尺余。至春桃始动时，徐徐拨去粪土，皆应生芽，合取核种之，万不失一。其余以熟粪粪之，则益桃味。

今释：

种桃方法。桃果实成熟时，连皮肉带核一起埋在施过粪的地里。如果种在一般的地里，就多半不发芽，发了芽的，生长也不会茂盛。桃的习性结实早，三年便可以结桃所以不用扦插。到第二年春天发芽后，移栽到实地里如果仍留在粪地里，结的果实会小而且有苦味。移栽的方法：用锹将芽苗连根带土挖起，再移过去。桃树容易种，移栽难，芽苗离开原来连根的土，多半会死掉，所以只能这样移栽。

另有一种方法，桃果实成熟时，在墙根南面向阳温暖的地方，挖又宽又深的坑，选择几十个好的桃子，把核掰出，放在牛粪里，让桃核尖朝上，后再用烂熟的粪拌上土，盖上一尺多厚到第二年春天，桃芽开始舒展时，轻轻拨去所覆盖的粪土，桃核应当都已出芽。这时把发芽桃核精心取出种上，就会万无一失。种上后，再施用熟粪，结的桃子品味会很好。

柰（nài）桃，山樱桃。

10. 6 世纪，贾思勰《齐民要术》"伐木第五十五，附种地黄法"中讲到地黄根茎的留种特点。

原文：

种地黄法：须黑良田，五遍细耕。三月上旬为上时，中旬为中时，下旬为下时。一亩下种五石。其种还用三月中掘取者。逐犁后如禾麦法下之。

若须留为种者，即在地中勿掘之。待来年三月，取之为种。计一亩可收根三十石。

今释：

种地黄的方法：必须要选黑色、肥沃的土地，先细细耕五遍。三月上旬栽种最好，其次三月中旬，最迟是三月下旬。一亩栽种五石，用三月间掘出的根作种，犁过后像种禾、麦一样播下去。

如须要留来作种的根，就留在地里不要掘出来。等到第二年三月，挖掘出来作种。每亩可以收取三十石根。

11. 6 世纪，贾思勰《齐民要术》"种苜蓿第二十九"提到收取种子的苜蓿，刈割一遍就要养种。

原文：

苜蓿"一年三刈。留子者，一刈则止。"

今释：

苜蓿"一年可以收割三次。预备留作种子的，只收割一次就停止了。"

12. 1031 年，宋·欧阳修撰《洛阳牡丹记》"风俗第三"中曾提到"接花工"和"以汤蘸杀接花头"的情形。

原文：

大抵洛人家家有花，而少大树者，盖其不接则不佳。春时洛人于寿安山中斫小栽子卖城中谓之山篦子，人家治地为畦塍（qí chéng）种之，至秋乃接。接花工尤著者一人谓之门园子，盖本性东门氏，豪家无不邀之，姚黄一接头值钱五千。秋时立券买之，至春见花乃归其值。洛人甚惜此花，不欲传。有权贵求其接头者，或以汤中蘸杀与之。

今释：

大概洛阳人家家有牡丹花，可是植株壮大的比较少，原因是不嫁接花就不好。春天，人们在寿安山中挖小栽子卖到城里，养花人家整治田畦将其栽上，到秋天接花头，接花工匠很著名的一个人叫门园子，本性东门，有钱有势的人家接花都要请他去，姚黄一个接头值五千钱，秋天立字据买下来，第二年春天见花付钱。洛阳人甚为珍惜这种花，不想外传。有权贵求取这种花的接头，花户或将花头放热水中蘸杀后给他们。

13. 1031 年，宋·欧阳修《洛阳牡丹记》"花释名第二"中叙述变异产生"潜溪绯"品种。

原文：

潜溪绯者，千叶绯花，出于潜溪寺，寺在龙门山后，本唐相李藩别墅，今寺中已无此花，而人家或有之。本是紫花，忽于丛中特出绯者，不过一、二朵，明年移在他枝，洛人谓之转枝花，故其接头尤难得。

今释：

潜溪绯，开多瓣，鲜红色，出自潜溪寺。寺在龙门山后，本来是唐代宰相李藩的别墅，现今寺中已没有这类花，民户家也许还能找到。本来是紫花，偶然在花丛中出现鲜红颜色的花，不过一两朵，第二年接在别的植株上，洛阳人称其为转枝花。故此，这种接花头更为难得。

14. 11 世纪，宋·鄞江周氏《洛阳牡丹记》里面记载从作砧木用的实生苗中选出新品种。

原文：

御袍黄，千叶黄花也，色与开头大率类女真黄，元丰时应天院神御花圃中植山篦数百，忽于其中变此一种，因目之为御袍黄。

今释：

御袍黄，多瓣黄花，颜色及大小与女真黄品种相似。元丰（宋神宗赵顼用过的年号，其元年为 1078 年，到 1085 年（元丰八年）止）年间应天院神御花圃中栽植，供作砧木的数百棵实生苗中偶然得到的一个变异品类，取了御袍黄的名字。

15. 约 11 世纪，宋代《东坡杂记》（撰人及成书年不详）曾载有海南秔稻种植品种更换的情形。

原文：

黎子云言：海南秔稻，率三五岁一变，顷岁儋人，最重铁脚秔，今岁乃变为马眼糯，草木性理，有不可知者。

今释：

黎子云说：海南秔稻，大约三、五年改变一次。前些年那里的人们最重视铁脚糯，今年则改变为马眼糯。关于草木质性，尚有许多未能明了的道理。

16. 11 世纪，宋·鄞江周氏《洛阳牡丹记》曾叙述"魏花"多瓣品种。

原文：

魏花，千叶内红色也，本出晋相魏仁溥园中，今流传特盛然，叶最繁密，人有数之者至七百余叶。

今释：

魏花，多瓣，开肉红色花的品类，原本出自晋相魏仁溥的园圃中，现今流传特别繁盛。花瓣很多，曾有人计数达 700 多瓣。

17. 1149 年，宋·陈旉《农书》"种桑之法篇第一"里面叙及桑葚去两头的种子选留方法。

原文：

若欲种椹子，则择美桑种椹，每一枚翦去两头，两头者不用，为其子差细，以种即成鸡桑花桑，故去之。唯取中间一截以其子坚栗特大，以种即其干强实，其叶肥厚，故存之。所存者，先以柴灰淹揉一宿，次日以水淘去轻秕不实者，择取坚实者，略晒干水脉，勿令甚燥，种乃易生。

今释：

如果想栽种桑的实生苗，就挑选好的桑树椹果。每一个椹果剪去两头，上下两头不用，是因为这种部位的种子颗粒小长得差，用其作种会长成较差鸡桑、花桑，所以要去掉，仅仅截取中间一段，这样的种子坚实、颗粒大，长出的桑树干强实，叶子肥厚。椹果中段存留作种的部分，先掺进柴灰并揉搓，第二天用水淘去秕粒杂物，择其坚实的，晾晒微干，不要太干燥，作为种子，播种下去容易生长。

18. 1176 年，宋·范成大撰《范村菊谱》中提到常要每年从变异的植株中挑选新品类。

原文：

余尝怪古人之于菊，虽赋咏嗟叹尝见于文词，而未尝说其花瑰异如吾谱中所记者，疑古之品未若今日之富也。今遂有三十五种。又尝闻于蒔花者云，花之形色变异，如牡丹之类，岁取其变者以为新。

今释：

我常常感到奇怪，古代人们为菊花大量作了赋、写了诗，但还没有像我撰菊谱中叙述这么多奇异的种类。我怀疑是因为古代菊花的类型没有现今这样丰富。现今已有 35 个品类。我常听种花的人们说花的形、色不断变化。像牡丹等种类，多是每年从变异的植株中寻取新品类。

19. 1178 年，宋·陆游撰《天彭牡丹谱》"花释名第二"中叙述花户多要"种花子"观察选择新品。

原文：

双头红出于花户宋氏，始秘不传。有谢主簿者，始得其种，今花户往往有之。然养之为地，则岁岁皆双。不尔，则间年矣，此花之绝异者也。

祥云者，千叶浅红色。

绍兴春者，祥云子花也，色淡停而花尤富，大者径尺。绍兴中始传。大抵花户多种花子以观其变，不独祥云耳。

今释：

双头红品种，最早由姓宋的种花户培养出来，开始作为技术秘密不外传。后来谢姓主簿得到这个品种。现今种花的人家差不多都有了。然而，要求养护得好，每年都可开双头花，要不就隔年开花。这里是双头红与别的品种极大不同的地方。

祥云，是以多瓣浅红色为特点的品种。

绍兴春，是由祥云种子种植培育出的品种。色浅些，花显得丰满，直径可达一尺。绍兴（宋高宗赵构使用的年号，1131 年为绍兴元年，到 1162 年绍兴三十二年止）年间开始流传。种花户大都种花子观察种苗的变化，不独对祥云是这样。

20. 12 世纪，宋·刘蒙《菊谱》中提到菊花的变异。

原文：

花大者为甘菊，花小而苦者为野菊，若种园蔬肥沃之处，复同一体，是小可变为大也，苦可变甘也。如是，则单叶变而为千叶，亦有之也。

今释：

花开得大的是甘菊，花小并带苦味的是野菊。如果把它们种在园子里肥沃的土壤中，在一起生长，花小的可以变大，味苦的可以变甜。这种安排，单瓣花有的也可以变为重瓣花。

21. 13 世纪，元·周密撰《癸辛杂识》，曾提到菊花种子繁殖以寻求变异的情形。

原文：

朱斗山云，凡菊之佳品，砍取带花枝置篱下，至明年收灯后，以肥膏地，至二月，则以枯花撒之。盖花中有细子，俟其苗，至社月乃一分种。

今释：

朱斗山说，把菊花的优秀品类，开花结子后，割下带花的植株放置在篱笆下。第二年灯节过后，选择整治好肥沃田地，二月，用枯花撒种。因为花中有很小的种子，待到菊苗旺盛生长，到社日（春社、秋社均称社日，一般在立春、立秋后第五个戊日）再进行分栽。

22. 1273 年，元·司农司撰《农桑辑要》"新添种萝卜"中，载述留种萝卜的冬季埋藏保存。

原文：

如要来年出种，深窖内埋藏，中安透气草一把。至春透芽生，取出。作垄或畦，下粪栽之；旱则浇，须令得所。夏至后收子，可为秋种。

今释：

如果要第二年收取种子，就将萝卜放在深窖里边埋藏，埋时在中间放置一把透气草，到春天萝卜出芽时取出。田间作成垄或畦，施上粪肥，把萝卜栽下去。天旱就浇灌，让其生长条件相宜。夏至以后收取种子，可作为秋天播种使用。

23. 1273 年，元·司农司撰《农桑辑要》"甘蔗条，新添栽种法"中谈到甘蔗的留种、藏种。

原文：

留种"深掘窖坑；窖底用草衬藉。将秸秆竖立收藏，于上用板盖土复之；毋令透风及冻损。直至来春，依时出窖。"

"大抵栽种者，多用上半截；尽堪作种。其下截肥好者，留熬沙糖。若用肥好者作种，尤佳。"

今释：

甘蔗留种的方法："深挖窖坑，窖底用草铺衬，将甘蔗竖立收藏，上面用板加土覆盖，不使它透风及遭受冻损。到第二年春天，按时出窖。"

"大致情况是，用于栽种的，多取上半截，完全可以作种用；下半截粗壮秸秆留着熬沙糖。如果用下半截粗壮的部分作种，那就更好了。"

24. 1273 年，元·司农司撰《农桑辑要》中讲述桑的"接换"。

原文：

桑种甚多，不可偏举；世所名者，"荆"与"鲁"也。

荆之类，根固而心实，能久远，宜为树。鲁之类，根不固而心不实，不能久远，宜为地桑。然荆桑之条叶不如鲁桑之盛茂。当以鲁条接之，则能久远而盛茂也。

"接换"条称，"接换之妙。荆桑根株，接鲁桑条也。惟在时之和融，手之审密，封系之固，拥包之厚，使不致疏浅而寒凝也。"

今释：

桑树的种类很多，不能一一列举，较为著名的为"荆桑"和"鲁桑"。

"荆桑"类，根扎得牢固，木心坚实，生长年代久远，适宜培养为桑树。"鲁桑"类，根浅木心不坚实，生长年代短，适宜培养为地桑。可是"荆桑"的枝叶不如"鲁桑"茂盛，应当用"鲁桑"枝条嫁接在"荆桑"上，这样，就能生长年代长，枝叶也茂盛。

"接换"条说，"嫁接的奥妙，（用'荆桑'作砧木，嫁接'鲁桑'枝条）在于选择和融的时令，接换手法细致严密，捆扎牢固，包得厚实。不致由于潦草处置受冻干瘪而失败。"

25. 1313 年，元·王祯《农书》"百谷谱集·木棉"中谈到棉花种子的收贮。

原文：

所种之子，初收者未实，近霜者又不可用，惟中间时月收者为上。须经日晒燥，带绵收贮。临种时再晒，旋碾即下。

今释：

所用播种的棉子，最初收摘的未成实，晚收临近霜期的又不能用，唯有中间收摘的为上等。棉花收摘下来经过日晒干燥，带棉绒收藏。到临种的时候再晾晒，接着弹轧出种子。

26. 1688 年，清·陈淏子《花镜》"课花十八法"中叙述花木"收种贮子法"。

原文：

凡名花结实，须择其肥老者收子；佳果，须候其熟烂者收核，则种后发生必茂。其法：在收子时取苞之无病而壮满者，与果之长足而不蛀者，摘下日晒极干，悬于通风处，或以瓶收贮。各号各色，庶临期收用，不致差错。将瓶悬于高处，勿近地气，不生白蕾。如隔年陈者核种者，当于墙南向阳处锄一深坑，以牛马粪和土，平铺其底。将核尖向上排定，复以粪土覆之，令厚尺许，至春生芽，万不失一。但忌水浸风吹，皆能腐仁。

今释：

凡是名贵花卉结了种实，需要选择肥润、老成的收作种子；优异的果类，需等待它完全成熟时收取种核，这样种下去以后必然生长发育茂盛。具体方法是：在收种时，花取没有罹病而长势好的；果实要生长充实没有病虫害的摘下来，在阳光下晾晒干，悬挂在通风的地方，或者用瓶子收藏。要写明各种花果的种类、品种名称，以便到使用的时候，不致出现差错。应把瓶子挂在高的地方，不让它接近地气，这样，种子就不会发霉。如果用隔年的陈旧种子播种，则多数不能萌生。播种果核的，应当在墙南面向阳的地方，挖一个深坑，用牛马粪与土拌和，平铺在坑底，把果核尖头向上排好，再用粪土覆盖约一尺多厚，到春天能生芽，不会失误。但是忌讳遭水浸和风吹，因为那会使核仁腐坏。

27. 18 世纪，清·康熙皇帝爱新觉罗·玄烨撰《几暇格物编》里面记叙撰者从种子穗选育出"御稻"。

原文：

御稻米，丰泽园中有水田数区。布玉田谷种。岁至九月。始刈获登场。一日循行阡陌。时方六月下旬。谷穗方颖。忽见一科，高出众稻之上，实已坚好。因收藏其种，待来年验其成熟之早否。明岁六月时，此种果先熟，从此生生不已。岁取千百。四十余年以来，内膳所进，皆此米也。其米色微红而粒长，气香而味腴。以其生自苑田，故名御稻米。一岁两种，亦能成两熟。口外种稻，至白露以后数天，不能成熟，惟此种可以白露前收割，故山庄稻田所收，每岁避暑用之，尚有赢余。曾颁给其种与江浙督抚织造，令民间种之。闻两省颇有此米，惜未广也。南方气暖，其熟必早于北地。当夏秋之交，麦禾不接，得此早稻，利民非小，若更一岁两种，其亩有倍石之收。将来盖藏，渐可充实矣。

今释：

在丰泽园里，有水田数区，种着玉田的水稻品种，每年九月才开始收获登场。在六月下旬的一天，玄烨（即清·康熙皇帝）巡游田间，当时正是水稻孕穗的时候，他见到有一棵长得比其他稻株高，子粒已经坚实。于是让人将其种子收藏起来第二年再播种，看能不能依然早熟。试种结果很好，六月份，这种稻子果然先熟。从此一年一年地种植，并进行挑选。四十多年间，宫廷御膳都用这种米。这种稻米颜色微红、长粒，气味香腴。因为出自皇帝的苑田，所以称为御稻米。一年种两次，也可成熟两次。长城以北口外种稻，至白露节以后一些天，不能成熟。唯有这种稻可以在白露节前收割。所以承德山庄稻田的收获，每年供皇帝一行避暑时食用，还有剩余。皇帝曾颁令给江浙督抚织造等官员，让在民间推广种植。听说江浙两省也有这种米，可惜没有推广。南方气暖，那里水稻成熟必然比北方早。当夏秋之交，麦和秋庄稼不衔接的时候，有这种早稻，对百姓有利。若能一年种两季，一亩可有加倍的收获。将来谷物储积，就可以逐渐充实起来了。

28. 1747 年，清·杨屾《知本提纲》"修业章，农业"中讲到种子精择、干藏。

原文：

盖种既精择，自然不同他粒。当未种之时，必置高燥之处，不可令其亲土；亲土则生气渐发，一经布种，衰微不振。至于临种之时，又必沃淘其种。

今释：

种子既然经过精心选择，自然与谷物其他子粒不同。在未播种的时候必须放置在高燥的地方，不让它与土壤挨近，挨近土壤就会渐渐萌动，待到播种下去，反而衰弱了。种子到临播的时候，又必须进行淘选、加肥。

29. 1755 年，清·丁宜曾《农圃便览》"种棉花条"谈到棉花留"中间收者"作种。

原文：

种棉花条："早，恐春霜伤苗；晚，恐秋霜伤桃。当于清明、谷雨间，择中间收者，待冬月生意敛藏，碾子晒干，于种时以滚水波过，即以雪水草灰拌匀种之。盖种初收者未实，近霜者不生，秕者、油者、经火焙者俱不堪作种。"

今释：

种棉花条："播种早，怕春霜损苗；播种晚，怕秋霜损棉桃。清明、谷雨时节，选择'中间'收的棉花，到冬季事情少的时候，轧花后将棉花种子晒干。播种前，用开水烫、泼，接着用雪水、草灰拌匀后播下。因为最初收摘的棉花，种子未实成，晚期收摘的受霜害的不能生发，秕粒、经油渍或火烤的都不能作种子用。"

30. 1760 年，清·张宗法撰《三农纪》里面讲到南方、北方甘薯的不同收种方法。

原文：

藏种。八月，拣近根卵坚实者阴干，以软草裹之，置无风和暖处，勿令冷冻，乃南土收种之法。霜降前，取近根藤，晒令干，于灶下掘窖，约深尺余，先下糠秕三四寸，次置种于内，又上加糠秕盖三四寸，以土覆之，乃北土收种之法。又法：七八月，收近根老藤，入木筒中，至霜降前，置草篅中，内以糠秕，置向阳近火处，至春取卵种植。各土寒温不同，须宜其地而之可也。

今释：

藏种。八月，挑选挨近根生长坚实的薯块，阴干，用软草包裹，放在无风、暖和的地方，不要使它受冻，这是南方收藏薯种的方法。霜降前，取近根的薯藤，晒干，在灶下掘窖，约一尺多深，先下糠秕三、四寸，接着把薯块放进去，上面加糠秕三、四寸，用土覆盖。这是北方收藏甘薯种块的方法。另一种方法，收取挨近根的老藤，放入木筒内，霜降前置于草筐，内放糠秕，搁在向阳近火的地方，第二年春天，取小薯块种植。各地方冷暖的情形不同，必须找到适应当地条件的藏种方法。

31. 1844 年，清·包世臣《齐民四术》中述及甘薯种薯越冬"坑藏"。

原文：

山芋，亦名土瓜。择肥好者。掘干土坑藏之。覆以草。谷雨后取出。四面皆生芽一二分许。摘芽种畦内。蔓生。"

今释：

山芋，又叫土瓜。选择健壮良好的薯块，挖掘干土坑收藏，坑上覆盖干草。谷雨后取出来，四面的芽都约长一二分。摘取薯芽栽种在打好的畦里。枝条蔓生。

四、种子处理

1. 公元前 1 世纪，西汉《氾胜之书》里面讲述用粪、蚕屎、附子浸渍、拌和种子。

原文：

《氾胜之书》曰："种禾无期，因地为时。三月榆荚时雨，高地强土可种禾。"

"薄田不能粪者，以原蚕矢杂禾种种之，则禾不虫。"

"又取马骨剉一石，以水三石，煮之三沸；漉去滓，以汁渍附子五枚。三四日，去附子，以汁和蚕矢、羊矢各等分，挠令洞洞如稠粥。先种二十日时，以溲种如麦饭状。常天旱燥时溲之，立干；薄布数挠，令易干。明日复溲。天阴雨则勿溲。六七溲而止。辄曝，谨藏，勿令复湿。至可种时，以余汁溲而种之，则禾稼不蝗虫，无马骨，亦可用雪汁。雪汁者，五谷之精也，使稼耐旱。常以冬藏雪汁，器盛，埋于地中。治种如此，则收常倍。"

今释：

《氾胜之书》说："种谷子没有固定的日期，要看当地情况来决定其最适宜播种的时期。三月榆树结荚时候，如果下雨，可以在高处较坚硬的地上种谷子。"

"瘦薄的地，又没有能力上粪的，可以用原蚕蚕粪和种子一齐拌和播种，这样，还可以免除虫害。"

"将马骨斫碎，用一石碎骨、三石水合在一起煮。煮沸三次后，滤掉骨渣，把五个附子泡在清汁里。三四天以后，又滤掉附子，把分量彼此相等的蚕粪和羊粪加下去，搅匀，使其像稠粥一样。下种前二十天把种子在这糊糊里拌和成麦饭一样。一般只在天旱、干燥时拌和，所以干得很快，再薄薄地铺开，搅拌几次，使它更容易干。第二天再拌再晾。如阴天下雨就不要拌。拌过六七遍可停止。立刻晒干好好保藏，不要让它潮湿。到要下种时，将其倒入原先剩下的糊糊里再拌一遍后播种。这样处理后长出的庄稼，不会有蝗虫和其他虫害。如没有马骨，也可以用雪水代替。雪水是五谷的精华，可以使庄稼耐旱。人们经常在冬天收存雪水，用容器保藏，埋在地里，这样处理种子，常常可以得到增加一倍的收成。"

2. 公元前 1 世纪，西汉《氾胜之书》中提到用酸浆水、蚕屎浸拌麦种。

原文：

《氾胜之书》曰："凡田有六道，麦为首种种麦得时，无不善。夏至后七十日，可种宿麦。早种则虫而有节，晚种则穗小而少实。"

"当种麦，若天旱无雨泽，则薄渍麦种以酢浆并蚕矢；夜半渍，向晨速投之，令与白露俱下。酢浆令麦耐旱，蚕矢令麦忍寒。"

今释：

《氾胜之书》说："种地可以有六种作物安排，麦子放在首先选择的地位。把握住种麦适当的季节，收成没有不好的。夏至后七十天，就可以开始种冬麦。种得太早，容易遭到虫害，而且有的会拔节；种得太晚，穗子长得小，子粒也不饱满。"

"该种麦的时候，若赶上天气干旱，不下雨，地里又没有足够的水分就用酸浆水浸上蚕粪，将麦种泡一泡。在半夜泡，趁天没亮赶快播下，让麦种和露水同时落到地里。酸浆水可以使麦耐旱，蚕粪可以使麦耐寒。"

3. 公元前 1 世纪，西汉《氾胜之书》中叙及黍与桑子"合种"。

原文：

《氾胜之书》曰："种桑法：五月取椹著水中，即以手渍之，以水灌洗，取子阴干。治肥田十亩，荒田久不耕者尤善，好耕治之。每亩以黍、椹子各三升合种之。黍、桑当俱生，锄之，桑令稀疏调适。"

今释：

《氾胜之书》说："种桑树的方法：五月收取成熟的桑葚，浸泡在水里，再用手揉搓；用水冲洗后，取出种子，阴干。整理十亩肥沃的田地，多年没有耕种过的荒地更好，把地耕整好。每亩，用三升黍子与三升桑种子混合播种。这样，黍与桑子一齐发芽出苗。锄地时，要使桑苗保持稀稠合适。"

4. 公元前 1 世纪，西汉《氾胜之书》中提到用雪水、动物粪汁浸麦种。

原文：

氾胜之叙及溲种称："骨汁、粪汁溲种：剉马骨、牛、羊、猪、麋、鹿骨一斗，以雪汁三斗，煮之三沸，取汁以渍附子，率汁一斗，附子五枚。渍之五日，去附子。捣麋、鹿、羊矢等分，置汁中熟挠和之。候晏温，又溲曝，状如'后稷法'，皆溲汁干乃止。若无骨，煮缲蛹汁和溲。如此则以区种之，大旱浇之，其收至亩百石以上，十倍于'后稷'。"

今释：

氾胜之说："将马、牛、羊、猪、麋、鹿等的骨头一斗斫碎，加上三斗雪水，煮到三沸，取得汁液，再用来浸泡附子。一般是：一斗汁液加五枚附子。附子在汁液里浸泡五天后取出。再把等量的麋、鹿、羊三种粪混合，捣烂，加到泡过附子的汁液里搅拌均匀，并与种子拌和晾干。等到天气晴定温暖些的时候，又拌和，晒干。照'后稷法'所说的那样做，把汁都拌用完，才停手。如果没有兽骨，可以将煮蛹缫丝的汁与粪调和再拌种。这样处理的种子，用区种法种上，大旱时，用水浇灌。收获量可以达到每亩百石以上，为采用'后稷法'的十倍。"

5. 1 世纪，东汉·王充《论衡·商虫篇》中讲述小麦种子曝晒防虫。

原文：

何知虫以温湿生也？以蛊虫知之。谷干燥者，虫不生；温湿饐餲，虫生不禁。藏宿麦之种，烈日干暴，投于燥器，则蛊不生。如不干暴，闻喋之虫，生如云烟。以蛊闻喋，准况众虫，温湿所生明矣。

今释：

怎么知道谷物储藏中受温湿会生虫子呢？这从害虫的活动可以明了。谷物干燥，不生虫子；谷物受湿热，变了质变了味，虫子就大量发生，而且无法止住。收藏冬麦种子，在太阳光下晾晒干燥，放在干燥的器具里，就不生虫。如果不晾晒干，吃麦种的虫子几乎可以听见声响，有的飞来飞去，像云烟那样。根据害虫的产生和虫子吃谷的情况，类推其他的虫子，谷物受潮受热会生虫子的道理就明白了。

6. 1 世纪，东汉·王充《论衡·商虫篇》提到"藏种"方法。

原文：

神农、后稷藏种之方，煮马屎，以汁渍种者，令禾不虫。

虫之种类，众多非一。

今释：

神农、后稷藏种的方法是：煮马粪，将取得的汁液浸泡种子。用这种办法使谷物不生虫子。

虫子的种类，有很多种。

7. 6 世纪，贾思勰《齐民要术》"水稻第十一"中叙述水稻浸种催芽技术。

原文：

地既熟，净掏种子；（浮者不去，秋则生稗）。渍经三宿，漉出；内草篅中燠之。复经三宿，芽生，长二分。一亩三升掷。三日之中，令人驱鸟。

今释：

将地整熟后，把稻种淘净，浮物不去，到秋天就长成许多稗子。用水浸泡三昼夜，捞出来，放在草篮中保温保湿。再经过三天，芽就出来了。待芽有二分长时，按一亩地三升种子的分量播种。播种之后，三天内，要有人看守驱鸟。

8. 6 世纪，贾思勰《齐民要术》"旱稻第十二"中述及旱稻种子浸种催芽。

原文：

渍种如法，浥令开口。

今释：

浸种和水稻浸种的方法相像，保温保湿，促使种被裂开口。

9. 6 世纪，贾思勰《齐民要术》"养鱼第六十一，种莼藕、莲、芡、芰附"中，讲到莲的种子"头部"要磨薄。

原文：

种莲子法：八月、九月中，收莲子坚黑者，于瓦上磨莲子头，令皮薄。取墡土作熟泥，封之，如三指大，长二寸，使蒂头平重，磨处尖锐泥干时，掷于池中，重头沉下，自然周正。皮薄易生，少时即出。其不磨者，皮既坚厚，仓卒不能生也。

今释：

种莲子的方法：八月、九月，收取硬而黑的老熟莲子，在瓦片上磨莲子头，使其皮变薄。取黏土作成熟泥，把磨过的莲子封在泥团里面，泥团约有三个手指那么粗，二寸长，使莲子蒂一头平而且重，莲子磨过头的那端尖锐。泥团干透时，抛掷在池塘里，重的那一头沉到泥中，莲子就自然周正地种好了。莲子头种皮磨薄后，出芽容易。用不了多久，荷叶就长出水面了，没有磨过的，种皮又硬又厚，短时间内不会萌发现叶。

10. 6 世纪，贾思勰《齐民要术》"种胡荽第二十四"中叙述胡荽种子要"蹉破"作两段。

原文：

种法：近市负郭田，一亩用子二升，故概种，渐锄取，卖供生菜也。外舍无市之处，一亩用子一升，疏密正好。六、七月种，一亩用子一升。先燥晒，欲种时，布子于坚地，一升子与一搤湿土和之，以脚蹉令破作两段。（多种者，以砖瓦蹉之亦得，以木砻砻之亦得。子有两人，人各著，故不破两段，则疏密水裹而不生。著土者，令土入壳中，则生疾而长速。种时欲燥，此菜非雨不生，所以不求湿下也。）

取子者，仍留根，间拔令稀，（概即不生。）以草覆土。（覆者得供生食，又不冻死。）又五月子熟，拔取曝干，（勿使令湿，湿则浥郁。）格柯打出，作蒿篱盛之。冬日亦得入窖，夏还出之。但不湿，亦得五六年停。

其春种小小供食者，自可畦种。畦种者一如葵法。若种者，接生子，令中破，笼盛，一日再度以水沃之，令生芽，然后种之。再宿即生矣。（昼用箔盖，夜则去之。昼不盖，热不生；夜不去，虫栖之。）

今释：

种法：靠近市场的近郊地，一亩，下二升种，特意种密些，可一次次间拔，作生食的蔬菜售卖。乡村不靠近市场的地方，每亩用一升种，长出来稀密正合适。六、七月种，每亩用一升种子。种子先干晒。在种之前，把种子铺在硬地上，一升子，拌和一把湿土，用脚来回地踩，让种实破成两段。（种得多的，用砖瓦来回搓，或者用木砻砻破也可以。种实里有两个分开长成的种仁。如果不搓破成为两段，播种后会长的稀密不均，或有些种子因种皮上的孔被堵，被水闷坏而不能发芽。搓后，湿土可进到种壳里面去，播后发芽快，生长也快。种的时候，种实要干。这种菜不经下雨长不好，所以不要用湿种子下种。）

预备留种的，收获时让根留在地里，拔掉一部分，使留下的稀疏些。（太密了不能生长。）用草盖上，（覆盖着的，再生后可以供给生吃，根不会冻死。）到第二年五月，种子成熟后，整株拔出来，晒干，（不要让种子受潮湿，受潮后就会沤坏。）把晒干的植株架起来收打种子，种子用蒿草编的容器装盛。冬天，可以放到窖里去，夏天再取出来；只要不受潮，种子可以保存五、六年不坏。

春季种少量供食用的，可以做畦种植，和种葵的方法一样。决定种了，先把种子搓成两段，放进篮筐，一天加两次水，种子发芽后播下去，过两夜就出苗了。白天用席箔盖，夜晚将席箔揭去。（如果白天不盖，因为太热，芽苗不生；席箔夜晚若不揭去，会藏虫子。）

11. 6 世纪，贾思勰《齐民要术》种胡麻第十三"中叙及胡麻种子耧播要拌和沙子。

原文：

胡麻宜白地种。二、三月为上时，四月上旬为中时，五月上旬为下时。（月半前种者，实多而成；月半后种者，少子而多秕也。）

种欲截雨脚。（若不缘湿，融而不生。）一亩用子二升。漫种者，先以耧耩，然后散子，空曳劳。（劳上加人，则土厚不生。）耧耩者，炒沙令燥，中拌和之。（不和沙，下不均。垅种若荒，得用锋、耩。）

今释：

胡麻宜在白地种。二、三月种是最好的时令，四月上旬是中等时令，最迟五月上旬。（月半以前种的，收子多而饱满；月半以后种的，收子少而且秕粒多。）

要趁雨还没有完全停时，就播下。如不趁湿播下，就化掉了，不发芽。一亩用二升子。撒播时，先用耧耩（lóu jiǎng），然后撒子，再用空耢（lào）磨平。如果耢上再加了人，盖的土就太厚，苗出不来。用耧耩下种的，先把沙炒干，将种子和干沙，一样一半拌和，再下种。不加沙，不容易下均匀；胡麻垅种，如果地里出现草荒，可以用锋或耩去除。

12. 6 世纪，贾思勰《齐民要术》"种瓜第十四"中提到瓜种子"用盐拌和"播下。

原文：

凡种法：先以水净淘瓜子，以盐和之。（盐和则不笼死。）先卧锄耧却燥土，（不耧者，坑虽深大，常杂燥土，故瓜不生。）然后培坑，大如斗口。纳瓜子四枚、大豆三个于堆旁向阳中。（谚曰："种瓜黄台头。"）瓜生数叶，掐去豆。（瓜性弱，苗不独生，故须大豆为之起土。瓜生不去豆，则豆反扇瓜，不得滋茂。但豆断汁出，更成良润；勿拔之，拔之则土虚燥也。）多锄则饶子，不锄则无实。（五谷、蔬菜、果蓏之属，皆如此也。）

今释：

种瓜法：先用水将瓜子淘洗干净，再用盐拌和。盐拌和过，就不易患病。

先用锄，在地面回搂，搂去土壤表层干土。不搂表层干土，坑开得深大，因为有干土在内，瓜的种子不易生发。然后挖一个斗口大小的坑，在坑里向阳的一面，种四颗瓜子、三颗大豆。俗话说："种瓜黄台头"，是说在向阳的一面种瓜。

到瓜苗长出几片真叶后，便将豆苗掐掉。瓜苗软弱，单独生长时，不易出土，所以要靠豆苗帮助，顶开表土。瓜长出来后，如不把豆苗掐掉，豆苗反而会影响瓜苗的生长，使瓜不能滋润茂盛生长。把豆苗掐断，断口上有汁液流出，可以使土湿润。注意不要连根拔豆苗，那样，会使土壤疏松，容易干燥。

锄的次数多，结实也多，不锄就没有多少收获。五谷、蔬菜、果树、瓜类等等，都是这样。

13. 6 世纪，贾思勰《齐民要术》"种蓝第五十三"提到蓝种子的浸渍、催芽。

原文：

蓝地欲得良。三遍细耕。三月中浸子，令芽生，乃畦种之。治畦下水，一同葵法。

今释：

种蓝的田地要肥沃。需要细耕三遍。三月中，将种子用水浸泡，促使其生芽，在畦里播种。田畦整治、灌水等，和种葵法相同。

14. 6 世纪，贾思勰《齐民要术》"种槐、柳、楸、梓、梧、柞第五十"讲到箕柳春截"短条"播种。

原文：

种箕柳法：山涧河旁及下田不得五谷之处，水尽干时，熟耕数遍。至春冻释，于山陂河坎之旁，刈取箕柳，三寸截之，漫散即劳。劳讫，引水停之。至秋，任为簸箕。

今释：

栽种箕柳的方法：山涧、河边及低地不能生长五谷的地方，水干了以后，耕几遍，使土壤熟透。到春天化冻的时候，在山坡、河坎旁，削割一些箕柳枝条，剪截成三寸长短，漫撒在地里，紧接着用耢耱平。耱完后，引水灌溉。播下的柳枝段节可长出柳条，到秋天，就可以割下枝条用来编制簸箕。

15. 6 世纪，贾思勰《齐民要术》"种瓜第十四，茄子附"中讲述种茄切破水淘取"沉子"作种。

原文：

种茄子法：茄子，九月熟时摘取，擘破，水淘之，取沉者，速曝干裹置。

今释：

种茄子法：茄子九月间成熟，熟时，摘回来用刀切开。用水将种子淘一淘，收取沉在水底的种子，赶快晒干，包裹起来收藏。

16. 6 世纪，贾思勰《齐民要术》"种韭菜第二十二"中叙述韭子"新陈鉴别"方法。

原文：

收韭子，如葱子法。（若市上买韭子，宜试之：以铜铛盛水，于火上微煮韭子，须臾芽生者好；芽不生者，是浥郁矣。）

今释：

收韭菜种子的方法，和收葱种子的方法一样。如果从集市上买韭菜种子，应当试一试。方法是用小铜锅盛些水，把买的种子投些进去，在火上稍微煮一煮，过一会儿，韭子出芽的，是好种子；如果不出芽，就是捂坏了的韭菜子。

17. 6 世纪，贾思勰《齐民要术》"种麻第八"里面谈到市购种子要加以鉴别。

原文：

凡种麻，用白麻子。（白麻子为雄麻。颜色虽白，啮破枯燥无膏润者，秕子也，亦不中种。市籴者，口含少时，颜色如旧者佳；如变黑者，浥。崔寔曰："牡麻子，青白，无实，两头锐而轻浮。"

泽多者，先渍麻子令芽生，（取雨水浸之，生芽疾；用井水则生迟。浸法：著水中，如炊两石米顷，漉出。著席上，布令厚三四寸，数搅之，令均得地气。一宿则芽出。水若滂沛，十日亦不生。）待地白背，楼搞，漫掷子，空曳劳。（截雨脚即种者，地湿，麻生瘦；待白背者，麻生肥。）泽少者，暂浸即出，不得待芽生，楼头中下之。（不劳曳挞。）

勃如灰便收。（刈，拔，各随乡法。未勃者收，皮不成；放勃不收而即骊。）欲小，欲薄，（为其易干。）一宿辄翻之。（得霜露同皮黄也。）

今释：

种雄麻，要用白色的种子。白麻子长大是雄株。有些种子虽然白，但咬开后麻子枯燥不油润的，是空壳，不能当种子用。从市场上买来的，放在口里含一会儿，如果颜色不变，就是好种子；如含过变成黑色的，便是已经沤坏了。崔寔说："雄大麻子，颜色青白，长成植株后不结实，它的形状，两头尖，重量轻，可以漂浮在水上。"

若地里墒大就先把麻子浸渍，促使种子生芽。用雨水浸的，发芽快；用井水的，发芽慢。浸的方法：把麻子在水里浸渍，等到作熟两石米的饭那么久之后，捞出来。放在席子上，摊开，呈三四寸厚的一层，多搅和几遍，让它们均匀地得到地气：过一夜，就会出芽了。如果水给得太多，过十天也发不了芽。等到地面发白，用楼搞；撒播种子之后，拖着空糖糖一遍。如果雨刚下完，立刻就种的，地湿，麻苗会长得瘦小；待地面发白后种的，麻苗会长得肥大。地不太湿的，种子只要泡湿就播下，不要等出芽，用楼把种子播下去。[下种后，不必拖杳（tà）]。

花放出花粉像灰一样时，就要收获。或割或拔，各处的习惯不同。花还没有放粉就收的，皮没有长成。若放了粉还不收，麻皮就变黄变黑。麻捆束扎的把要小，铺开时要摊得薄一些，这样麻才干得快。过一夜，就要翻一遍。若被霜露打过，麻皮就发黄。

18. 6 世纪，贾思勰《齐民要术》"种葵第十七"里面提到葵须留"中辈"作种子。

原文：

临种时，必燥曝葵子。（葵子虽经岁不浥，然湿种者，疥而不肥也。）

秋葵堪食，仍留五月种者取子。（春葵子熟不均，故须留中辈。）

今释：

葵在播种之前，一定要把种子晒干。葵的种子虽然放置一年也不会变坏，但播种湿的种子，长出的葵菜会瘠瘦，不健壮。

待到秋葵可以吃的时候，要将五月间种的留下一些来收为种子。春天播种葵菜所收的种子，成熟不均匀，所以必须留中间这一批留作种子。

19. 6 世纪，贾思勰《齐民要术》"种栗第三十八"中讲述栗种子"埋藏"处理。

原文：

栗，种而不栽。（栽者虽生，寻死矣。）

栗初熟出壳，即于屋里埋著湿土中。（埋必须深，勿令冻彻。若路远者，以韦囊盛之。停二日以上，乃见风日者，则不复生矣。）至春二月，悉芽生，出而种之。

今释：

栗只可以种，不能栽。移栽的即使当时成活了，用不了多久也还会死掉。

栗刚刚成熟，把种实从壳斗中剥出后，要立即放在房屋里面用湿土埋好。必须埋得很深，不能让它冻透。如果从较远的地方取种，须用熟皮口袋盛着。栗子只要剥出后经过两天以上，或见过风和经太阳晒过的，都不能发芽。到第二年春天二月间，种实都已经生了芽，再拿出来播到地里。

20. 6 世纪，贾思勰《齐民要术》"种谷楮第四十八"中提到楮、麻"种子拌和"播下。

原文：

楮宜涧谷间种之，地欲极良。秋上楮子熟时，多收，净淘，曝令燥。耕地令熟，二月耧耩之，和麻子漫散之，即劳。秋冬仍留麻勿刈，为楮作暖。（若不和麻子种，率多冻死。）

今释：

楮树，适宜在涧谷中间种植，需要很肥沃的地。

秋天，楮树种子成熟时，大量采收，在水中淘洗干净，然后晒干。把地耕到和熟，二月间，用耧耩一遍，将楮子和大麻子一同撒播后，用耱耱平。秋天冬天，要将麻留着不要割，让它们给楮保暖。如果不和大麻一起种，多数楮苗会冻死。

21. 9 世纪末 10 世纪初，唐·韩鄂撰《四时纂要》"种木棉法"中叙述棉花种子处理技术。

原文：

进节则谷雨前一二日种之，退则后十日内树之，大概必不违立夏之日。又种之时，前期一日，以绵种杂以溺灰，两足十分揉之。又田不下三四度翻耕，令土深厚而无块，则萌叶善长而不病。何者？木棉无横根，只有一直根，故未盛时少遇风露，善死而难立苗。

今释：

节气提前，在谷雨前一二天下种，节气退后，在谷雨后十天内播种。种棉最迟不能过立夏。种棉时，早一天用小便和灰与棉种拌和，并用两脚竭力踩揉。再者棉田要三遍、四遍地翻耕，使土层深厚细碎，这样，长出的棉苗健壮不生病。为什么这样？因为棉花没有横根，只有一条直根，在扎根未深、生长未盛时，稍稍遭受风霜很容易死亡。

22. 9 世纪末 10 世纪初，唐·韩鄂撰《四时纂要》中提到茶种子的收取和"沙藏"。

原文：

熟时收取子，和湿沙土拌，筐笼盛之，穰草盖之。不尔，即乃冻不生。至二月，出种之。

二月中于树下或北阴之地开坎，圆三尺，深一尺，熟斸，著粪和土。每坑种六七十颗子，盖土厚一寸强。任生草，不得耘。相去二尺种一方。旱即以米泔浇。此物畏日，桑下、竹阴地种之皆可。二年外，方可耘治。以小便、稀粪、蚕沙浇拥之，又不可太多，恐根嫩故也。大概宜山中带坡峻，若于平地，即须于两畔深开沟垅泄水，水浸根，必死。

今释：

收茶子：成熟时，收取种子，拌和湿沙土，用筐笼盛放，覆盖上稻草。不这样做就会因受冻而不能萌生。到第二年二月，取出来再播种。

种茶：二月中在树下或背阴的地里刨坑，圆三尺，深一尺，将土块弄细，把粪拌和到土里。每坑种六七十颗茶种子，覆盖一寸多厚土，听任长草，不要除草，隔二尺种一穴，天旱用米泔水浇灌。茶树怕阳光，桑树下面、竹阴地都可以种茶。两年以后，才能够锄治。可以用尿、稀粪、蚕沙灌溉壅培。但又不可灌壅太多，因为茶树根娇嫩。茶树宜种在山间坡地上。如果种在平地，应在地两侧开深沟泄水。只要水浸了根，茶树就会死亡。

23. 1313 年，元·王祯《农书》"农桑通诀集"中讲述瓜菜种子淘选、催芽。

原文：

若夫种莳之法，姑略陈之。凡种菜蔬，必先燥曝其子。大抵蔬宜畦种，蓏宜区种。临种益以他粪，治畦种之。区种加区田法，区深广可一尺许，临种以熟粪和土拌匀，纳子粪中，候苗出，料视稀稠去留之。

又有芽种。凡种子先用水淘净，顿瓠瓢中，覆以湿巾，三日后芽生，长可指许，然后下种。先于熟畦内以水饮地，匀掺芽种，复筛细粪土覆之，以防日曝。此法，菜既出齐，草又不生。

今释：

概略地将种植的方法作些叙述。一般种菜种瓜，必须先将种子晾晒干燥。大体上蔬菜适宜畦种，瓜类适宜刨坑作小区种。在播种的时候加施粪肥，作畦种下去。区种瓜和区田法相像，区深宽一尺多，种前把熟粪与土壤拌和均匀，将种子播到粪中，等出了苗，再依稀密决定苗的去留。

另有催芽的播种方法。先把种子用水淘净，放在葫芦瓢中，用湿布盖好，三天后种子发芽，到芽长至一指长短时就可下种。具体方法是：先在整理好的畦内用水浇灌，把发芽的种子均匀撒下，再筛细粪土覆盖，以防太阳曝晒。用这种方法播种，苗既出得整齐，草也不生。

24. 1628 年，明·徐光启《农政全书》"蚕桑广类、木棉"里面讲到鉴别棉花种子优劣的方法。

原文：

余意：谓春碾者，秋收时，简取种棉，曝极干，置高燥处。临种时，略晒即碾，当无害。秋碾者，碾下种，用草裹置高燥处，不受风日水湿，可无郁浥。惟春时旋买棉花碾作种，即不可：恐是陈棉，或尝受湿蒸故。若旋买棉核作种，尤不可：恐是陈核，或经火焙故。今意创一法：不论冬碾、春碾，收藏、旋买，但临种时，用水泡湿过半刻，淘汰之。其秕者、远年者、火焙者、油者、郁者，皆浮；其坚实不损者，必沉。沉者，可种也。又曰：木棉核，果当年者，亦须淘汰择取。浮者，秕种也；其赢种，亦沉。取其沉者微捻之：赢者壳软而仁不满；其坚实者乃佳。或疑导择损功，此不足虑也。

今释：

徐光启说，春天轧（yà）取棉花种子，是在秋收时，摘拾棉花，曝晒干，放置在高燥的地方。到播种季节，晒一晒就轧花取种，没有什么害处。秋天轧取棉花种子，是将轧出的种子，用草包裹放在高燥处，不使受风水湿，可以免除发霉变质。唯独春季随买籽棉随着轧花取种子，是不可取的，恐怕是陈年的棉花，或是受潮、经湿霉变的。若是随买棉籽随即播种，更是不行，恐怕是早年的陈种，或是经过火烤过的。我现今创成一个方法，不管是冬天轧花、春天轧花，收藏或购买的棉花种子，在临种之前，可用水浸泡一段时间，进行淘选。秕粒、远年、火烤、油浸、霉变的种子都会浮起。坚实未受损害的，定会沉下去。沉下去的，可以播种使用。还要提一提，棉花种子，即使是当年的，也必须进行淘汰选择。浮在水面的是秕种，瘦弱的种子也下沉。取沉下去的种子进行轻揉、拣选，可去除种子壳软、种仁不满的瘦弱种子，得到坚实的优良种子。也有人提出这样选择棉种太费功的疑问，我想这是不用多虑的事。

25. 1755 年，清·丁宜曾撰《农圃便览》中提到"酒浸西瓜种子"。

原文：

种西瓜、甜瓜条："先将地耕熟。至清明前后，以烧酒浸西瓜子，少刻取出，漉净，拌草灰一宿，次早种之。"

今释：

种西瓜、甜瓜条："先把地耕熟，到清明前后，用烧酒浸泡西瓜种子，过一会儿取出，滤滤水，用草灰拌和放一夜，第二天早上播种。"

五、种子管理

1. 公元前 3 世纪，讲述设官分职的《周礼》，其"地官·司稼"提到这一级官员负有分辨品种的职责。

原文：

司稼，掌巡邦野之稼，而辨穜稑之种，周知其名，与其所宜地，以为法，而悬于邑闾。

今释：

司稼（是地官司徒下边的一级官职），掌管巡视考察近郊和远郊的庄稼，分辨穜（tóng，生长发育期长的、晚熟的谷物品种）、稑（lù，生长发育期短的、早熟的谷物品种）农作物的各类品种，弄清楚各种品种的名称，并了解这些品种适宜于生长的土地。把这些在城乡悬挂公布出来，以供民众取法。

2. 公元前 1 世纪，司马迁《史记·大宛列传》里面有赴外使节寻求苜蓿、葡萄种实的记载。

原文：

俗嗜酒，马嗜苜蓿。汉使取其实来，于是天子始种苜蓿、蒲陶肥饶地。

今释：

大宛民众喜好葡萄（蒲陶）酒，他们的马爱吃苜蓿。汉朝使臣从那里取得种子，于是汉代朝廷开始在都城及附近肥饶土地上种植苜蓿、葡萄。

3. 1 世纪，东汉·赵晔《吴越春秋·勾践阴谋外传》曾提及越以"蒸谷"还吴的谋略。

原文：

越乃使大夫种使吴，因宰嚭求见吴王，辞曰：越国洿下，水旱不调，年谷不登，人民饥乏，道荐饥馁，愿从大王请籴，来岁即复太仓，惟大王救其穷窘。

吴王乃与越粟万石，而令之曰：寡人逆群臣之议，而输于越，年丰而归寡人。

二年，越王粟稔，拣择精粟而蒸还于吴，复还斗斛之数。亦使大夫种归之吴王。王得越粟，长太息谓太宰嚭曰：越地肥沃，其种甚嘉，可留使吾民植之。于是，吴种越粟，粟种杀而无生者，吴民大饥。

今释：

越王勾践于是派遣大夫文种出使吴国，经由吴相嚭求见吴王夫差，说：越国低洼，赶上水旱不调匀，庄稼没有收成民众饥饿，道路上可见到吃不上饭的人们，求大王借给我们米粮，转年有收成后就归还，恳请大王救助我们穷窘的日子。

吴王借给越国稻谷万石，并且说：我是排除群臣的反对意见而借给你们稻谷的，你们丰收了赶快归还我。

两年后，越国稻谷丰收，他们拣选精好的稻谷经过蒸制，按所借石斗数目归还了吴国，仍是由文种大夫送去，吴王夫差在越归还稻谷后，感叹地对吴相嚭说：越国土地肥沃，他们的稻种甚好，可以保留作种让吴国的民众种植。于是：吴国种了越国的稻种，因为种子蒸过失去了生命力，致使吴国遭受严重的饥荒。

4. 6 世纪，贾思勰《齐民要术》"蔓菁第十八"里面讲述芜菁（蔓菁）有供售卖的"九英"和供自食的"细根"不同类型。

原文：

九月末收叶，（晚收则黄落。）仍留根取子。十月中，犁粗□，拾取耕出者。（若不耕□，则留者英不茂，实不繁也。）

又多种芜菁法；近市良田一顷，七月初种之。（六月种者，根虽粗大，叶复虫食；七月末种者，叶虽膏润，根复细小；七月初种，根叶俱得。）拟卖者，纯种"九英"。（"九英"叶根粗大，虽堪举卖，气味不美；欲自食者，须种细根。）

今释：

在九月末收摘蔓菁叶子，（若收摘晚了，叶子会发黄、凋落。）仍把根留在地里，准备明年收取种子。到十月中，在漫种的蔓菁地间耕一下，把耕出的蔓菁拾取出来。如果不间耕，留下来的叶子不会长得茂盛，结的果实也不会多。

多种蔓菁的方法，选择靠近集市的好地一顷，在七月初播种。（若是六月播种，长出的蔓菁根粗大些，但叶子容易遭虫吃；七月底播种的，长的叶子肥嫩，但蔓菁根会长得细小；只有在七月初播种，蔓的根和叶子的生长才能都合宜些。）种蔓菁若是准备售卖，可以专门种植"九英"品种。（"九英"蔓菁，叶子和根长得都粗大，虽然卖的分量增多，但是这种蔓菁气味和口感都不太好。如果准备自家吃用，应该选种细根的蔓菁品种。）

5. 11 世纪，宋·释文莹撰《湘山野录》中提到宋真宗遣使以珍货求占城稻和西天绿豆。

原文：

真宗深念稼穑，闻占城稻耐旱，西天绿豆子多而粒大，各遣使以珍货求其种。占城得种二十石，至今在处播之。西天中印土得绿豆种二石，不知今之绿豆是否始植于后苑。秋成日，宣近臣尝之，仍赐占稻及西天绿豆御诗。

今释：

宋真宗（宋真宗赵恒，998—1022 年在位）深切关注种庄稼的事，听说占城（今越南境内）稻耐旱，西天（指今印度）绿豆结子多豆粒大，各自派出人员用珍贵货物换取种子。从占城得稻种 20 石①，至今在各处种植。从印度得到绿豆种 2 石。不知道现今的绿豆是不是从皇家后苑开始种植的。到秋天收获时节，皇帝曾把近臣找去尝新，赐给占稻、西天绿豆御诗。

6. 1182 年，宋·朱熹所写《乞给借稻种状》中讲述灾年为租户借取稻种事情。

原文：

绍兴府去岁旱伤为甚，衢、婺为次。遂那拨钱发下绍兴府及下衢、婺两州诸县。恭禀圣旨，指挥措置给借，并镂版晚谕人户，通知先据婺州申本州乡俗体例并是田主之家给借。今措置欲依乡俗体例，各请田主每一石地借与租户种谷三升，应副及时布种。侯收成日带还，不得因而收息。如有少欠，官司专与催理，不同寻常债负。

今释：

绍兴府（今浙江绍兴市）去年（指南宋孝宗淳熙八年，1181 年）遭受严重旱灾，衢州（今浙江衢州市）、婺（wù）州（今浙江金华市）也受旱不轻。上级拨款发给绍兴府及衢州、婺州各县。承秉皇帝圣旨，指挥实施救灾的各种措施，并刻板印刷行文，让民众知道。通知说，先根据婺州申报，按本州乡俗体例，

---

① 石为古代计量单位，1 石＝100 升，下同。

由田主家借给，现今的举措仍按照乡俗体例，由田主按每一石田地借给租户稻谷种子三升，满足及时播种的需要。等到收获后归还，不得因此而收利息。如果有欠还的，官府专门催促办理。逢灾借谷种，不同于平常的借债事项。

第二节　近代（1840—1949 年）

近代中国军阀混战，外敌入侵，政局动荡，经济拮据。在此国家危难之时，无论是上层开明人士，还是普通育种工作者，都怀揣崇高的爱国热情和责任感，为振兴祖国农业做着积极的贡献，近代种业得以在蜿蜒曲折中探索前行。

一、识种

1. 18 世纪，清·戴震《孟子字义疏证》中曾叙述桃、杏种核和植株生长发育的差别。

原文：

桃与杏，取其核而种之，萌芽甲坼，根干枝叶，为花为实、桃非杏也，杏非桃也。无一不可区别，由性之不同是以然也。其性存乎核中之白，形色臭味，无一或阙也。

今释：

桃子和杏子，取它们的核种下去，从果核开裂生出子叶，扎下根，长成树干枝叶，到开花结实，桃长得不是杏的样子，杏长得也不是桃的样子。形状和习性都可以区别，这是由它们的本性所决定的。决定它们本性的东西存在于种实中的核仁，形状、色泽、臭味，几乎没有一样缺少的。

2. 1873 年，维也纳万国博览会中国大豆首次展出。

中国大豆 1779 年传入法国，1786 年引至德国，1790 年传至英国，因数量不多，未能引起人们认识其价值。1873 年奥地利维也纳举办万国博览会第一次展出中国大豆，引起各国的广泛注意。

3. 1890 年前后，黄宗坚在《种棉实验说》中主张讲究棉种。

反映清光绪中叶（1890 年前后）上海种棉技术的《种棉实验说》称："吾乡素不讲究棉种。陆春江观察宰吾邑时，曾劝民种黑核洋棉。宗坚历试有年，寻常棉种轧出之絮，二十斤[①]而得七，每百斤得絮不过三十四五斤，黑核则二

---

① 斤为非法定计量单位，1 斤＝500 克。下同。

十斤而得九，每百斤可得净絮四十四五斤。"通过具体比较，认识到"是棉种又不可不讲也"。

4. 约 1891 年，孙中山在《农功》一文中提倡拣选佳种。

文中称："（1891 前后）泰西农政，皆设农部，总揽大纲。各省设农艺博览会一所，集各方之物产，考农时与化学诸家，详察地利，各随土性，分种所宜每岁收成，自百谷而外，花木果蔬，以至牛羊畜牧，胥入会，考察优劣，择尤异者奖以银币，用旌其能。"

"其尤妙者，农部有专官，农功有专学，朝得一法，暮已遍行于民间；何国有良规，则互相仿效，必底于成而后已。"

"然而良法不可不行，佳种尤不可不拣。"

5. 1934 年，行政院农村复兴委员会编成的《中国农业之改进》一书刊行，书中阐述了对改良种子的希望。

书中称：改良种子之效用，在增加每亩产量，改良品质抵抗病虫害，抵抗寒冷，使其秆坚强，不易倒伏，使着粒坚牢，不易脱粒，此外复能促进早熟，适合时宜。即就产量一项而言其希望已属浩大。盖我国稻麦之产量基低，而以稻为尤甚。

书中还提到：夫增加米麦生产之方法，虽如此其多，然其中有大费工程，非强有力之政府，不能举办者；有需资颇巨，非农民经济所能为力者；惟改良种子，比较各法简而易举，收效既速，劳资亦小。且良种一经育成，则农民即可直接繁殖备用，在同等天时地利之下，用同等之资本、人工与方法，而可得比较丰产良质之效果，其价值实无可限量。

书中说，但有一事须说明者，即改良全国稻麦品种时，最好须附带改良米麦代食作物，方合经济。彼高粱、小麦、玉米等，向为我国农民之代食品，马铃薯为将来西北之救星，均宜切实改良，以图解决全国食粮问题，慎勿拘于稻麦一途可也。

6. 1939 年，陈燕山在《如何解决改进中国棉产时之种种问题》文中阐释当时的棉种供给。

"世界文化日进，人类生活程度日高，衣服原料，需要细纱，亦与时俱增。吾国原有之中棉，纤维大率粗短，仅能供纺一二十支以下之粗纱，不适于纺制细纱之用，且品种混乱，产量不丰，故改进中国棉产，首当特别注意改良棉种，使与改善栽培方法及发展棉农经济等工作相辅并进。"

"吾国数十年来，政府与民间，于改良棉种，亦尝予以注意，且曾竭力倡导引种产量丰富品质优良之美棉种，其由海外输入美棉种子供给农民种植者，几于无年无之。"

"顾吾国倡导种植优良之美棉种，虽先后有数十年之历史，而稽考其成效，则种植美棉之棉田，所产棉花，其品质及产量，大都远逊于各该品种在原产地时之成绩，甚且不如原有之中棉者亦有之，而旷观各地种植美棉之田亩，惟见一片混杂退化之棉花，绝难辨认其究为何种品种，尤为显而易见之事实。"

7. 1942 年，沈寿铨在《为河北省食粮增产之可能性进解》一文中指明改良栽培尤须应用良种。

沈寿铨（quán）等约从 1924 年起，进行小麦、粟、高粱、玉米改良的试验，寻求单位面积的增产。他在作物改良方面采用的途径是："一、改良作物之品种使之适于环境而有良好之收成；二、改良环境中有关生产的因子，如土肥之增进，水分之调节，栽培法之讲究，病虫害之防治等，使改良品种得以充分表现，不受磨折而产生最大之效果。"其指导性见解为："品种之优劣往往影响生产之丰歉，且改良栽培尤须应用良种以期大效。"

二、引种

1. 1865 年，《天津海关年报》中曾叙及英人将美国棉种子引来上海。

《我国美棉引种史略》中讲，"据 1866 年天津海关年报中英国人参德斯·狄克（Thands Dick）所记：……尽管中国的棉花品种来源于印度，但中国的气候条件与印度差异较大，而和美国更为相似，在中国的棉花播种季节也和美国一致，因而我们十分关注去年将美棉种子引来上海种植的结果。"此材料可作为 1865 年将美棉种子引至上海种植的一种文字凭证。

19 世纪 80 年代初，郑观应在上海曾嘱其译员梁子石在美国"考究外洋种花之法""先购花籽，于沪试种"。因试种规模及范围所限，未能造成重大影响。

2. 1871 年，美国传教士 J. L. 尼维思曾将美国果树品种传至山东烟台。

J. L. 尼维思（Nevius J. L.）美国传教士 1854 年在山东登州传教，1871 年定居烟台，是烟台苹果最早的引种者，引进的有：金星、香蕉、秋金星、洋红子、绿青、早苹果、花花鲜、发客仙、花皮等 16 种。引进梨：有巴梨、茄梨、玛特连等 5 种。引进葡萄有：玫瑰香、龙眼、黑牛奶、紫葡萄、小甘、黑汉康哥、白玫瑰香等 8 种。还引进李、樱桃等，在烟台市西的毓璜顶山麓群约 40 亩的果园进行栽植，当时曾称广兴果园。

3. 1886 年，中国台湾曾从美国夏威夷引进甘蔗良种。

清光绪十年（1884 年）刘铭传（1836—1895 年）奉命督办台湾军务，筹备抗法。1885 年台湾设省，他被任为巡抚，对台湾多项生产建设倾注心力，十分重视台湾农业的改进，在他主持下，1886 年曾从夏威夷引进甘蔗新品种在台湾试种，以期提高台湾蔗糖生产。

4. 1887 年，大粒花生传入中国。

据清光绪十三年（1887 年）《慈溪县志》载："落花生，按县境种植最广，近有一种自东洋至，粒较大，尤坚脆。"

另《中国经济周刊》（1924 年 6 月 28 日版）载："现在种植的花生，一般都称洋花生，大约是三十五年以前，光绪十五年（1889 年前）由美国教会的阿奇迪肯·汤普森（Archdeacon - Thompson），他带来四夸尔（guarts）花生到上海，与前往山东登州府蓬莱县的美国长老会恰尔斯·米勒斯（Charles R. M.）对分（传播），这个地（山东蓬莱）已经是著名的大花生的产区了。"

5. 1892 年，清·湖广总督张之洞在湖北引种美棉。

张之洞（1837—1909 年）1890 年在湖北武昌倡办湖北织布局。为解决机器纺织所需棉花原料问题，于 1892 年以两千两白银，通过清政府出使美国、日本、秘鲁的大臣崔国因在美国选择适宜湖北气候土壤的两种陆地棉科子 34 担[①]，寄湖北棉区试种。崔国因寄回的棉种，系于美国所产百余种中选出（的）两种，一宜于湿地，一宜于燥地，与湖北土性气候最为相宜。

张之洞令湖北织布局将棉种转发至武昌、孝感、沔阳、天门等 15 个产棉州县试种并于 5 月 3 日发布《札产棉各州县试种美国棉籽》，要求："迅将发去棉籽发交种棉之户，剀切劝谕，分投试种。将来收成之后，即由布局派人前赴该处从优给价，尽数收买，断无虑其种成以后难于销售。总令领种之户有利无亏。"

这次试种由于棉种迟至，没有掌握陆地棉的特性，播种过晚，密度太大，终致产量不高，效果欠佳试种总结所写"上年所购棉子到鄂稍迟，发种已逾节候。且因初次，不知种法，栽种太密，洋棉包桃较厚，阳光未能下射，结桃多不能开，是以收成稀少。""歉收之故，实人事有未尽。"1893 年又电请崔国因"再行多购美国棉子百余石运寄来鄂。"再发布《札各管县续发美国棉籽暨章程种法》，随同札文下发《美棉种法》十条及《畅种美棉法》十条等。"并考究外洋种法，刊刷种棉章程，分发晓谕，以冀广为如法劝种。"在种植方面，提出"播种宜早，约在清明时节即须下种"。"播种之时，假如天旱土干，宜将棉种浸水半日，然后下土。"张之洞引种美棉，对江苏、浙江、山东、河北、河南

---

① 担为非法定计量单位，1 担＝50 千克，下同。

等省引种美国棉种有相当的推动作用。

6. 1896 年，张謇主张引种洋棉种子。

清光绪二十二年（1896 年）张謇创办大生纱厂，认为与其输入洋棉，权操外人，不如自种洋棉，权操自我为有利，因而提倡引种陆地棉，以供大生纱厂纺织原料。

7. 1898 年，张振勋在所撰《奉旨创办酿酒公司》文中提到引种欧洲酿用葡萄。

1892 年，华侨张振勋（弼士）在山东烟台创办张裕葡萄酒公司，曾从法国、意大利引进酿酒葡萄赤霞珠、品丽珠、贵人香、梅鹿特等著名品种。1898 年，在所撰《奉旨创办酿酒公司》文中又提到引种欧洲酿用葡萄，文中称：丙申（1896 年）春，托奥国（奥地利）领事代聘一精于酿酒者，名哇务。既到烟，如悉本地所产葡萄，种植未得法，故力量不足，酿酒不佳。且泰西葡萄可酿酒者数十种，而本地所产仅一种，惟可酿白酒。于是从奥国购葡萄秧 14 万株。丁酉（1897 年）夏到烟台，约活十之三。冬间再购葡萄秧 50 万，今春到烟台。

8. 1900 年前后，中国安徽开始从国外引进水、旱稻品种。

1898 年，浙江瑞安开始试种日本水稻。1903 年，安徽农务局曾恳托日本驻南京总领事馆分馆输入日本旱稻"女郎"品种种子试种。结果，日本种比当地旧种耐旱，稻秧发育充足，枯穗较少，曾获致赞许。1904 年，安徽宣城县令何恩煌觅购旱稻、塘稻 2 种。"旱稻出于日本，植诸高原无虑枯槁；塘稻产自逻罗（今泰国），植于被淹弃之地，不畏淹没，均能收获，颇显成效。"

9. 1900 年，罗振玉在《农业移植及改良》文中主张引进外麦、棉良种。

农业移植改良，日本之成效固昭昭矣，我国亟宜加意于此，而蕲农业之进步。今举移植及改良之尤要者如下：

一曰麦。近来外国麦粉进口者日多，初则因西人憎华麦调制不精，输入以供西人之食，今则华人亦嗜食之，由商埠而转输入内地者日有所增。夫华麦固调制不精，而粉量亦不如美麦，盖种类之异矣，宜求美国嘉种传布内地，以蕲（qí，古同"祈"）改良，如此非但可阻外麦之输入，且可输出矣。去年寿州孙君首试种美国小麦于扬州结实壮于华麦殆倍，不仅质良，收量亦增。且欧美之麦有红皮白皮二种，白皮者适燥地，红皮者适湿润地，是地无论燥湿均可择种而植，其便利熟甚焉。

二曰棉。美棉之质软丝长，华棉则质刚丝短，夫人知之矣。往者周玉山廉访在直隶曾劝民植美棉甚适其土，所收之棉质与美产无殊。而去岁湖北农学堂所试种亦然。夫湖北与直隶相去颇远，气候顿殊，而植之无不宜，可见美棉之适吾土矣。但美棉移植于华，成熟之期稍后于吾棉，而畏霜特甚，宜早种，且棉实上仰，畏雨浸渍，此其所短，若取通州棉种与之交配，必可改其上仰之性，短其成熟之期矣。迩来各处纱厂日增，而细纱仍仰给东西洋各国，若不早图移植美种，则欲塞此漏厄末由矣。

10. 1909—1910 年，山东、河北改种美棉取得成绩。

据《东方杂志》七年三期所载《中国调查录》中称："从前中国原产之木棉，向不讲究泥土，故生发须在秋间。若美国种子则不然，如能培养得法，萌芽出土甚速，发枝甚多，再加沃壅得法，则所结之球甚多，十倍于中国所产总之，种植美棉有最紧之两要语，曰早播而勤灌溉。先是，东昌府之农夫习于老法，竟不解此，既屡种不得法，遂改种莺粟（罂粟）；嗣为前抚袁树勋所严禁，遂又改植木棉，至去年遂有成绩。"

"东省（山东）西北、直隶（河北）南端各府县，地土于种棉尤相宜，从前所种土产，现已悉改美种，收成有十倍之望。去年棉花出市，即悉国被购尽。东省东方各府县商人，如登州、潍县等处，去年秋间有欲购不得者。"

11. 1913 年，英美烟草公司在山东建立烟草试验场，作为试验推广美种烤烟的种子中心。

1910—1912 年，该公司曾在山东威海地区首次试种美种烤烟，因气候及交通运输条件的限制而停止。1913 年，他们在调查了胶济铁路沿线潍县的土壤、生产状况及燃料供应条件后，认为"在整个潍县地区可以无限制的提供优良烟叶的种植"。不久，该公司也将烤烟在河南襄城、安徽凤阳以至广东等地试种。开始试种时，该公司只将美国烤烟（当时主要是维吉尼亚品种）种子散发给农家，派技术人员指导栽培和熏烤，并设有专门机构从事品种比较和其他试验研究。

12. 1918—1920 年，中央农事试验场设置水稻品种比较试验。

1918—1920 年间，农商部中央农事试验场先后自江苏、浙江、安徽、河南、河北、吉林、湖北、福建、广东等省和日本、意大利等国引进 47 个水稻品种进行品种比较试验，选出 3 个亩产 500 斤以上和 3 个亩产 400 斤以上的品种。

13. 1922 年，岭南大学征集水稻品种进行比较试验。

广州岭南大学征集水稻品种，运用近代科学方法进行水稻良种选育。该校于 1922 年征集了 90 多个水稻品种进行比较试验，其中二十多个是广东农家品种，52 种则来自菲律宾，有来自爪哇的 4 种，越南 1 种，美洲 9 种。

14. 1932 年，中央农业实验所、中央大学农学院、金陵大学农学院合作引进英国育种家搜集的品种资源材料。

1932 年秋，中央农业实验所与中央大学、金陵大学两农学院合作，购得英国里丁大学 J. 潘希维尔（Persival John）教授征集的全套世界小麦品种 1 700 种份。汇集较多的育种原始材料，为小麦育种技术的发展提供了物质条件。

15. 1932 年，金善宝自澳大利亚引进原产意大利中北部的早熟小麦良种"明他那"（Montana）。

经驯化选择，金善宝从引进的"明他那"品种，育出"中大 2419"（南大 2419）。20 世纪 50 年代在长江流域和南方各省推广面积曾达 7 000 万亩。

16. 1933 年，中央农业实验所征集水陆稻优良品种，对其进行育种、生态、生理、细胞遗传、田间技术、分类等多项试验研究。

1933 年秋，中央农业实验所总技师洛夫（Love H. H.）博士拟定计划，由张汝俭、林成耀、陈长森、贺焕儒等分赴苏、浙、皖、赣、湘、鄂 6 省农田中采选籼、粳、糯稻单穗 4 万余，并向国内外征集水陆稻优良品种 664 个。后卢守耕、黄继芳、陈宛新等陆续加入，进行稻作育种、生态、生理、细胞、遗传、田间技术以及分类等项试验研究。1935 年底，全国稻麦改进所成立，赵连芳博士任稻作组主任，内则充实人才设备，并与中央农业实验所土壤肥料、病虫害、农业经济各系联系工作，外则在苏、浙、皖、赣、湘、鄂、川、粤、桂、闽、豫、陕等 12 省合作改良水稻，中央稻作改进所基础研究建立了起来，品种资源的征集、整理、分析、利用提高到了新的水平。

17. 1939 年，陈燕山在《如何解决改进中国棉产时之种种问题》文提到民国初年担任农商部长的张謇（字季直）鼓吹棉铁主义提倡引进棉花良种。

民国初年，张季直鼓吹棉铁救国主义，颇能风动一时，而当时市间美棉价格，亦远高于中棉，故各地机关团体以巨款向美订购棉种散给农民种植者，年达数十吨，品种颇多，性质亦异。此外，亦有就近向朝鲜输入棉种以供散发者，此项棉种，大部分为金字棉类。

18. 1939 年，我国引进"珂字棉"。

1939 年，我国从美国引进"珂字棉"。此种棉在西南 6 省区域试验中表明其产量和品质均优于"德字棉 531"，当时曾有小面积推广。20 世纪 40 年代，先后从美国引进"岱字棉 14"及"岱字棉 15"尤其是"岱字棉 15"，衣分特高，纤维品质良好。后"岱字棉"栽培面积迅速扩大，取代了原推广的"斯字棉"和"德字棉",曾是栽培面积最广的陆地棉。

19. 1939 年,陈燕山撰《如何解决改进中国棉产时之种种问题》一文中,阐述棉花引种应注意事项。

严定引种国外棉种之手续。国内棉种,本多混杂退化,其由育种场育成之种子,及经过驯化之棉种,多已散失混杂,值此需要优良棉种急迫之秋,自行育种,固属重要,然缓不济急除在国内选购比较可用之种子以资供给外,自需向国外引种。顾引种国外棉种,偶一不慎,非特徒耗现金,或且贻祸无穷预防之策,唯有制定法令,严定引种国外棉种办法,此项办法,当注意规定下列各点:

(1)引种以前必须经主管机关核准引种国外棉种,为期其用途之适当及种子之可靠,事前应由引种者将拟行引种之品种名称,数量,用途,价格,及订购处所详细呈报主管机关,由主管机关考虑有无引种此项棉种之必要及订购处所之信誉,审慎裁定是否可以订购输入其经核准办理者,始得进行订购,一方杜绝不必要之棉种之滥行输入,免致混杂国内之棉种,及避免病虫害之传入,一方亦所以防杜不必要之现金之流出国外也。

(2)限定棉种输入之口岸并厉行输入棉种之检验及消毒为便于统制棉种之输入及对输入棉种之检查消毒起见,应由政府指定口岸一处或二处,为准许棉种输入之途径,政府于此口岸应设置设备完善之棉种检验及消毒处所,以防杜不良棉种及病虫害之混入,昔美国引种墨西哥棉种,偶一不慎,将象鼻虫混入,迄今每年因此虫之为害,损失达数百兆金元之钜,国内成熟较迟之长绒棉种,几因此项害虫而将屏绝种植,政府虽耗费巨额经费,用尽种种科学方法,竭力驱除,迄尚未收大效。一旦此类害虫,随棉种而引入中国,以中国农民知识之浅薄,科学之落后,更将束手无策,全国植棉事业,恐将因此而完全摧毁,患害如此之烈,何可不急起防杜!近年印度规定只准在孟买一埠输入棉种,并于此设有设备完善之棉种检验消毒处所,不但大量之棉种及棉花包需经过适当之检验与消毒后,方能进口,即邮政局内,寄送棉类之小包及信件,亦必须经过检验消毒而后方能发送,此种办法,殊足供吾人师法。

(3)输入棉种经驯化方准配布棉种之优良性状,其已固定于某种风土状况之下者,一旦迁移至风土不同之环境中种植,每易失去其若干固定性,而将潜伏于内之若干劣性显现于外,引种国外棉种,因彼此风土之悬殊,最易发生此种现象,故必先行驯化,将此种因易地而起变异之退化棉株,尽量汰除,俟该项品种,仍能完全确保其原有之优良性状,而服习于新环境,然后配布于农民；且新引入之棉种，若遽予配发于农民，亦太不经济，本有先行繁殖之必要，正可一方繁殖，一方驯化去劣，同时并进现在各地输入国外棉种者，大都急求速效，不俟驯化，即行散布，殊于技术及经济均有不合，似亦必须由政府规定以期妥善。如有特种情形时，亦必须经棉种主管机关详为考虑决定妥善之办法而后可。

20. 1941 年，中国在四川发现水杉。

1941 年，中国干铎于四川万县磨刀溪（现名谋道溪）发现水杉。后不幸将所采标本遗失。1943 年春，中国王战至磨刀溪，采到比较完整的水杉标本。1946 年，郑万钧又委托学生到磨刀溪，采到具有枝、叶、幼果的标本。郑万钧将采到的标本寄给当时北平静生生物调查所的胡先骕。经过反复比较研究，1948 年由胡先骕、郑万钧联名发表，肯定了水杉属于杉科、水杉属。水杉的发现，对于研究古植物、古地理等有重要的价值水杉树形美丽，材质优异，适应性强，为人们乐于欣赏和喜爱，已引种到亚洲、非洲、欧洲、美洲等 50 多个国家和地区。

21. 1946 年，蔡旭从美国引进小麦抗锈育种优良材料早洋麦。

1946 年，蔡旭从美国堪萨斯州引进早洋麦，经培育成为"农大 1 号"，20 世纪 50 年代初在北京及华北数省（区）推广，有较强的抗锈表现。从山西省地方品种系统选育而成的"燕大 1817"，是北方冬麦区寒旱生态类型的典型地方良种，在蔡旭主持下，用它作亲本育成了"农大 183""农大 36""农大 3"等品种，以后用"农大 183"作亲本，又杂交育成了"农大 139"等品种，曾是北方冬麦区水、旱地的主栽品种。

22. 20 世纪 30—40 年代，中国引进颠茄、西洋参种子。

早在 20 世纪 30—40 年代，我国曾引种原产欧洲中、南部及小亚细亚的颠茄，1949 年后扩大栽培。我国 1947 年第一次从加拿大引进西洋参种子，曾在江西庐山试种，在温室中可以开花结果。

三、选种和育种

1. 1844 年，清·包世臣《齐民四术》中论述择种、养种。

原文：

养种，凡稼必先择种。移栽者必先培秧。稻、麦、黍、粟、麻、豆各谷，俱有迟早数种。于田内择其尤肥实黄绽满穗者，摘出为种。尤谨择其熟之齐否、迟早。各置一处，不可杂。晒极干。黍粟各种，以绳系悬透风避湿之所。稻、麦种，晒时以竹簟摊薄晒之，晚以物覆之。勿聚罨令伤伏热。极干时。抬籤置檐下高架。掠去日气。簸去浮秕。令极净。先瓦器微火烷之。冷过收贮。麦种每一石和乾艾四两，藏之最宜。稻种少者。亦可择肥好之稿，断一节悬当风如黍、粟。

今释：

养种，凡是种庄稼必须考虑选择种子。移植的必须培育秧苗。稻、麦、黍、粟、麻、豆各类作物都各有宜早种迟种、早收迟收数个品种。要在田间选择各类作物子粒肥实、色泽纯正、穗粒多的留种。尤其要谨慎选择它们成熟期是否齐一，以及成熟的早晚。选出来的各类作物穗株要分别放置，不能混杂。把它们晒得极干，黍粟各种作物的穗子要用绳拴系悬挂在透风避湿的地方。稻麦种子，晒的时候要用竹籤摊薄，晚间要覆盖，不要使种子成堆伏熟。晒极干后，在檐下高架抬起的竹籤，簸去浮秕，减去日晒的一些热气，让种子极干净。将瓦器用微火烤，待凉后将种子收进去。麦种收藏每一石要以拌干艾四两为最好。稻种量不大的，也可以选择健壮的植林，割下穗悬挂在通风的地方，像黍、粟那样留种。

2. 1899 年，《农学报》载文提倡用杂交方法培育小麦良种。

清光绪二十五年（1899 年），罗振玉在《农学报》九十三卷上发表《扬州试种美麦成绩记》一文，提出用杂交方法培育小麦良种的建议，建议如下："美种小麦之穗，壮于中国寻常种且倍，富于小粉质，杵粉洁白，而华麦则逊之，然剖视而察以显微镜，与华麦较，则华麦明而美麦暗，盖华麦胶质较富也，且收成之期亦华麦早于美麦，由是观之，华麦非无可取也。尝考美国种之植物，移植中土，靡弗宜者，惟较之中土产，收刈皆后期，殆美国温度高于中土，故移植温度较低之地，不免延其时期耳。美棉亦然，今欲为之改良，宜依植物学新理，取华种之佳者与美种旋人工交合，则向之成熟迟者，必改而较早，向之胶质寡者，必改而增多，合两国之种，取其性质之善而改其不善者，在一反掌间耳。"是为我国提倡杂交育种最早之言论。

3. 1908 年，冯绣撰《区田试种实验图说》中，论述种子拣选。

书的第三章为"论种子"。其中称："每年留种时，拣穗之大者晒之，晒后捆把，挂在屋中，种时将子取下，再拣大子为种，小子丢下（取子大苗肥之意）。用家藏雪水浸少许时捞出晾之，然后播于地中（雪为五谷之精既可发苗，又能杀虫，故年年多藏雪水）。"

4. 1914 年，南京金陵大学开始进行小麦系选试验。

1914 年，金陵大学美籍教授 J. 芮思娄（Reisner J.）从南京附近农田中采取小麦单穗进行系选试验，经七、八年，育成"金大 26 号"良种，1924 年开始推广。1920 年，南京高等师范农科建立小麦试验站，在 900 个小麦品种比较中，确认武进"无芒"、南京"赤壳"、日本"赤皮"为最佳小麦品种。

5. 1919 年，原颂周肇始水稻品种选育试验。

1919 年，肇始采用科学方法进行水稻品种选育的试验。试验由南京高等师范农科农事试验场原颂周主持。由各省征集优良水稻品种多种，进行品种比较试验，记载生长发育及病虫害情况，收获后比较产量。第 2 年除增加品种继续进行品种比较试验外，并选定生长发育良好、产量高、质量好的品种，每品种选出生长良好的植株数十株，在室内考种复选，最后每品种选留 10～20 株。第 3 年将选留各株种子，分别育种，本田用单株种植，各成一小区，除田间记载、比较产量外，还要进行室内考种，再选单株。当时的缺陷是：供试品种数量少，比较试验未设重复，未用统计方法计算产量，不合纯系选择的原理。在试验设计不够完备的情况下，由于工作做得认真，终于选育出"改良江宁洋籼""改良东莞白"两个纯系优良品种，并在生产上得到推广。

6. 1919 年，"在黄河流域推广脱字棉"、"在长江流域推广爱字棉"的主张提出。

1919 年，华商纱厂联合会植棉改良委员会，以南京为总场，聘过探先教授为场长，设分场于各省，进行植棉及引种试验。同年，南京金陵大学农学院与华商纱厂联合会合作，向美国农业部购买标准棉 8 种，分布于全国 26 处试验。那一年，请到美国棉作专家顾克博士（Cook O. F.）来华，他曾到南通、汉口、北京、天津、保定几处试验场察看，确认脱里斯（Trice，又称脱字棉）棉适于黄河流域栽培，阿卡拉（Acala，又称爱字棉）棉适于长江流域栽培。1921 年，上海华商纱厂联合会将其在各省所办的棉作试验场委托东南大学农科（原南京高等师范农科改建而成）管理。东南大学农科从事中棉栽培试验及美棉栽培试验对于改良棉种，主张一方面输入美国良种，一方面改良中国棉种，输种美棉则主张经过驯化后再散与农民种植。20 世纪 20 年代，东南大学农科除驯化美棉，同时开展亚洲棉的选育，曾育成"江阴白籽""孝感长绒""小白花""青茎鸡脚棉"等品种。金陵大学除从事"爱字棉""脱字棉"的纯系选育，曾育成亚洲棉"百万棉"品种。相近时期，南通农业学校选育出"南通鸡脚棉"，北京农业专门学校选育出"北京长绒棉"。

7. 1923 年，东南大学着手选育，并在后来育成中熟籼稻"帽子头"品种。

东南大学于 1923 年开始在南京附近各县农田中选取单穗，育成中熟籼稻

"帽子头"，这是我国用近代科学方法最先育成的水稻良种，1930年起在江苏及皖南等地推广。以后还在湖南等省推广。

8. 1924年，周拾禄在《中国稻作之改进》中提出中国稻麦育种宜采用穗行纯系育种法。

1924年，周拾禄提出：中国稻麦育种以采用美国康乃尔大学作物育种学家洛夫（Love H. H.）教授的穗行纯系育种法为宜。1925年，中央农业实验所科技人员以上年采得的单穗作穗行试验；拟推广的"江宁洋籼""东莞白"等纯系作高级试验；再以各年育成的纯系举行二秆行、五秆行、十秆行试验。

9. 1925年，沈宗瀚育成"金大2905"小麦良种。

1925年，沈宗瀚从南京通济门外农田中选出单穗，育成"金大2905"小麦品种，于1933年推广。该品种具有丰产、抗病、成熟早等特点，甚受江苏、安徽等省农民欢迎。

10. 1933年，丁颖经野生稻、栽培稻杂交途径选育出"中山1号"水稻良种。

20世纪20—30年代，导入异质种原是水稻品种选育的热点。1917年，E. D. 墨里尔（Meri E. D.）在广东罗浮山麓至石龙平原一带曾发现野生稻。1926年，丁颖在广州东郊犀牛尾沼泽地等处发现野生稻，并证明其为现今栽培水、旱稻的原始种。经移回中山大学农学院稻作试验场种植研究，并与当地栽培品种"竹粘"杂交。经过数年的努力，1933年育成"中山1号"水稻品种。

11. 1933—1936年，中央农业实验所主持"全国中美棉区域试验"。

1931年中央农业实验所建立，美国作物育种专家洛夫博士（Love H. H.）应聘为中农所总技师。洛夫指出，1919年美国棉作专家顾克博士所称"脱字棉"适于黄河流域栽培，"爱字棉"适于长江流域栽培，是出于顾克的经验。当时进行品种试验仅只一年，且无详细数据记载，其结论不一定可靠。洛夫创议举行全国中美棉区域试验这种区域试验规模较大，方法较周密。中央农业实验所从1933年起，征集亚洲棉和陆地棉31个品种，分别在南京、南通、南汇、徐州、杭州、安庆、湖口、武昌、常德、重庆、柳州、齐东、高密、定县、保定、郑州、西安等地安排试验。1935年洛夫回国，试验由冯泽芳主持。1933—1936年进行的全国中美棉区域试验，得出"斯字4号棉"（Stoneville）宜于黄河流域栽培，"德字531棉"（Dolfose）宜于长江流域栽培的结论。大规模区域试验，为棉花育种和推广提供了技术依据。推广陆地棉之后，棉花单产大幅增加，至1936年，全国棉田达5 600余万亩，全国皮棉产量从引种推广陆地棉以前年产 700 万担左右，跃增至 1446 万担。20 世纪 40 年代前后，"斯字棉"和"德字棉"是中国栽培面积最广的陆地棉品种。

12. 1934 年，沈宗瀚进行水稻抗螟试验。

1934 年，沈宗瀚著《水稻抗螟育种及小麦抵抗秆黑粉病及线虫病之遗传与育种研究》，是我国作物抗虫病育种的最早著作。文中提到抗螟试验中，宁波秈受害甚轻，颇堪利用。

13. 1934 年，南京中央大学农学院周承钥撰《小麦育种之标准方法及问题》文中讲述小麦品种选育步骤。

文中提到：①引进，品种观察。优良者即选择之，若已为纯种，即可繁殖推广，可省时省力。②纯系育种。在育种不甚发达之国家，必先采用此法。但并非杂交育种不好，因必须纯系育种有成绩，然后方有材料杂交。且纯系育种比之杂交育种简单而见效较速。③杂交育种。有时数种好性状，如产量、品质、抗虫、抗病、不倒伏等不能兼得。苟欲得之，则当用杂交方法。

14. 1934 年，中央农业实验所采用杂交育种方法育成"中农 28 号"小麦良种。

中央农业实验所 1933 年播种育种原始材料时，发现购自英国 J. 潘希维尔一批育种材料中原产意大利的一个品种茎秆粗短、分蘖力强，但穗短易折，1934 年经沈骊英等将其与"金大 2905"杂交，育成丰产、抗病、抗倒伏的良种"中农 28 号"。

15. 1934 年，江西省农业院选育南特号水稻品种。

江西省农业院南昌农业试验场自地方品种鄱阳早选出育种材料，继而经江西省农业院叶常丰、许传桢等加工培育成赣早籼 1 号，后改为南特号。1943 年广东省中山大学农学院从南特号中选出更早熟、丰产、耐肥的南特 16 号。后来，于 1956 年，广东潮阳县洪春利、洪群英又在南特 16 号的田间群体中发现高仅 70 厘米的变异株，经济性状优良命名为矮脚南特（矮南特），为矮化育种方面的重要品种资源，也是我国第一个矮源品种。

16. 1947 年，赵洪璋选育出"碧蚂 1 号"小麦。

40 年代初期，赵洪璋从事小麦育种，他以武功地方品种蚂蚱麦作母本，碧玉麦（玉皮麦）作父本进行杂交，1947 年育成"碧蚂 1 号"，抗条锈病强，耐肥抗倒茎秆粗壮，穗大粒大，成熟早，品质好。50 年代初进行区域试验和示范。在北方麦区迅速扩大，种植面积曾达 9 000 万亩。

四、种子处理

1. 1890—1892 年间，据民国《桓台县志》载：清光绪中叶桓台农民采用"九麦"法。

原文：

光绪中叶屡遭水患，秋晚水退，种麦已迟，农民于冬至节时将麦种浸冷水中，旋取出晾干，以后每九日浸一次，如前法。至翌年春初冻解，即行播种，至芒种节亦能如期成熟。晚种而熟早，可以调剂农时，诚佳种也。

今释：

清光绪中期（光绪皇帝 1875—1908 年在位）屡遭水灾，秋晚大水退下时，已过了种麦的节令。农民采取在冬至节时把麦种放在冷水中浸泡，再取出晾干，并在以后每九天浸泡一次的技术处理措施。到第二年春初地冻解除后，立即将处理过的种子播下。到芒种节小麦也能成熟。这样，小麦种得晚，熟得早，可以调剂农时，是一个好的应急处理种子的有实用意义的种植方法。

2. 1906 年，四川农政总局示知所属采取种子处理等措施防治麦类黑穗病。

《东方杂志》三卷十期《实业》载，川省农政总局，近因考得预防麦病之法，特通札各属，略谓："麦田中常杂有一种坏麦，穗色变黑，略振动之，即有无数微细黑色粉末飞散，倘不预行防治，则遗染种子，即足贻害来年。盖此粉末即是使麦发生是病之霉色菌孢子。若种子染有此种粉末，发芽之时，粉即寄生其上，随麦茎长成，渐次繁殖，及其蔓延至麦穗地位，则结成无数孢子，遂感受空气而变黑色，农家名为黑穗病，俗名麦瘟。若不设法预防，任其循环传染，贻害何可胜言，云云。兹将其预防之法列下：一、播种之先，须用澄清木炭水将麦种浸昼夜，然后取出播种；二、不用前法，但浸麦种于华氏寒暑表一百二十七度之温汤中约五分时，然后取出播种；三、用食盐和入水内，将麦种放下，视其浮沉以为去取，沉者取之，浮者去之，亦可不罹黑穗病，此法简而易行，均宜照办；四、留种之麦，须择地另种，倘遇有黑穗病发生，于黑色粉末未飞散之前，拔取燃烧，以后自少此病。"

3. 1908 年，农工商部农事试验场对水、陆稻进行盐水选种试验。

1908 年，农工商部农事试验场对水、陆稻采用盐水选种、水选种与不用选种方法进行栽培对比试验。结果用盐水选种的，每亩收谷 525.5 升，秸秆 404 斤；用水选种的，每亩收谷 433 升，秸秆 331 斤；未用选种方法的，每亩收谷 350 升，秸秆 330 斤、用盐水选种较未选种者，一亩陆稻可增收 1 石 2 斗 6 合。

4. 1910 年，农工商部撰《棉业图说》中主张 "棉花种子实行淘选。

凡棉花，无论何种，连年栽于同地，则种变而劣。故经二三年后，须从风土相似之产棉地，新购种子。选种之法，须将种子人水，以手揉之，弃其浮者，用其沉者。又法，将种子投入糠灰之中，略令摩擦，然后移入水中，弃浮用沉。

5. 1933 年，行政院农业复兴委员会组织编写的《中国农业之改进》一书中述及米麦品质低劣。

我国米麦品质，至不一律，就全体而论，品质低劣，或由种子不良，或由于调制不善，或由于掺假加水，以至白米中夹杂红米、稗子等物，输入面粉工厂之物产，常会有秽物、皮壳及其他掺杂物等。书中特别指明：即今日国内育种家间有专注意丰富产品种，而忽略其品质者，实为美中之不足。

6. 1934 年，南京金陵大学郝钦铭撰《金陵大学分布及检定改良品种之方法》专文，述及改良种子的推广和组织种子中心区或作物改良会事项。

文中提到过去种子推广工作，称：

"改良种子之推广工作约已进行十年，年有巨量种子分散各省，1930 年，金大与中央农业推广委员会合作在安徽乌江创设推广实验区，推广棉麦改良种子，并组织生产运销合作社，经多年之努力，改良种之优点及作物改良之重要，已得该地农民之了解。

推广改良种子，区域试验非常重要，故 1931 年起与各地农事机关合作，举行优良品种之区域试验，以测定各地种子之适应性及择定可供各地推广之品种。

推广种子始于 1923 年，11 年来，计散出各项作物之改良种子 438 142 斤，因无种子统制方法及农民未加组织，种子推广之后，不闻不问，在各地繁殖成绩，即无从查考，或已混杂不堪，或已食用殆尽，或已分布于不宜栽培之区，均意中事也。"

论及组织种子中心区或作物改良会之主旨及方法，称：

"本年所拟计划之要旨在集中种子于少数区域并管理其繁殖，引用改良种子之农民必须遵守作物改良会规则，作物改良会则由引用改良种子之农民组织之，会员所繁殖之种子皆须经过田间及室内检查，检查合格者，由作物改良会以高价收买之，储备下年重行分散之用，同时，会员可向作物改良会贷款以充耕作费用，其生产物品亦可由运销合作社汇集分级出售，较为有利。"

7. 1934 年，南京金陵大学郝钦铭《金陵大学分布及检定改良品种之方法》文中载作物检查有关项目。

文中叙述"作物检查"，称：作物改良会会员所种改良品种之田地，在收获之前，必须经过田间检查，脱粒后凡作下季种用者随即备样送交室内检查，检查之目的，重在保持种子之纯度及种子之健康。田间检查注意一切田间情形，例如病害，虫害，品种混杂，及有害杂草等，皆估计成数，一一记下。在检查之前，农家必须仔细除去杂草杂种，以求符合检查及格标准，室内检查记录包括品质，纯度，杂草，其他作物种子，发芽百分数，及受损种子诸项。小麦及棉花检查合格标准均已拟就，以应现时需要。

检定小麦之标准

等级	纯度（%）	杂草	杂物（%）	混杂作物（%）	发芽率（%）	每斗斤数	病害率（%）（黑穗病）
原始种	99.5	无野豌及野燕麦等	无	0.1	95.0	15.0	0.5
特定检定种	95.0	同上	0.2	0.2	92.0	15.0	1.0
头等检定种	92.0	无有害杂草，其他百分之一	0.5	1.0	90.0	14.7	1.5

检定棉花之标准

等级	纯度（%）	发芽率（%）	品种混杂（%）	每斗斤数	受损种子（%）
特等检定种	92	83	6	8.8	3
头等检定种	90	80	8	8.0	5

检查合格之种子，概由检查机关发给种子检查合格证明牌。

8. 1935 年前后，中央大学农学院与全国稻麦改进所等单位倡行稻米种子分级研究。

在《国立中央大学农学院事业概要》"稻米分级研究"一节中称："我国稻米种子之等级，政府向无标准方法之规定，商家对于产品之买卖，仅凭个人之经验与臆断，随意分级。同一货物，因时因地而异其等级，此种紊乱情形，不特农民受害，商家不便，而对外贸易尤为困难。本院有鉴于此，首先倡行稻米种子分级之研究。在各主要稻米产地及集散市场，采集样品，以为实地研究之材料，并调查各地商家关于稻米分级之方法，以供参考。经 3 年之研究，已得初步结果。该项结果曾用作江苏省籼粳米初步分级之标准，湖南、安徽两省之稻米检验所用之稻米分级，亦以本院之研究结果为标准。"文中称"本院曾自行仿造分级用器械。"

五、种子管理

1. 1868 年，中国和美国进行政府间作物品种交换。

清同治七年（1868 年）美国驻华公使劳文罗和农业部特派员薄士敦到北京，向清廷递国书以后就提出交换图书和农业种子的请求。同年 9 月，薄士敦专员进谒恭亲王，亲自呈送带来的图书和各种种子，并希望中国以同等物品交换。次年 4 月，清廷回礼，选择了 10 种重要书籍，关于农业书，包括了明徐光启的《农政全书》和李时珍的《本草纲目》，附了花卉种子 50 种，谷子 17 种，豆子 15 种，菜子 20 种，共 102 个种类或品种。

2. 1900 年，罗振玉提出设立售种所的主张。

清光绪二十六年，罗振玉写有《郡县设售种所议》，其中说："各处设立售种所，以便志士之购求。其设立之法五：一、购运种器，若试盐水浓淡之比重计、验种子甲拆力之器之类。二曰购求欧美佳种、凡购求外国之种，或中国夙无者，或中国有而不如外国产之佳者，若欧美之麦，英伦之葱，美利坚之棉与玉粟黍，印度之蓝；推之农用动物，如瑞士之羊，意大利之蜂，荷兰之牛，亚拉比亚之马之类，皆罗而致之，以广传殖。三曰设种田，美国植棉，专设造种之田，择向阳平坦之地，厚其肥培，专于此植棉种，较种棉采花其利尤厚，见美国种棉述要。今宜师此意，立种田，俾得繁殖，免远求之劳，而收倍蓰之利。四曰教种植法，凡售种所之种，或来自外国，或传自远省，求者或昧其培植之法，宜于包裹种子之纸袋表面，载明其名目及贮藏之法，栽植之时期，性质之宜忌，若土质干湿之类以便览省。五曰造新种，近欧美学士，依植物学新理，施人工媒合之法，以人力改良植物之种类，故近来植物之新种类，日出不穷。"

3. 1908 年，赵尔巽提出由试验场进行棉花佳种选求。

在引种美棉的过程中，湖广总督赵尔巽曾提到中国农学之不精。"考东西各国，实业教育最重植物一科。而植物发达专在选种改良，故其国家既设农业学校以求精理，又立农业试验场以资实习，采集各处土质，各种棉花，加以化析之用，择其土地之宜，收成佳种，售之民间。"他提出拟先由湖北高等农业学堂试验场"购种栽植，以外国棉种、及各省棉种、本省棉种，分为三区，加以灌溉，施以肥料，各立表册登记。秋成结实，取其佳者，报告民间，俾令来购。并编成白话，示以种植之法，土地之宜。将来民间见新种所出之绒，所抽之线，优于旧种，则利之所至，人尽趋之，必不劝而风行矣。"

4. 1914 年，农商部要求各省把所属县优等稻种送部检定、分等，择优分种。

1914 年，北洋政府的农商部曾行文各省，要求在新谷登场时，将各县稻种检齐送部。农商部则将各省寄来的稻种经过检定，分为四等，将最优等稻种开列清单，分发各省。建议各省饬所属"各就本地所无，择其所需，向邻近地方所产最优等品酌量购买，广为分种。"

5. 1914 年，政府制订的条例中，提倡选用优良棉、甜菜、甘蔗种。

《东方杂志》民国三年（1914 年）载：4 月 11 日，政府公布《植棉、制糖、牧羊奖励条例》。所列扩充种植及改良畜牧，以下列方法为准：一、扩充植棉，宜选细子未核及其他优良之棉种；二、改良棉种，宜选择埃及或美洲之棉种；三、甜菜种亦宜采之德国，甘蔗种宜之爪哇；四、羊种宜采美利奴羊。

6. 1915 年，农商部设棉业处，主持引进、试验、推广棉花良种。

民国四年（1915 年），政府为改良棉种振兴棉业起见，特在农商部设立棉业处，聘请美国棉业技师 H. 周伯逊（Jobson H.）氏为顾问，且设棉业试验场于正定南通武昌三处，从事选种及栽培除虫等研究工作。民国五年，复在彰德设立中央直辖模范植棉场。六年，复拨款补助中华植棉改良社及南通之农业学校，使从事棉种事业。七年，更设立整理棉业筹备处及第四棉业试验场，颁布美国棉种奖励细则，复向美国大量输入脱字棉（Trice 及郎字棉 Lone－star）种子，分发各省种植。

7. 1915 年，农商部建立棉业试验场安排"种类"（品种、类型）试验。

1915 年，北京农商部决定在河北正定南门外设第一棉业试验场，安排"种类"、"栽培"、"肥料"三项试场，在湖北武昌武胜门外设第三棉业试验场，用地面积约在 300 亩上下，三场试验项目相同。1916 年在河南彰德设模范棉场。1918 年在北京设第四棉业试验场。各场均试种美国短绒棉与长绒棉品种。

8. 1925 年，中国金陵大学与美国康奈尔大学订立"农作物改良合作办法"。

1925 年，金陵大学和美国康奈尔大学订立"农作物改良合作办法"，从此金陵大学的小麦育种采用了康乃尔大学小麦育种的规程制度，小麦育种技术渐臻完善。1928 年东南大学改称中央大学后，和金陵大学联合商讨棉花育种方法。中央大学以商讨的结果为基础，又参照康乃尔大学的小麦育种法，斟酌损益，订定《暂行中美棉育种法大纲》。这个大纲的内容比当时美国、印度、埃及等国所规定的更为精密，为当时国内各棉花育种工作者所采用。

9. 1931 年，中国曾几度延请国外知名育种、生物统计学专家来华讲授专门技术和有关理论。

1931 年，金陵大学农学院举办农作物讨论会，聘请中央农业实验所总技师、美国作物育种学博士 H. H. 洛夫讲生物统计方法，将运用生物统计分析的田间试验新技术传播给中国作物育种界。同时，他又用中国材料编著《生物统计方法》一书，后译成中文在中国出版发行。

1934 年，中农所邀请英国生物统计专家 J. 韦适博士（Wisharf J.）来华主讲田间技术及生物统计。1936 年又请美国作物育种专家 H. K. 海耶斯博士（Hayes H. K.）讲授作物育种方法。这些，对提高我国小麦育种技术和方法，有很大的推动作用。

10. 1934 年，行政院农村复兴委员会编的《中国农业之改进》一书出版。书中提到稻麦改良需要建立相应的组织与实施合作。

书中提到建立全国作物改良推广委员会的重要性。相应的，组建全国稻麦改良协会，为农民之组织，全国作物改良推广委员会之监督及中央稻麦育种场与省区合作育种场之协助扶持以成立，主持下列验，在江苏南通设第二棉业试各事：①繁殖良种；②种子检验及注册事宜；③印发良种生产之农民或种子公司之名单以利良农之买卖；④处理敢于良种买卖之纠纷事宜；⑤职掌全国作物改良推广委员会一切委托事宜。

书中指明，我国专门人才不多，大都集中在各大学农学院，而各农学院亦复各自为政，不事联络，其对于稻麦改良，虽有相当研究与成绩，然为经费所限，多为局部工作。即有少数改良品种，亦推而不广今后应联络一气分工合作不但将来之问题其同研究即过去已有成绩之改良种亦须合作举行大规模地方试验，以期择优繁殖而供各处之利用，不宜视为己有缩小推广之路。

11. 1939 年，陈燕山在《如何解决改进中国棉产时之种种问题》文中提出在棉区设立育种场。文中认为应"确立自行供给棉种之基础。"

文中说："棉种之来源，不能仰给于人，且因服习风土之关系，尤以自行育种所得之棉种为最适宜。现当棉产改进工作积极推进之始，急应在各棉区选定推广中心地点设立大规模之育种场，以为将来该区域内自行供给优良棉种之源泉。此项育种场，为永久事业，故规模必须广大，设备务求完善，土质必须优良，场地须无旱涉之危险，而办理育种之技术人员，亦须遴选富有经验人员。能如此，则将来各区域内供给棉种之基础确立，数年后即可自行育成优良而适宜之棉种，供给区内农民种植。"

12. 1939 年，陈燕山在《如何解决改进中国棉产时之种种问题》文中提到"明确划定各奖励品种之供给区域"。

文中说："划定各奖励品种之供给区域，目的在使各地供给棉种时，有所准则。此项区域划定后，育种场育种时，即可以该区域内奖励品种为中心而进行，工作效率当能增加不少，而各方供给该区域内之棉种，亦可有所依据而趋于一致。否则一个地区以内，甲机关供给 A 品种，乙机关供给 B 品种，丙学校复供给 C 品种，而丁团体复供给 D 品种，各行其是，使一个区域内种植数种品种，纵使此数品种均极适宜于该区域，亦将使区内棉种反趋混杂，而起劣变。况乎各自供给之棉种，未必尽能适合于该区之风土，是直将棉农为其试验，或将使棉农遭受巨大损失，而根本厌恶改良棉种之供给，是故划定各奖励品种之供给区域，实为不容稍缓之举措。奖励品种供给区域之划定，原应候试验场试验之结果并调查市场需要各种棉花之情形，然后审慎决定。惟现在各地试验场，尚在逐步筹设之中，际此积极改进棉产棉种需要殷切，决不能静候尚在新设中之试验结果，惟当引用各该地过去试验记录，考察各地风土情形，参酌现有品种之性状及市场需要棉花情形，暂行酌定各品种供给区域范围，以资过渡。一俟各试验场得有精确结果，或育成新优异品种时，再行酌量改定。奖励品种供给区域划定后，无论任何机关团体，供给棉种时，均须遵守此项规定，不得再以规定以外之棉种供给于该区域农民。如此一区域内逐年供给同一品种之优良棉种，同时再设法将区内旧有棉种，逐步废弃，改作榨油之用，则数年之后，地方纯种主义，即可实现。"

13. 1939 年，陈燕山在《如何解决改进中国棉产时之种种问题》中认为应"严定配发棉种之手续。"

文中说："奖励品种之种植区域虽经划定，而各机关各学校各团体以及棉商与纱厂等散发棉种于农民时，是否遵守此项规定，固成问题；就使所供给之棉种，确为规定于该区域种植之奖励品种，而其纯洁程度如何，发芽能力如何，有无病菌或害虫潜伏附着，亦均有严密注意之必要。故当由政府立法规定配发棉种以前，无论此项棉种，系自行育成，抑由他处选购，概须将棉种来源名称数量及准备配发地点等，详细报请主管棉种事项之机关核准，始能实行配发。而主管机关核准配发以前，必须详密检查下列各项：①种子是否确为该项品种；②配发地点是否与划定该项品种之种植区域相符；③种子之纯洁度若干，是否合于推广之用；④种子之发芽率若干，是否合于播种之用；⑤种子内外，有无病菌及害虫附着。

其前四项如发觉不合者，即饬令停止配发，其查有病菌及害虫者，必须饬令经过消毒熏种等手续，始准配发。"

第四章　中国种子科技发展历程

中国文明历史悠久，源于其素称发达的农业，形成了以精耕细作为传统的中国农业科技体系，其中种子科技发展占有重要的地位，因为种子的好坏，决定着作物产量与收成。关于人们对种子的最早认识，开始于农业起源过程中。在距今一万年左右，农业开始起源，在这个缓慢的进步过程中，人们通过对禾本科植物的长期的利用，逐步认识到种子在生产中的重要性，由此开启了种子科技发展的历程。此后在作物品种选种育种、引种、种子处理使用、种子检验、种子管理等领域，积累有丰富的技术经验，有着许多理论探索与实践，在世界农业科学技术的历史发展中，占有着重要的地位，并产生了很大的影响。1840 年以后，随着西学的传入，近代欧洲的育种技术引进，中国学者开始从事作物新式育种，育成了不少新的性能优良的高产品种，为解决国民的衣食问题做出了重大贡献。这里，我们依据种子科技的演进历程，作简略的叙述。

第一节　新石器时代到商代

关于种子的利用历史，发端于何时？似乎目前没有较详细的论述。我们认为答案应该是与农业起源同时进行。农业起源于新石器时代，源于采集与狩猎不再能够解决食物供给问题，于是人们开始尝试种植。传说神农尝百草，一日而遇七十毒，是人们最初寻找作物的可食性，从而发明了种植行为。种植的实现是基于人们对种子的深刻认识，即先是在植物收获季节进行采集，然后对采集的种子进行挑选后，贮藏起来，等待第二年种植，这就是一个认识与挑选种子的过程。贮藏是农业起源的重要环节，也是对种子产生最初认识的重要环节。在最初的驯化种植过程中，用于种植的种子与人们的食物是不分开的，或者说两者是兼顾的，也可以说是可以转换的。在驯化过程中，当食物匮乏时，留下的种子也可能被用于救急，即变成了食物。而有时由于采集相对丰富，第二年有较多的剩余，于是这些食物就会变成种子种植于野外。经过长期的种子与食物不断转换的过程，作物驯化完成，农业起源了。当然，便于贮藏的禾本科的种子是人们最喜爱的采集与种植对象。在北方的黄河流域，狗尾巴草被最先驯化，即今天的粟；而在南方，生于沼泽的野生水稻被人们种植，也就是今天的水稻。在种植过程中随着知识不断丰富，技术不断进步的同时，也不断有新作物的种子加入到种植和行列。植物的种子经过种植以后，人们又通过不断地选育，种子又长期脱离了纯粹的自然环境，进入到了人们的收藏与贮藏的环节后，发生物理与生物方面性能的变化，驯化作用显现，变成了驯化的作物种子。

因为对种子的认识与利用加深，促成了多种植物的驯化，中纬度地区的黄河流域与长江流域也就成为世界上作物起源中心之一。据不完全统计，中国是稻、大豆、茶、黍、粟、桃、李、杏、栗、柿、荔枝等多种栽培植物的起源地。苏联植物学家瓦维洛夫认为，世界有 8 大作物起源中心，中国为其中最重要作物起源中心。世界最重要的 640 种作物中，有 136 种起源于中国，约占世界总数的 1/5。

1953 年，在陕西西安半坡新石器时代遗址中，发现约 7 000 年前贮藏于加盖陶罐内的粟粒，还挖掘出窖藏粟堆以及罐藏芥菜类的种子。1972 年发现的磁山文化遗址，总面积近 14 万平方米。1976—1978 年在这里进行了三次发掘，发掘面积达 6 000 平方米，文化层厚 1～2 米，不少窖穴深达 6～7 米。出土了陶器、石器、骨器、蚌器、动物骨骸、植物标本等约 6 000 余种，为寻找中国更早的农业、畜牧业、制陶业的文明起源，提供了可贵的线索。磁山遗址共发掘灰坑 468 个，发现其中 88 个长方形的窖穴底部堆积有粟灰，层厚为 0.3 至 2 米，有 10 个窖穴的粮食堆积厚近 2 米以上，数量之多，堆积之厚，在中国发掘的新石器时代文化遗存中是不多见的。实际上，这些出土的粮食，同时也是当时人们可以用于种植的种子。1973 年，浙江余姚河姆渡新石器时代遗址出土了稻谷及谷壳的堆积，谷粒大小不一致，个别谷粒还是有芒的。同时出土有农具骨耜，表明种植技术已达相当水平。1989 年，《农业考古》报道了湖南澧县彭头山新石器时代稻遗存的材料，年限可推到距今 9 000 年以前。考古发掘出的谷物和种子，以实物验证取代了神话传说。多点出土的谷物种子，结合有关农具分析，可以认为当时作物种植已达一定水平，其肇始种植的年代还要提早。谷物、蔬菜种子罐藏是人类认识层次和技术程度骤升的表现。国内外农学界、历史界、考古界对中国出土作物种实的研究颇为关注，在中国国家历史博物馆、省区和专业博物馆中，出土种子材料的展陈多放在显著位置，常常能吸引参观者驻足不前。在很早的时代，亚洲大陆的物质文化交流就已经开始，作物品种交流是一个重要内容，其中小麦便是从遥远的西边引种的结果。小麦是中国古代以来重要的粮食作物之一，栽培历史已有 4 000 多年。小麦起源于外高加索及其邻近地区。传入中国的时间较早，据考古发掘，新疆孔雀河流域新石器时代遗址出土的炭化小麦，距今 400 年以上。甘肃民乐县六坝乡西灰山遗址出土的炭化小数麦距今已近 4 000 年。此外，云南剑川海门口和安徽亳县也发现了 300 多年前的炭化小麦，说明殷周时期，小麦栽培已传播到云南和淮北平原。小麦后来在唐代替代小米，成为北方旱作地区头号种植作物。

第二节　西周、春秋战国时期

公元前 1066 年至公元前 476 年，是西周初到春秋中期，所流传下来的文献《诗经·大雅·生民》中，已有"诞降嘉种，维秬维秠"的记载，"嘉种"即是今天我们所称的良种。《诗经》里面还多处提到同一种类作物有不同苗色；要挑选光亮、饱满的穗粒作为种子；谷物已划分出适于早播或晚播，成熟期或早或晚的不同品种。这可能是世界上关于作物品种描述的最早文字记载。管仲（约公元前 725 年至前 645 年）是春秋初年齐国的思想家。反映其事迹与思想的《管子》一书，约撰成于战国（公元前 4 世纪至公元前 3 世纪）时期。该书"地员篇"集中阐释各种土壤色泽、质地、水泉深浅及其所宜生长的植物、动物。1981 年夏纬瑛《管子地员篇校释》和 1993 年游修龄《稻作史论集》均认为"地员篇"载叙了作物品种，后者更指明：中国古代文献中提到相当于现今品种概念的是《管子》的"地员篇"。该篇在土壤与水稻的关系上，表现出因土种植、因土选择品种类型的内容，说明那时对水稻品种的认识已不是孤立的，而是同种植的环境条件结合起来考虑的。公元前 3 世纪《吕氏春秋》中的"辩土""任地""审时" 3 篇文章，是春秋战国时期"农家"著作的重要内容。其中有托名"后稷"提出的农业十大问题，涉及种子方面的内容就有如何使庄稼：茎秆坚韧，穗子大而坚匀，籽粒饱满而少糠，碾成米做出饭吃着"有油性"、"有劲"。该书就当时粟、黍、稻、麻、豆、麦 6 种主要作物已提出：茎秆长短、节的多少、穗的大小、籽粒圆否、成熟早晚、是否易为虫吃、产量多少、是否耐饥、品味如何等等品种和种子的选择标准。正确地掌握农时，是农业生产的关键之一，对播种来说，尤为重要。《吕氏春秋》《审时》等篇中，就专门总结和论述了这个问题，指出"不时而种，稼就而不获，必遇天灾"，业并认为"得时之稼兴，失时之稼约"。当时也有关于利用物候来决定播种期的论述，《吕氏春秋》在《任地》篇中就提出"见生而树生"的见解，就是说要根据物候来进行播种。在如何把握播种方面，《吕氏春秋·辨土篇》中扰提出一个总的原则是"慎其种，勿使数，亦无使疏"，说明既不可过密，也不可过稀。但它又指出"树肥无使扶疏，树（硗）不欲专生而族居，肥而扶疏多秕，（硗）而专居则多死"。意思是肥田不能过密，密了多秕粒。瘦田不能过稀，稀了容易死掉。故肥田要适当稀一些，瘦田要适当密一些。关于播种后覆土的厚度，《吕氏春秋·辨土篇》中指出"于其施土，无使不足，亦无使有余"，原因是"厚土则孽不通，薄土则蕃播而不发"。意思是覆土太厚太薄都不好，太厚不易出苗，太薄则种子得不到湿润而不能发芽。它还说"其施土也均，均者其生也必坚"，说明覆土必需均匀密致，就易出苗而根也长得坚实，这些认识都是正确的。

约公元前 3 世纪成书、讲述设官分职的《周礼》一书，留有先秦农业官员分辨农作物品种，到田间巡视作物生长情形，张榜告示民众各种作物，品种所宜生长土地等最早的文字记录。

第三节 秦 汉 时 期

由于秦汉较为重视修筑大型农田水利工程，使秋播越冬生长的小麦扩展了种植面积，在一些人口稠密、条件较好的地区出现粟、麦轮作。随着人口繁衍、民食需求的发展，北方旱区丘陵地区土地不断开辟。公元前 1 世纪，刘向《说苑》曾提及：种田人选择种而种植的情形。公元前 1 世纪的西汉《氾胜之书》里面，倡导"区田法"，改进耕作方法，集中使用水肥。1981 年印行的石声汉所著《中国农学遗产要略》概括中国古代这种传统的选种方法是：年年选种，以累积优良性状；经常换种，以防止退化。在粮食作物方面，年年选取硕大健壮的穗子，保存下来；播种之前，还加一次选择。这些经验在《氾胜之书》有充分的记录。书中首次记载了选留种技术，认为麦子成熟时要"择穗大彊者，斩束，立场中之高燥处，曝使极燥无令有白鱼，有辄扬治之"。贮藏麦种的方法是"取干艾杂藏之。麦一石，艾一把。藏以瓦器、竹器。顺时种之，则收常倍"。对粟（即禾）的留种方法与麦子不同，是"取禾种，择高大者，斩一节下，把悬高燥处，苗则不败"。麦子是穗小粒大，所以要晒干后脱粒贮藏。禾粟是穗大粒小，宜于将穗子扎成把，悬挂在高燥处即可。瓠子要选大形果实，留中间结的少数果实作种。

《氾胜之书》中还曾记叙用动物骨汁、粪汁、蚕蛹汁、雪水、酸浆水，或再加药物附子浸汁拌种的技术。书中有"雪汁者，五谷之精使稼耐旱。常以冬藏雪汁，器盛埋于地中，治种如此，则收常倍"的记载，这是把雪汁和其他东西混合后溲种。

关于播种的问题，汉代主张早播。如《氾胜之书》说种麻"太早则刚坚，厚皮，多节。晚则皮不坚。宁失于早，不失于晚"，虽然太早太晚都不好，但早的要比晚的强。至于土壤的肥瘦对播种的早迟也有很大关系，东汉《四民月令》就指出"凡种大小麦，得白露节，可种薄田。秋分种中田。后十日种美田"。黄河中下游地区由于春季多旱，故当时除了强调秋耕蓄墒，春耙保墒的工作外，还非常注意春季雨后抢墒播种。汉代《氾胜之书》和《四民月令》就提出雨后要抢种谷子及大豆。

公元 1 世纪，王充《论衡》对"种"、"种的作用"，曾从哲理上加以论说。公元 1 世纪赵晔撰《吴越春秋》里面，记述春秋期间越国向吴国借稻谷，越国归还蒸谷，吴国用来作种子招致失收而遭饥荒的故事。尽管是否真属吴越间的阴谋策略尚可怀疑，但可以算到 1 世纪这种用种子作为坑害交恶对方的谋划也甚引人注意。因为它涉及种子技术发展中的多种因素和利用措施。

汉代的使臣张骞出使西域，开辟了著名的丝绸之路，引来苜蓿、葡萄、胡豆（蚕豆和豌豆）、胡麻（芝麻）、胡瓜（黄瓜）、胡荽（芫荽、香菜）、胡桃（核桃）、胡葱等。研究表明，最先传入中国的农作物是葡萄和苜蓿，其他物种则经过了漫长的时间陆续引种至内地。

第四节　魏晋南北朝时期

魏晋南北朝时期，是历史上游牧与农耕文化充分融合的时期，北方旱作技术进入到成熟阶段，耕耙糖配套技术已经完成，这在魏晋墓壁画上分别出现了耕、耙和糖图中可以得到印证。这一时期综合性农书《齐民要术》问世，总结了北方旱作农业技术，对种子技术有较为系统的阐述。《齐民要术》一书在篇章排列上，耕田放在第一篇，收种则列为第二篇。从第三篇起，若干篇讲个别作物，多是先述说品种及特点，其中谷类作物记载粟品种 97 个，黍品种 12 个，穄品种 6 个，粱品种 4 个，秫品种 6 个，小麦品种 8 个，水稻品种 36 个。所述粟的 97 个品种，除 11 个为前人记载，经贾思勰添加了 86 个，而且概括出粟品种"以人姓字为名目""观形立名""会义为称"等命名原则。在收种方面，对谷类穗选、场选；瓜类择蔓中间部位所结瓜，瓜中取中腰瓜子；种子要经风选、水淘、日晒、干藏；种子处理方面，核果类种子沙埋处理；水稻、麻等浸种催芽，蔬菜种子多要浸种催芽；韭菜、苜蓿留作取种用时，要减少收刈次数用以养种。作物要设置"种子田"，种子田要加大株行距、多施肥、多耘锄、多浇灌，体现出子壮苗肥。播种时，根据气候干湿，土壤墒情在开沟复土、工具使用和播量大小上要灵活掌握。

《齐民要术》中还注意到早熟矮秆的粟品种，产量要比晚熟高秆的品种高："早熟者苗短而收多，晚熟者苗长而收少。"这是对矮秆品种有高产能力的最早记载。又，作物的产量和质量往往是矛盾的，二者难以兼有，这种现象也是《齐民要术》中首次提到："收少者，美而耗；收多者恶而息也。"美和恶指谷物的品质，耗指出米率低，息指出米率局，也是品质指标。产量和品质的矛盾，直至现代仍是育种工作所要解决的难题。

汉代关于作物留种的方法在北魏时期得到发展。《齐民要术》指出要当年预先选下一些好种子，另外挂藏；明年专门选定种子田来培育，提前打场（避免混杂），留作第三年的种子用。这是我国古代在种子技术方面的杰出创造，至今仍有实际意义。

除了谷物的留种，《齐民要术》对于瓜类的留种技术也有精辟的叙述。指出"食瓜时，美者收取"。说吃甜瓜的时候遇到味道好的，就留作种子。更突出的是关于"本母子"瓜的留种技术。把甜瓜的成熟采收期分为早、中、晚三期，刚长几片真叶就开花结实的早熟瓜叫"本母子"瓜，蔓长二三尺时结的瓜，叫"中辈瓜"，蔓长足了，最后结的瓜叫"晚辈瓜"。认为用本母子瓜的种子作种，其后代开花结实也较早。瓜留种，最重要的是要截去两头，取中部的种子留种。理由是，靠近瓜蒂一头的种子，结的瓜常常弯曲而细小，靠近瓜尾的种子，结的瓜也往往短而歪。只有中部的种子所结的瓜生长正常。这个经验一直沿用至今。

《齐民要术》中叙述了地区间引种蒜、芜菁出现歧变的情形。《齐民要术》还有随种施肥的记载，书中还把浸种、催芽的各种措施阐说得相当充分。像水稻、瓜类、菜类的浸种催芽技术，现今尚多在生产上应用。其他，如将胡荽种子"蹉破"作两端，莲子头部要"磨薄"，都是很巧妙的种子处理技艺。在防旱播种和缩短出苗期的需求下把握播前种子处理环节，这也是我国和国外古代种子技术发展迥异的所在。

在芜菁种植上，该书中已区分出供售卖叶根粗大、气味不美的"九英"和自食质优的"细根"类型。书中提到栗成熟，从壳中剥出后，要迅速用湿土埋好。若从远地取种，要用皮囊装好运送，以免经风吹日晒丧失发芽力。在梨的嫁接繁殖方面，《齐民要术》也有精到的叙述，在接穗选择上，明确区分幼树取枝和老树取枝其结果早晚和树形美丑的差别。

在播种之前，要对种子进行检验。关于种子鉴别，《齐民要术》中就记载有齿破法、口含法和微煮法等快速检验种子生活力和发芽率的方法。如大麻种子啮破枯燥无膏润者，秕子也，亦不中种。市上去买种时，口含少时，颜色如旧者，佳。如变黑者，则不好。这是用齿破和口含法来鉴别大麻子的好坏。还有微煮法更为突出，如《种韭》中说"若市上买韭子，宜试之。以铜铛盛水，于火上微煮韭子，须臾牙生者好，芽不生者，是衰郁矣"。微煮法是利用新陈种子加热中吸水膨胀的速度不同，来区别种子的新陈。"生芽"实际上是种胚突破种皮的现象，但这同发芽之间有着相互的关系。经过"微煮"而能"生芽"者，是会发芽的好种子，反之则非。这个方法的关键是在"微煮"的时间和程度。20世纪50年代南京农学院植物生理教研组曾试验，证明有效，除韭子外，也适用于洋葱、苋菜和白菜等种子。这种方法在《齐民要术》后不少农书都有记载，在民间也一直留传，并被视为秘方。这种一千四百多年前鉴别种子的巧妙方法，确实是项重要成就。

　　关于播种的技术与选择问题，《齐民要术》有许多论述。关于播种期，《齐民要术》中说"良田宜种晚，薄田宜种早。良地非独宜晚，早亦无害。薄地宜早，晚必不成实也"。地势的高低也是播种需要考虑的因素。关于地势的问题，也有讲究。一般是高地先种，平地及低地迟种。《齐民要术》就指出"山田种强苗，以避风霜。泽田种弱苗，以求华实也"，"强苗"一般早播，"弱苗"则较迟播种。节气是当时指导播种的重要依据。《齐民要术》指出谷子的播种期是"二月上旬及麻、菩杨生老为上时，三月上旬及清明节、桃始花为中时，四月上旬及枣叶生、桑花落为下时。根据播种期为早晚和土壤水分的多少决定密度，《齐民要术》说早播的谷子是"良地一亩，用子五升，薄地三升"，而"晚田加种也"。其他作物也都是"稍晚稍加种子"，这是当时的普遍经验。地势也是决定播种期的关键因素，一般高地先种，平地及低地后种。关于播种深度，《齐民要术》就记载了要因地制宜，总的原则是："凡春种欲深""夏种宜浅"，这与现在"春耩骨头夏耩皮"的农谚是一致的。原因是"春气冷生迟，不曳挞则根虚，虽生辄死。夏气热而生速，曳挞遇雨必坚垎"。反映深度和气候寒暖和土壤水分多少有关，因黄河中下游地区，春季较早，故要深播可接底墒，夏季一般雨水较多，故可浅一些。这一点该书在种春大豆时指出"种欲深故，豆性强，苗深，则及泽，说明播得越深，根也长得深，可以利用底墒，而耧播就能达到深的要求。相反，麦茬田种的青荚大豆是夏播，土壤水分较多，故要浅播；反之"深则土厚不生"。至于秋播，也要根据水分多少定深浅。

　　关于种子的处理，《齐民要术》记载了几种作物的浸种催芽方法。《齐民要术》就记载了水稻、大麻等浸种催芽技术。如说种大麻时，当田里"泽多者，先渍麻子令芽生"。方法是"取雨水浸之，生芽疾，用井水则生迟。浸法，著水中如炊两石米顷。漉出，著幕上，布令薄三四寸，敛搅之，令均得地气，一宿则芽生，水若傍沛，十日亦不生"。当时已有相当的技术水平，连用什么水和水量多少等已注意到了。

关于播种方法，《齐民要术》展现了三种方法，分别是撒播、条播与点播。关于撒播，即是《齐民要术》中所说"漫掷""耧耩漫掷"。如种麻就是"待地白背，耧耩漫掷之"，有时小豆是"泽多者，耧耩漫掷而劳之"。说明耧耩漫掷是在土壤水分较多时采用。关于条播，《齐民要术》中的"耧种"和"耧耩种"都是条播，前者是用耧播下，后者是先用耧开沟，再播在沟里。条播当时使用较多，如小豆"熟耕耧下为良"，有时麻和大小麦也用此法。种旱稻就是耧耩播种之。关于点播，《齐民要术》中的"种"和"逐犁种"都是指点播，后者是在整过地的田里进行点播。除了上述的方法外，《齐民要术》还记载了两种特殊的播种方法。一是莲子磨皮法，《齐民要术》记载的方法是莲的顶部在瓦上将皮磨薄，取黏土揉成熟泥，将莲子封在三指粗，二寸长的泥团里，使莲子基部在泥团平而重的一头。磨过的顶部一头泥团要呈尖形。泥干投入池中，重的一头下沉至底，莲子的位置自然摆得稳而正。它还指出磨过的莲子"皮薄易生，少时即出"，而"其不磨者，皮既坚厚，仓卒不能生也"。这确实是种重要创造。二是助苗出土法。《齐民要术》介绍了这种方法。具体是将豆种子与甜瓜同时混播，因为大豆种子顶土能力强，而甜瓜种子顶土能力弱，让大豆种子帮助甜瓜顶土出苗。这种方法在 20 世纪 70 年代江苏繁殖江苏棉一号时，就用混播大豆或者玉米的方法，帮助棉花种子出苗，取得成功。

第五节　唐宋时期

隋唐是统一的全国性政权，农业曾有一定发展，从国外引进的植物有波斯枣，扁桃（巴旦杏），波罗蜜，油橄榄，胡椒，无花果，胡榛子，菠菜，小茴香，胡萝卜，海棠、海枣（椰枣）、海芋、海桐花、海红豆，西瓜（五代），其中用"海"字标明是其特点。就种子技术来说，宋代有着很大的发展。自中唐以后，北方战事连绵，经济重心南移。到宋代，北方恢复、南方发展经济，农业生产均有较快上升。宋太宗（976—998 年在位）、宋真宗（998—1023 年在位）接受建议，曾大力提倡水稻向北方发展，小麦等向江南伸延，为此饬令地方官员解决种子供应问题。据《湘山野录》记载，11 世纪初，宋真宗听说占城（今越南北部）稻耐旱，即遣专人以珍宝去换取稻种，这种稻在福建曾有较快传播。1011 年，因为江淮、两浙大旱，宋真宗命人从福建调取大量占城稻种以应急需。皇帝在宫廷找人种稻，收获后又召百官现场观看。穗长、无芒、粒小、不择地而生的占城稻迅速推广开来。到 1090—1094 年间《禾谱》问世，这是有关北宋江西泰和地区的水稻品种志，也是中国迄今所见最早的水稻品种专志。撰者曾安止（1047—1098 年），江西泰和人，熙宁九年（1076）进士，绍圣年间任彭泽县令。退仕后，有感于当时士大夫只为牡丹、荔枝、茶等著谱，而稻未有谱，因此调查当地水稻资源，写成《禾谱》。《禾谱》第一部分对水稻的"总名""复名""散名"进行了论析，明确指出了古今水稻品种之间的联系与差别。特别是作者能对古今水稻的异名进行辩证，比较古今水稻品种之间生物学特性的差异。该书记录水稻品种，对水稻的生育期、外形、原产地均加以记载。现存《禾谱》载有籼粳稻 21 个（其中早稻 13 个，晚稻 8 个），糯稻 25 个（其中早糯 11 个，晚糯 14 个）共 46 个，加上被删削的共有 56 个。《禾谱》记载的水稻品种，填补了北宋时期水稻品种资源记载的空白。所记稻品虽以泰和地区为主，又并非泰和一地所专有。现存《禾谱》所记稻品中，有8 个品种分别见于南宋 8 种方志，也反映出南宋一些地区水稻品种与北宋泰和的稻品存在一定的继承关系。《禾谱》所记稻品还反映宋代水稻品种资源发展的历史。如记载泰和传入占城稻才四五十年，到当时已有早占禾、晚占禾之分，反映出占城稻在江西传播的轨迹。《禾谱》所记泰和水稻品种资源数量之多，说明赣江流域是宋代重要水稻产区。

远距离调种并非都一帆风顺，宋太宗端拱元年（988 年），何承矩在河北沿宋辽边界的低洼积潦区域调配官兵开垦稻田，第一年种稻因所播为江东晚稻种，曾遇上霜害，招致失收，遭到官员们的讥议。第二年改用江东 7 月即熟的早稻种子，取得 8 月成熟的成绩，何承矩让人载数车稻穗送朝廷，平息了许多文武官员的责难，水稻种植得以维持、发展，民众得到收取丰富蒲、苇、鱼、蚌等产品的实惠。

宋代《陈旉农书》依然特别强调农时的重要性，说"农事必知天地时宜，则生之、蓄之、长之、育之、成之、熟之，无不遂矣"。至于具体播种期的确定，还要根据当年气候条件、地势高低、土壤肥瘦和水分多少等因素来考虑。《陈旉农书》在水稻秧田播种时就特别提出"先看其年气候早晚寒暖之宜，乃下种，即万不失一。若气候尚有寒，当且从容熟治苗田，以待其暖，则力役宽裕，无窘迫灭裂之患"，这样就能"得其时宜，即一月可胜两月，长茂且无疏失"。但是"多见人才暖便下种，不测其节候尚寒，忽为暴寒所折，芽蘖冻烂瓮臭，其苗田已不复可下种，乃始别择白田以为秧地，未免忽略"。说明必须根据当年气候特点灵活掌握。关于地势的问题一般是高地先种，平地及低地迟种。

《陈旉农书》中还强调根苗的重要性，设有"善其根苗"篇，提出"凡种植先治其根苗以善其本"，"欲根苗壮好，在夫种之以时，择地得宜，用粪得理"。在选种之外，提出了培育壮秧的重要性。关于浸种，宋代《格物粗谈》说"雪水浸原蚕矢和五谷种之，耐旱不生虫"，依然提倡用雪水浸种。

宋代于土地所有制和租佃关系方面较前有许多改革，重文轻武，权力高度集中，冗员充斥，官宦乐于闲逸赏玩，甚至民间养花也渐成风气，加上印刷技术发展起来，雕刻农书，禾谱、桔录、荔枝谱、桐谱多种花草树木等谱录大量涌现。牡丹、芍药、梅、菊等谱录都首列涉及品种的释名。名花可追溯到数个品种的兴衰演替，砧木接穗的出处，技术调控的细节。陆游《天彭牡丹谱》还注意到种花户使牡丹开花结子，以播种育苗进行筛选的方式，增添新的品种类型。书目说到"大抵花户多种花子，以观其变。"范成大《菊谱》里面也讲到类似的情形。1149 年陈旉《农书》曾记有桑葚"去两头""留中间"的种子选留方法，用以选择出坚实、颗粒大的种子，说种下去将来桑树干强实，叶子肥厚。

第六节　元明清时期

这一时期是中国种子技术发展的重要时期，在诸多方面比《齐民要术》所记载的技术有所进步。

明代耿荫楼的《国脉民天》"养种之法"篇，把五谷、豆果、蔬菜的种子比作人之有父，土壤则是母。"母要肥，父要壮，必先仔细拣种"。所谓"拣种"，等于现代的"粒选"，"即颗颗粒粒皆要仔细拣肥实光润者"，这是比穗选更进一步的选种方法，对所选出的种子，要加倍地耕锄施肥，说连续如此三年，"则谷大如黍矣"。对于菜果类作物的留种，则强调人工疏摘，如茄子则只留一茄，瓜则只留一瓜，豆则只留十多个荚。较之北魏时期《齐民要术》所述的去两头留中间的方法更进一步，疏摘可以加强留种种子的营养供应。清代杨屾的《知本提纲》中有"择种"一段，提出"母强子良，母弱子病"的理论，把留种同遗传直接联系起来。

这一时期播种技术也有新发展。在掌握农时方面，清代杨屾的《知本提纲》说"布种必先识时，得时则禾益，失时则禾损"，并说明"三道五带之内，时各不同，当各随方土，因日道之进退而损益其布种之时"。这类的论述很多，都认为适时播种是获得丰收的重要环节。《马首农言》说种谷子是"原，谷雨后立夏前种之；隰，自立夏至小满皆可种"，还引农谚说"谷雨耩山坡"，"立夏耩河湾"。原因是"山坡暖，故早种"，而"河地寒，故迟种"。《山西农家但言浅解》说种大小麦，闻喜等地的农谚是"处暑种高山，白露种平川"，而新绛、河津等地是"白露种高山，秋分种平川，寒露种沙滩"。这是因地势高下不同，小气候也有差别。春播谷子时，山坡温度较高故早种，大小麦是秋播，此时高山温度较低，故要先种。说明要因时因地制宜地决定迟早。至于土壤的肥瘦对播种的早迟也有很大关系。至于土壤的肥瘦对播种的早迟的关系，清代《齐民四术》亦强调"良田膏深，当种晚谷以尽其力。薄田膏浅，天旱则泽涸，当种早谷以接其泽"，这是因瘦田肥力低，保水能力差，宜种早播的早熟品种。肥田肥力高，保水能力强，宜种迟播的晚熟品种。另外，还要以雨水及土壤墒情等因素来考虑，《农言著实》说"谷有（禾犀）笨二种，时之迟早不同。麦后雨水合宜，笨谷要种，（禾犀）谷也要种。倘着遇旱无雨，则笨谷非所宜矣。再者等墒不等时，有墒（禾犀）、笨俱种亦可"，都是根据水分多少的情况调节播种期。还有如风等因素也有关系，如《救荒简易书》指出黍、稷和芝麻"性喜高燥，宜种沙地。若于立夏断风前五日种之，则苗不为沙所打，而能早熟"。《棉书》在谈到沿海地区种棉时，也指出"早种即早实早收。纵经风潮，亦不致全荒"，这是考虑为减轻台风的危害而要早种。以上这些情况，都说明播种期的具体确定，要考虑多种因素，在不违农时的前提下，从实际出发，因时因地因物制宜，灵活掌握。不过，一般是主张早播的。如《沈氏农书》说"至于沉豆麦，尤以早为贵。""田家忌三小：小满蚕、小暑田（指插秧）、小雪麦，其收较薄，故皆宜早"。《农圃便览》更指出"农人无忌讳，止趁晴和天气播种。……宁早勿晚"，并说明当地"麦当早种，务于秋分节内种完，若至寒露则晚矣。霜降后种麦更无益。吾乡有云十月朔种麦赶头一墒者，误人不浅"。《农蚕经》提出谷子"种太早，少籽粒。然初夏多虫，难立苗，不如早种之稳"，这是为了避虫保苗而早种。它还说棉花"种不宜早，恐春冷伤苗。不宜晚，恐秋霜伤桃。大约在清明谷雨间，酌其冷暖，略早种之。苗虽不肥而节密桃多，晚则苗虽盛而桃稀"。特别是《尹会一敬陈农桑四务疏》还总结性地指出"力田以早种为主，盖早种则先得土气，根株深固，发生必盛，收成必倍"，这是有一定道理的。总之适时早播是古代的一致经验。

关于对种子播种前的处理，这时仍然主要是用药物拌和种子，《农政全书》说种麦"陕洛间忧虫食者，或以砒霜拌种子"。《群芳谱》则说麦种"以棉籽油拌过，则无虫而耐旱"。《农蚕经》提出"地多虫，宜将信石捣细碎，水谷煮至裂，加信再煮，水尽晒干。临用时，少调油，乃拌麦种"。它还说"蜚虫"，即麦根椿象是"最难治",但"唯青鱼头,多积干为末,拌种种之。或有用柏油,用砒者",又说"谷麦每次用芥子末一小盅,拌种之,则自死"。《马首农言》提出莜麦"种时以烧酒少许匀子,其茎劲而有力,不为凤靡"。《山西农家俚言浅解》还提出"莜麦要用烧酒拌籽"。《农话》说盐水选种后的玉米"再以清水和煤油或青矾浸子其中,取出拌以尘灰,俟干透乃下种",但"漫拌后即当播种,过久则有害"。还有《冈田须知》还提到花生在初种时,宜以洋油拌种种之,免为乌虫所食"。这类记载很多,古代用药物拌种主要是为了治虫。

关于清水或盐水选种历史上也有记载。《农政全书》也说棉在"临种时用水浸湿,过半刻淘汰之。其秕比者、远年者、火焙者、油者、郁者皆浮,其坚实不损者必沉,沉者可种也"。

至于用盐处理种子,明代《月令广义》也有种瓜"用盐水洗子"的记载。《农话》又提出玉米"先用盐水选种",方法是"用清水二升,以木灰一升,加盐一合和清水内,投种其中,去其浮者,取其沉者而用之",这是有关正式用盐水选种的最早记载,这些记载说明古代用水选种子,目的是除去劣子及草子,取得良好的种子。

择优选种是一个重要的环节,包世臣《齐民四术》(1801年)说:"凡稼必先择种,移栽者必先培秧,稻、麦、黍、粟、麻、豆各谷,俱有迟早数种,于田内择其肥黄绽满稿者,摘出为种,尤谨择其熟之齐否迟早,各置一处,不可杂,晒极干。"又说,稻麦留种时,将种子晒干后,"簸去稃秕,令极净,洗瓦器,微火炕之,冷过收藏。"

关于浸种催芽技术,元代《农桑撮要》则正式提出"浸谷,用腊雪水浸过,耐旱避虫伤"。以后这类记载更多,《群芳谱》提出棉籽"浸用雪水能旱",《农攻全书》也说"棉籽用腊雪水浸过不蛀,亦能旱"。《国脉民天》还提出"如遇冬雪,多收在缸内化水,至下种时,先将雪水浸种一日夜,每浸一炷香时,涝出滴干了些,又浸又涝,如此五六次吃雪水既饱,自然耐旱,腊雪更妙"。这是用雪水反复浸种。以后《知本提纲》曾总结性地指出"临种沃以肥汁",内容是"必预收十二月五九内雪,化水以沃之,雪内含土膏精英之气,沃淘诸种,皆肥而耐旱,不生诸虫",并认为"这是收种之要,业农者不可不知"。它已经把雪水看作"内含土膏精英之气"的"肥汁",说明已认识到雪内含有作物所需养分。《耕心农话》还介绍了"藏腊雪水法,按冬至后第三戊为腊,至立春止,取雪盛坛埋土中自化者佳。就檐头盛日融者次之"。还说"无真腊雪,以腊前三雪亦可,惟春雪不验"。总之古代都认为以雪水浸种有抗旱抗虫的作用,据现在国内外研究,重水有抑制各种生物生长的作用,而雪水内所含重水比普通水少四分之三，故对生物为生长有促进作用，试验证明用雪水浸种能提高发芽率，促进胚根和幼芽的生长发育。用来灌溉可使黄瓜、番茄等大幅度增产，鸡饮雪水可增加产卵量。因之，对于古代有关雪水浸种的经验，值得重视和研究。

当时还有开水烫种方法，最早的记载是清代的《幽风广义》，它指出棉花"种时，先取中熟青白好棉籽置滚水缸内，急翻转数次，即投以冷水，搅令温和。如育浮起不实棉籽，务要捞净。只取沉底好子，漉出，以柴灰揉伴，灌田畦种"。这是先时开水烫一下，即加冷水，成温水再浸一段时间，开水烫种可防治棉籽上的虫和病菌。另外《农圃便览》《齐民四术》《棉花图》等都谈到棉籽用"滚水泼过"或"沃的沸汤"，这是用开水淋种，目的是加速催芽。还有《知本提纲》《江南催耕课稻篇》说水稻浸种催芽时"日以温水沃三次"，或"先以温汤和水一担浇沃"，这是温汤淋种，也可增加温度，加速发芽。至于麦子，古代也有浸种催芽后再种的，这是在较迟播种时采取的措施，这在明代《沈氏农书》中就有明确记载。

关于播种密度，清代《知本提纲》也说"树肥毋过稠，稠则多秕。树（硗）毋过稀，稀则多枯"，并说明"肥地贵稀，若树之过稠，荫翳蔽根，阳不下达，易成芜秽，一经久雨，往往秕立不实"，而"（石尧）田宜调，若树之过稀，荫翳不能护根，无以滋养，往往生空头枯秆，甚至枯死"，故"肥（硗）之间，稀稠得宜，锄苗者不可不知也"。这种肥稀瘦密的原则是对的，但在实践中还要根据其他因素来灵活掌握。

关于深度，要根据水分多少定深浅，如清代《农言著实》明确指出"下种时看墒大小，滴若不足，耧铧子总要新的为妥，以其入地深，种子不至于放在干土上"。也是墒不足时要求深播接底墒。《农政全书》就强调棉花要种得深一些，要求根扎得深。如播得浅，就行根浅近，不能风与旱。《农蚕经》也认为豆"种宜深，深则耐旱"。至于芝麻，则说"其种小，耩易深，复土厚则难出，或去种金，耩而拖之"，故去铁耧脚后就能浅播。但又不能太浅，"太深则难出"，而"浅又不易干也"。

在古代有关利用突变单株进行选种育种的实践，出现得较迟，时间在清代。著名的是清康熙皇帝在丰泽园的水稻田中，发现一株特别早熟的单株，加以留种试种，果然年年早熟，后来赐名"御稻"。由于这个品种特别早熟，阴历六月可收，康熙曾命江苏、浙江、江西等地，将御稻兼作早稻和晚稻，试种一年两熟的连作稻，曾一度获得成功。这种稻在承德可在白露节收割，在江南可以参与种两季，一亩地可有加倍的收获，谷物的储积可由此而得到充实，对百姓有颇大的好处。达尔文《物种起源》中对此亦曾加以论评。宋代长江下游有个水稻早熟品种，名叫"六十日"，直至明清仍广泛栽培。据清乾隆《象山县志》转引《蓬岛樵歌》的记载，也是一个来自自然突变的品种六十日水稻，名救公饥，传有孀妇，居贫乏食，摘稻中先熟者，以养翁姑，因传其种。由此可以想见民间利用自然突变单株，选育出新品种，肯定是很多的。

明代甘薯传到我国，文献载述有福建、广东数种途径，且都有惊险、曲折的历程。徐光启《农政全书》较详地记叙了甘薯从福建至上海传藤或传根繁殖的技术，探讨了在北方窖藏种薯的方式方法，书中曾提到当时北京冬季煨热开花结瓜的技艺，并把甘薯往北推广传播与一定可以让天下没有挨饿的人这件大事联系起来。

元明清是中国民食、衣被原料植物变化显著的时期。棉花从边疆、海岛传到内地，在宋代还只扩及南方小片区域，到1313年元代王祯《农书》里面提到：元代南北统一后，棉布可以长途贩运到北方。棉花种植不夺农时，种植加工省便。可谓不蚕而绵，不麻而布，又兼代毡毯之用。中国民众由于发展棉花、苎麻种植，衣被得到新的质材。在新纤维作物的引种中，曾激起风土宜与不宜的争论。元代司农司主持编撰的《农桑辑要》曾就棉花、苎麻等作物引种反驳了"唯风土说"。文中称：苎麻，本南方之物；木棉亦西域所产。近岁以来，宁麻艺于河南，木棉种于陕右，滋茂繁盛，与本土无异。二方之民，深荷其利。遂即已试之效，今所在种之。可是，这种争论，终究是绵延了数百年，到明代徐光启1628年撰出的《农政全书》中，称他仍在"深排风土之论"，并且多方购买各种种子，亲自种植，经过试验取得成效之后，便进行推广传播。

明清时期，除了上述的甘薯，美洲作物大量引入，使得作物构成发生了重大变化，大大有利于西部山区的开发。它们包括：南瓜、玉米、烟草、花生、马铃薯、辣椒、番茄、菜豆、结球甘蓝、花菜、洋葱、杧果、苹果、番荔枝、菠萝、番木瓜、陆地棉、向日葵。其中玉米、甘薯、马铃薯等新作物在清代中后期，在中国扩展甚速。马铃薯和玉米在西部山区和北部高寒地带发展，逐渐成为主粮。明代后期，中国作物构成已有变化，主要粮食作物由稻、麦、粟、粱、黍等"五谷"型逐渐转变成稻、麦、玉米、甘薯、马铃薯等"杂粮"型。明代宋应星《天工开物》"乃粒"即曾述及：今天下育民人者，稻居什七，而来、牟、黍、稷居什三。当时总产中水稻约占谷物的七成，小麦、大麦、黍、粟等约占谷物的三成。在讲稻的部分，对企盼并得到的早熟、粳性、高山可插的稻种特加说明，而对品味好，收实少，专供贵人的品种认为不足取，可以看出当时水稻品种选择的取向。

人口增长造成了山地丘陵地的过垦，引起当时的人们的关注。19世纪前期梅伯言《书棚民事》文中即有主张与反对开垦荒山的论争。主张开山林的认为"开种旱谷，以佐稻粱，人无闲民，地无遗利，于策至便，不可禁止"。反对者认为种植向山林陡坡发展是造成水土流失，开不毛之地，病有谷亡田的祸源。玉米、薯类向生态环境条件多样区域拓种，出现了许多变异新类型，也有严重的退化现象发生。

明清时期的海外作物传入中国，对中国农业产生了巨大的影响，具体主要体现以下几点：

（1）拓展土地利用的时间与空间，对明清时期中国粮食供应紧张状况起了重要的缓解作用，促进了人口迅速增长。因为人口的急剧增长，明清时期中国人多地少的矛盾较以前更为突出。耐瘠耐寒的美洲作物的引种，使以前不能利用的荒山、滩涂得以利用，增加了有效耕地面积。番薯、玉米是两种既耐旱、耐瘠，同时又高产的作物，适宜于比较贫瘠的丘陵山区种植，无形中起到直接扩大耕地面积的作用。

（2）对蔬菜夏缺起了缓解作用。在此前的中国的蔬菜品种组合中，夏季的蔬菜品种相对不多，夏季常出现缺菜的现象。此时所引进的作物中，有不少是夏季的主要蔬菜，如番茄、辣椒、甘蓝、菜豆、荷兰豆、花菜等，缓解了夏季蔬菜品种单一的矛盾，奠定了中国夏季蔬菜以瓜、茄、菜、豆为主的格局。

（3）增加复种轮作时作物的选择空间。中国古代提高土地利用率的方式主要有复种制、轮作复种制、间作套种及混作制等几种形式。美洲作物传入丰富了中国多熟种植和间作套种的内容，例如稻—棉、麦—棉的轮作和麦—棉的套种。

（4）扩大了中国植物油生产的原料来源。明代以前，中国生产植物油的原料主要是芝麻、大豆、油菜、亚麻。明清时期，花生和向日葵的传入，为中国的食物的生产增添了新的原料来源。

（5）改变了饮食风格，嗜辣成为一道新风景。在辣椒传入之前，中国主要用花椒做烹饪调味，味道以麻为主，显然没有辣椒调味的价值大，所以当辣椒传入以后，其独特的品质，既可消除潮湿，又可刺激食欲，迅速成为饮食中的主打成分，两湖、云南、贵州、四川等地的菜品，某些地区无辣不食。

（6）吸烟渐渐成为社会时尚。中国在明代以前的提神类作物只有茶一项，烟草在明代末年传入后，发挥了重要的作用。起初烟草只是作为药物利用，到清代渐渐变成了"坐雨闲窗，饭余散步，可以遣寂除烦；挥尘闲吟，篝灯夜读，可以远避睡魔；醉筵醒客，夜语篷窗，可以佐欢解渴"的提神剂和消遣品。消费的人多起来后烟叶的价格上涨，吸烟又容易上瘾，在北方达到"以马一匹，易烟一斤"的程度，因此种烟获利多于种粮食，特别是承平时期，因而促使农民弃粮种烟，有的地方如陕南到了"沃土腴田尽植烟苗"的地步。道光时刘彬华有诗论及："村前几棱膏腴田，往时种稻今种烟。种烟市利可三倍，种稻或负催租钱。"清代中叶以后，中国人多地少、粮食不足的矛盾已相当严重，而烟与粮争地，成为一个难以解决的矛盾。

第七节　近　　代

鸦片战争以后，一些封建士绅为谋求富国强兵，热衷于兴办"洋务"，发展工商业。但"甲午战争"中国惨败于蕞尔小国日本，富国强兵的梦想破灭。于是社会上一些有识之士开始强调"农本"，鼓吹"兴农"，主张通过引进"西学"，改变中国农业的落后面貌，进而推动社会整体发展。1897年，梁启超在《农学报》序中说："西国地文学家谓尽地所受日之热力，每一英里，至一万六千人，今以中国之地，养中国之人，充类尽义，其货之弃于地者，岂可数计。"同年，张謇在《请兴农会奏》中说："考之泰西各国，近百年来，讲究农学，务臻便利，亦日新月异而岁不同，其见于近来西报者，讲以中国今日所由之土田，行西国农学所得之新法，岁增入款可六十九万一千二百万两，然则地宝自在，人事可为。"1898年，光绪皇帝接受了维新派康有为、梁启超等人的变法建议，颁布了"明定国是"诏书，决定变法，其中关于实行农业改革的主要内容有：

一是"劝谕绅民兼采中西各法"，兴办农业。这是历史上官方第一次公开提出和号召采用西方农业技术来发展中国的农业；

二是编印"外洋农学诸书"，引进西方近代农学；

三是"于京师设立农工商总局，……各直省即由各该督抚设立分局"，从中央到地方建立各级农业行政机构；

四是"设立农务学堂"，兴办农业教育；

五是"广开农会、刊农报、购农器，由绅富之有田业者试办以为之率"，采用各种措施，引进与推广西方近代的农业科学技术；

六是"在通商口岸及出丝茶省份设立茶务学堂及蚕桑公院"，用近代农业科技振兴丝茶生产。

上行下效，社会的有识之士开始全面介绍欧洲先进地区的农业发展路径。清光绪二十五年（1899年），罗振玉在《农学报》九十三卷上发表《扬州试种美麦成绩记》一文，提出用杂交方法培育小麦良种的建议，他认为："美种小麦之穗，壮于中国寻常种且倍，富于小粉质，杵粉洁白，而华麦则逊之，然剖视而察以显微镜，与华麦较，则华麦明而美麦暗，盖华麦胶质较富也，且收成之期亦华麦早于美麦，由是观之，华麦非无可取也。尝考美国种之植物，移植中土，靡弗宜者，惟较之中土产，收刈皆后期，殆美国温度高于中土，故移植温度较低之地，不免延其时期耳。美棉亦然，今欲为之改良，宜依植物学新理，取华种之佳者与美种旋人工交合，则向之成熟迟者，必改而较早，向之胶质寡者，必改而增多，合两国之种，取其性质之善而改其不善者，在一反掌间耳。"这是中国提倡杂交育种最早之言论。

到了 20 世纪初，西方近代的农业科学技术开始逐渐传入中国，各地纷纷兴办农业学校，建立农事试验场，其态势由民办转向官办，由局部推向全国，由自发变为有组织的活动，从事近代意义的农业改良的教育和试验活动。在这种兴农之风的推动下，中国的作物育种事业也开始由传统型向近代化的方向迈进。

中国的作物育种事业集中在稻麦棉三种作物上，所取得的成就也较其他作物显著。这三种作物的育种历史，大致反映了中国近代育种事业的发展概况。

一、近代作物育种的概况

近代意义上种子事业开始于金陵大学，该校从 1914 年起，采用近代育种技术育成了中国第一个用新法育成的小麦良种——"金大 26 号"。不过此时的育种工作不论在方法上还是在手段上都是十分粗放和简陋的。金陵大学这次育种试验其数据记录的零乱和没有统一格式，显示了其科研起步阶段的粗糙。直到 1920 年才开始注意建立制度，到 1924 年数据记录才较完备，试验才走上科学轨道。这主要是因为那时刚刚接触到西方近代科学，新的育种技术尚未完整地介绍到中国来，人们还没有严格掌握它的理论和方法。这也是在 20 世纪最初的 20 年间，中国未见有用近代科学方法育成的新品种问世的主要原因。

1918—1920 年，农商部中央农事试验场先后自江苏、浙江、安徽、河南、河北、吉林、湖北、福建、广东等省和日本、意大利等国引进 47 个水稻品种进行品种比较试验，选出 3 个亩产 500 斤以上和 3 个亩产 400 斤以上的品种。

20 世纪 20 年代前后，一些在国外攻读农学的留学人员陆续回国效力。他们带回近代的育种理论和技术，回国后致力于农业教育和农业改良，成绩卓著，对中国作物育种的改进起了重要的推动作用。如东南大学，1919 年开展棉花育种，留美人员过探先、王善佺、孙恩麟等，将国外所学知识用于中国实际，制定了严格的育种程序及试验制度，使育种工作初步走上科学轨道。此外，一些外国育种学家来华，从事讲学或直接担任顾问，指导中国的育种试验，对于中国科学育种方法的产生和发展起了重要作用。如美国著名育种学家洛夫（Love H. H.）20 年代来华讲授纯系育种法，推动了中国稻麦纯系育种的发展。

1925 年，金陵大学与美国康乃尔大学开展校际合作，订立"农作物改良合作法"。此后金陵大学便采用康乃尔大学的规程制度，从事小麦育种的试验研究。1928 年，中央大学与金陵大学联合，参照康乃尔大学的小麦育种法进行棉花育种，制定了《暂行中美棉育种法大纲》，大纲的内容较之当时美国、印度、埃及等国的规定更为精密，为当时国内各棉花育种工作者采用。中国的作物育种工作从此走上近代科学育种的轨道。

20 世纪 30 年代开始，中国的作物育种呈现出进一步发展的态势，表现在育种技术日趋进步，育种人才日渐增多，技术力量也日渐雄厚。特别是 30 年代中央农业实验所、全国稻麦改进所的成立，改变了中国作物育种界分散、零乱的状况，使中国的作物育种事业得到统合与协调。中农所成立后从国内外征集了丰富的育种材料，主持了规模更大的由各育种单位参加的联合试验，这些是中农所成立之前所没有的，也是不可能做到的。这些显著的变化标志着中国的作物育种事业进入了一个新的时期。与此同时，洛夫（Love H. H.）、海斯（Hayes H. K.）、韦适（Wishart J.）等外国专家来中国讲授育种学、生物统计学，设计试验制度和试验方案，举办品种区域试验，对于中国育种事业的进步起了重要的推动作用。自此以后，中国开始用遗传变异理论指导育种试验，用生物统计学分析试验结果，方法精密，结果准确，使中国的作物育种事业获得了显著的发展。

不过，中国近代的作物育种首先是从棉花开始的。19 世纪末，近代的机器纺织业在中国兴起，但由于国产中棉纤维粗短，纺不出高质量的细纱，每年不得不从美国进口大量美棉以解决机纺的原料问题。在此后的一段时间里大约至 20 世纪 20 年代末，这一问题一直成为困扰纺织业的一大难题。第一次世界大战期间，由于帝国主义国家忙于战争，中国的民族纺织工业获得了一个发展的机会，但欧美原棉因战争难以供应，而国产原棉质量差，原料供应问题就更为尖锐。因此培育优良棉种以便从根本上解决棉花的质量以适应机纺要求，就成为亟待解决的问题。由此棉花的育种首先被提了出来，并一度成为中国作物育种的重点。20 世纪 30 年代，由于国内严重的水旱灾害，粮食缺乏，粮食问题趋于尖锐，促使中国的育种界开始把重点放在粮食作物上，各科研单位搜集国内各地及欧美的优良品种进行试验，择其性状优良者进行繁育推广，中国的作物育种由此进入了以粮食作物为重点的时期。

二、水稻的选种育种

（一）传统方法的继承和发展

1840—1919 年是中国的水稻育种工作在传统技术的基础上有所发展的时期。在这段时间里，对选育技术有了较高的认识和要求，并培育出了大量的水稻良种。

1. 强调择种与防杂的重要性

选择色纯和饱满的籽粒做种，做到分收、分藏以保持品种的纯洁不杂，这是中国传统选种、留种技术的关键，清末仍继承了这一观点。《耕心农话》（1852 年）也强调"稻有水旱早晚之分，谷有一百余种之别"，选种留种时"谷种不可杂"。这些论说，正是中国的传统选种经验所一再强调的。《抚郡农产考略》（1903 年）进一步论及了水稻品种间混杂的情况、原因及防杂办法，说："糯种有间子者不佳，间子者糯内杂有秸谷或别色谷也。……一由于初时择种不精，一由于糯秧田与秸秧田相近，遇大风雨往往吹糯入秸，吹秸入糯故也。必须糯秸秧田相距较远，蓄种之糯，必再三除草芟稗，庶无他谷间杂之病，宜壅大肥。"

2. 重视品种早熟稳产，耐肥耐瘠，抗倒伏的特性

《抚郡农产考略》记载了具有上述特性的水稻良种。如"二夏早"即具有早熟、稳产的特点："二夏早……又有点谷早、穗谷早两项，点谷早者径以禾种摄种田内，不必打秧。穗谷早者拣禾内最先出谷之穗收以为种，其稻同时出穗，无前后参差之别。三年始变，种此二项收获最早。"又说该稻"清明前后浸种，大暑后获，比'灿色早'早获四五日，瑶湖民以此稻年岁丰歉皆有收，较'灿色早'更稳，故每年种此稻者极多。"又如"铁脚撑"具有抗倒伏的特性："铁脚撑一名铁脚粳，又名硬藁白，早稻也，稻稿长而劲故名……宜水田，此稻稿最坚劲，水浸不倒不烂，种之近河之地尤宜。""铁脚撑"还耐肥，"肥料愈多愈好"又如"福建粳"，"此稻不用重肥"，具有耐地贫瘠的特点。

3. 农家新品种的增加和引种的扩大

这一期间，运用传统的育种方法培育出了许多水稻良种，引种规模也不断扩大。据 1871 年《上海县志》记载，当地已有粳、籼、糯稻的品种 28 个，而 1834 年时仅有 7 个。这些品种中，既有新培育的又有从外地引种的。至 1918 年，《上海县续志》中又增加了"早十日""三朝齐""黄籼稻"和"老来青"。

而"三朝齐",据 1834 年成书的《江南催耕课稻篇》记载,当时只有江西种植。黄皖《致富纪实》(1896 年)中说湖南"二禾之种,防自江西取稻荪种之而成者也,今迳别成一种矣"。说明这时湖南引种江西的再生稻培育成了双季稻种。清末,中国水稻地方品种已相当繁多,《抚郡农产考略》详细记录了江西临川地区的水稻品种共计 42 个,光绪《松江府续志》记有当地的水稻品种 36 个,其中粳稻 12 个,籼稻 11 个,糯稻 13 个。反映了清末水稻选种的盛况。

(二)近代稻作育种

1. 概况

中国近代水稻育种孕育于 19 世纪末 20 世纪初。19 世纪末,中国的农业科技工作者学习外国的先进育种技术从事水稻育种工作,揭开了中国稻作育种的新篇章。1919 年,南京高等师范农科举行品种比较试验,率先采用近代作物育种技术开展稻作育种,培育出了"改良江宁洋籼"和"改良东莞白"两个优良品种。这是中国近代有计划、有目的地进行水稻良种选育的开端。1925—1926 年,东南大学、中山大学先后将穗行纯系育种和杂交育种方法应用于稻作育种,取得了显著的成就。此后,各地稻作育种机关纷纷建立,至 1930 年已发展到 110 个,稻作育种呈现出了大发展的局面。此时全国形成了两个稻作育种中心:一为中央大学农学院,系长江流域稻作育种中心,与江苏、浙江、江西、湖南、四川诸省建立起技术上的联系;二为中山大学农学院,系珠江流域稻作育种中心,与华南诸省有业务上的联系。两中心互相交流,使育种工作南北并进,育种方法渐趋统一,为水稻育种工作日后的进一步开展奠定了基础。

1931 年中央农业实验所成立,1935 年又成立了全国稻麦改进所,成为统筹各地力量开展大规模稻作育种的指挥机关。从此,中国稻作育种走上了统一组织、协调发展的道路。1931—1937 年是中国水稻育种的鼎盛时期,选育出不少颇见成效的水稻良种。1937 年抗日战争暴发,中央农业实验所及一些农业技术推广机关和农业院校相继迁往西南,继续水稻品种的改良及示范推广工作。抗战胜利后,因随即而起的国内战争而使育种工作停滞,除继续推广抗战期间育成的优良稻种外,少有大的建树。

2. 育种技术的改进

一是"引种"与"品种检定法"的应用。

中国早期的稻作育种主要采用"引种"与"品种检定"两种方法。那时,稻作育种尚处于初创时期,一切均属简陋,所以采用了这种简单易行能迅速见效的方法。1897年"上海农务会"成立，不久便从日本引进水稻在浙江瑞安种植。1903年芜湖农务局也从日本引进陆稻种子"女郎"试种。1906—1910年，中国的山东、辽宁、吉林、黑龙江等地均引进了日本水稻种植，引种规模逐渐扩大。1914年，中国首次由政府出面组织了一次水稻品种的检定。北洋政府农商部指示各省，要各省在新谷登场时将稻种检齐送部，农商部对各地送检稻种进行检定，将最优良的稻种开列清单，分发各省试种。这是中国近代最早的一次由政府组织进行的水稻良种选育的尝试。不过不问丰产性能的高低，也不问地方风土特点，而仅凭各地送来的稻种是很难正确判断水稻品种的优劣的。因此，此次品种检定实际意义不大。

1935年，全国稻麦改进所成立，中国的品种检定方法才被确定下来，品种检定工作也由此得到开展。1936年，全国稻麦改进所首先在江苏、安徽、江西、湖南、四川等省与地方稻作改进机关合作实施此项工作。实施要点是：①调查各县所有的水稻品种及其栽培生产情形；②征集各县所有品种的种子；③将全部品种集中在数处试验，考察其异同，鉴定其优劣；④淘汰劣种，使境内品种简单化、优良化、统一化。具体做法是：在冬春农闲季节进行水稻品种的调查，夏秋各进行一次田间考察，秋季水稻成熟时采取各品种之单穗及种子于冬季进行检定，以确定各品种品质之优劣。第二年再将各品种集中试验比较优劣，第三年则凭第一、二年调查考察的结果将最劣的少数品种淘汰，第四年再淘汰其中劣者，至第五年则可确定下来应保留的少数优良品种。但这一工作却因抗战暴发及其他因素的影响而不得不于1942年停止。所以，仅在江苏、安徽、江西、福建、湖南、广东、广西、云南、四川、贵州、陕西等11个省的部分县市施行，而未能普及全国。

二是品种比较试验。

品种比较试验是良种选育中的一个重要方法，中国最早采用这种方法选育水稻良种是在1919年，由南京高等师范农科施行。这标志着中国的稻作育种试验开始真正按近代作物育种技术的要求，走上有计划、有目的、有程序的运作轨道。

1919年，南京高等师范农科在南京成贤街设置农场，有稻田十多亩，由原颂周主持。从各省征集十个水稻品种，进行品种比较试验，生育期间记载生长状况及病虫害情形，收获后比较产量。从第二年开始增加试验品种，并从参试品种中选出生长健壮、表现优良的品种单株栽植一区，并连续进行株选、室内考种、测产等。1921年南京高等师范农科改组为东南大学农科，在南京大胜关农事试验总场继续品比试验，试验仍由原颂周主持，周拾录、金善宝负责田间具体工作。在加入试验的品种中，原产南京的农家品种"江宁洋籼"和原产广东的农家品种"东莞白"生长甚好，于是从田间选出单穗进行育种。经过六年（1919—1924 年）选育，育成了"改良江宁洋籼"和"改良东莞白"两个品种。这是中国运用近代育种技术育成的第一代水稻良种。1925 年开始在南京、镇江、昆山、芜湖、当涂等地推广"丰产优质，成绩很好"。

这是一次早期的育种实践，方法尚显幼稚，还有一些不足之处。主要是：①供试品种数量太少；②比较试验不设重复，也未按生物统计方法分析产量；③不符合纯系选择原理。但这毕竟是一次具有开拓意义的育种实践。他们"以认真周密之长，补方法幼稚之短"，终于取得了成功，在中国稻作育种史上具有重要意义。

1922 年广州教会学校岭南大学也进行了一次水稻品种比较试验。此次试验共征得水稻品种 90 多个，其中除了 20 多个是广东当地农家品种外，有 66 个是来自美国、菲律宾等国家的外来品种。1918—1920 年，农商部中央农事试验场也先后自江苏、浙江、安徽、河南、河北、吉林、湖北、福建、广东等省和日本、意大利等国引进 47 个水稻品种，进行品种比较试验。此次试验选育出了 3 个单产在 5 石以上和 3 个单产在 4 石以上的品种。

1923 年，东南大学农科（后为中央大学农学院）在大胜关农场水稻品比试验中又加入了安徽当涂的农家品种"帽子头"，1924 年选出单穗。经过多年试验，于 1929 年育成"中大帽子头"并开始推广。该品种在 30 年代被全国稻麦改进所列为推广种，首先在苏、皖、湘三省推广 20 余万亩，平均每亩增产 30 余斤，是中国第一个大规模推广的水稻良种。1931 年中央农业实验所成立后，品比试验的规模进一步扩大。该所广为搜集国内外水稻品种进行比较观察。据 1934 年 5 月 21 日《中央日报》载："该所对国内外水稻品种试验，已与去年十一月间向国内百余个农业研究机关征集，截至现在计收到河北、绥远、山西、云南、山东、江苏、江西、浙江、湖南、广东、广西等地寄来的籼稻品种二百十七种，粳稻品种九十一种，糯稻六十种，陆稻九种。此外，有外国品种十四种。为广征博采起见，复以机关或以私人名义向国外产稻国如日本、美国、印度、菲律宾、爪哇等处收求稻种，惟至现在，已收到日本真正不同之著名品种一百余种。"1933—1936 年的 4 年间，中农所就先后从国内外征得水稻品种 2 031 个作为品比试验的基础。仅 1936 年就搜集全国著名水稻品种 89 个。这一年举行"全国各地著名稻种比较试验"，分别在 12 个省 28 个合作试验场进行。试验连续 3 年，"分早、中、晚三组试验，以各地最优品种为对照，重复 10 次，田间记载注意幼苗生育情形，出穗期、成熟期、病虫害、倒伏度等项"。这是中国稻作大规模联合区域试验的开端。此次试验评选出不少有示范推广价值的优良品种，其中成绩最显著者为"南特号"，从 1938 年起在江西、湖南示范推广，1948 年推广面积达 100 万亩，是新中国成立以前全国分布最广，成效十分显著的改良稻种运用品比法，广西农试场和四川农业改进所也培育出了一些水稻良种，如广西的"中桂马房籼""早禾 3 号""早禾 4号"；四川的"川农 422""川农 303"等等。总之，中国育种界应用品比法培育出了许多水稻良种，品比法是中国近代水稻育种采用的重要方法之一。

三是纯系育种法的应用。

近代中国作物育种采用科学方法并获得显著成效，是从穗行纯系育种法的广泛应用开始的。1925 年东南大学农科在大胜关农事试验场率先采用这一方法于水稻育种，从此开创了中国水稻纯系育种的新时期。穗行纯系育种法是由美国康乃尔大学作物育种学家洛夫所倡，方法是单株（穗）选择（第一年）→单行试验（第二年）→二行试验（第三年）→五行试验（第四年）→十行试验（第五年）→高级试验（第六年）→繁殖推广（第七年）。1925 年春，东南大学农科将采集到的水稻单穗按照纯系育种法作穗行试验，并将准备推广的"江宁洋籼""东莞白"等做高级试验。这是洛夫纯系育种法在中国稻作育种中的第一次应用。在此后很长一段时间里，中国的水稻育种一直以纯系育种法为基本方法。为探讨纯系育种成效，1927 年中山大学农科南路稻作育种场曾进行纯系分离试验，供试的 6 个品种都是广州郊区栽培很广的农家品种。试验结果表明，纯系育种一般可比原种增产 18%～33%，增产效果显著。1925 年以后，洛夫与另一位美国育种学家海斯及英国剑桥大学教授、生物统计专家韦适等先后来华传授西方近代育种技术，从而进一步推动了中国的纯系育种。

不过，纯系育种法在中国的应用还刚刚开始，在实际运作中还存在着一些问题，主要有三点：①纯系育种法诞生于美国，而美国水稻多系直播，中国水稻却一向是移栽，试验时采用直播法是否妥当；②中国水稻籼多粳少，籼稻成熟时多倒伏，因此采集单穗困难；③纯系育种从采集单穗至高级试验一般需要8～9 年的时间方见成果，周期过长。有鉴于此，纯系育种能否在中国推行，育种界提出了不同的意见。所以，这一方法用于水稻育种之初仅在少数地方，普及面并不很大。为此，中国育种工作者进行了多年的探索，提出了不少改进意见。其中影响较大的是 1936 年丁颖提出的以小区移栽法进行产量试验，用生物统计方法分析比较产量以及改进育种程序，缩短育种年限等六条意见。这就是：其一，从优良品种中选出优良系统，这样收效快，结果也可靠。如果是大规模纯育工作，则一方面选定 2～3 个优良品种先行纯育，其他方面采集多数品种比较试验，经 3～5 年选出从试验上认为优良的品种再行纯育；其二，用原品种做标准种，可减少许多麻烦问题；其三，试验均用小区移植法而不用秆行法；其四，用品种平均差法求误差；其五，特性观察与产量试验并重，若只顾产量而不问特性，则育种会出现偏差。譬如某品种特性很好而产量稍低，若因此而淘汰殊为可惜。其六，改进育种程序则可将育种周期由洛夫的秆行法所需的 8～9 年缩短至 4～5 年，省时省工，提高效益。在育种工作者的共同努力下，水稻纯系育种法不断完善并日益普及，成为中国近代稻作育种方法的主流。

从 1933 年开始，中农所以从江苏、安徽、浙江、江西、湖北、湖南六省所采集到的 7 万水稻单穗为基础，采用纯系育种法进行水稻良种的选育，经历年淘汰，至 1937 年已育有高级系 30 系，十秆行 120 系，五秆行 425 系，三秆行 488 系，二秆行 202 系。抗战开始后，这些材料被迁至内地，分别在四川成都、湖南芷江、广西柳州三处继续试验；又在云南、贵州等省采选 4 万余穗参加试验，不久都进至高级试验及示范阶段，并陆续育出了新品种，如"黔农 2号""黔农 28 号"等。

四是杂交育种。

作为中国近代稻作育种的主流，采用纯系育种法育出了很多水稻新品种。但就其效率而言，毕竟还存在着一定的局限性。如果要选育出更优良的水稻新品种，则需开展杂交育种，这是一种更先进、更有效的育种方法。中国于 20世纪 20 年代开展了这方面的尝试。1926 年，中山大学教授丁颖在广州附近的犀牛尾发现野生稻，随即移回种植研究，并与当地栽培水稻自然杂交，当年收得杂交种。以后通过单粒播种，分系种植和产量比较试验，于 1931 年育成第一个野生稻与栽培稻的杂交种"中山一号"，开创了中国水稻杂交育种的新纪元。

1927 年以后，丁颖以原产印度的野生稻与广东所产的"银粘""恶打粘"等栽培稻品种杂交，计十余组合，先后育成银印、东印、印竹等数个品种，同时又进行了其他栽培稻品种间的杂交。所育成的品种在华南一带推广。在杂交育种中，丁颖重视矮秆、大穗早熟品种的选育，曾在早银占与印度野生稻杂交后代中选出 1 400 粒的千粒穗。只是因为当地耕作水平落后，生产价值不大而搁置，这一结果曾引起东南亚稻作界的极大关注。丁颖还对野生稻的不实性等与杂交育种有关的重要问题进行研究，为改进中国育种技术做了大量开拓性工作。

水稻杂交育种其中一项关键技术是去雄。中国的育种学家赵连芳提出了一种优于以前任何方法的技术，就是去雄应在早晨日出之前或傍晚时进行，以避免在阳光下去雄而散发花粉。美国育种学家海斯（Hayes H. K.）在《作物育种学》（《Breeding Crop Plants》）（1933 年）一书中记述了这一技术。1934—1938 年间，美国人 Jodon 发明了一种温汤去雄技术。1940 年，潘简良等人将这项技术介绍到中国，自此以后，此法一直是水稻杂交育种中常用的去雄方法，一直沿用到 20 世纪 60 年代才逐渐为温气去雄法所替代。中国学者在借鉴外国经验的同时，结合自己的实践，对水稻杂交育种又作出了新的贡献。一是应用长日法及短日法加速育种世代进程，缩短育种年限。做法是将杂交子一代在温室内培育，其所结之种子（子二代）来年春天成熟，可直播秧田，这样育种年限可缩短年；二是应用光照处理调整亲本花期，使不同品种的水稻花期相遇而可以互相杂交，使杂交范围扩大；三是利用特殊环境鉴定杂交后裔的特性，如可将杂交后代种植在干旱地区来鉴定其抗旱性；四是认识到粳、籼稻之间的不同特性。籼、粳本属不同的亚种，两者在细胞遗传、植物形态及性状上都有明显的区别，这两个亚种之间的杂交获得了良好的结果；五是认识到品种间杂交着粒率因杂交组合不同而不同。如以粳稻为母本，籼稻为父本，其杂种着粒率为 0～29.9%；若以籼稻为母本，粳稻为父本，其杂交种着粒率为 0～3.6%；若粳稻的不同品种间杂交，其子一代着粒率为 60.1%～90.6%；若籼稻不同品种间杂交，其子一代着粒率为 68.7%～86.2%。中央农业实验所成立后开展了大规模的水稻育种研究。根据该所 1935 年《一年来之工作概况》记述，1935 年他们"除了中国优良品种外，还兼取日本、印度、菲律宾及美国等地之优良品种"为父母本，"栽于盆中，预行短日处理，以使抽穗期不同的品种间可以互相杂交，计共得成功之杂交种子一百九十九组合，一千三百二十七粒种子"。只是以后没有见到杂交法育成的良种推广。

四川农业改进所也开展了这方面的工作。该所从 1938 年开始，历经六七年的时间至 1945 年达到了较大的规模，已经有杂交组合百余组。到 1946 年已分离出优良单株 2 000 余株，并把后代种子分发给合川、泸县、绵阳三个分场继续种植，以选育适于各地区的优良株系。

中国近代稻作杂交育种尚处于幼年时期，其成就尚不能与纯系育种法相比，但这项工作毕竟已经开始，前辈育种工作者在这段历史时期内所做的具有开拓性的工作，为以后的稻作杂交育种的发展打下了坚实的基础。

3. 水稻育种成就及良种推广

中国稻作育种从 20 世纪 20 年代初开始，经过近 30 年的努力取得了一定的成绩。据统计，到 1946 年全国选育的水稻良种已达 300 个以上，大量推广收到实效的有 100 个以上,其中 30 年代育成的南特号、胜利籼、万利籼等品种在以后的 20 世纪 50 年代仍然是中国南方稻区大面积推广的优良品种,尤其是"南特号"更是中国第一个矮秆水稻品种,"矮脚南特"的亲本,对中国水稻育种贡献很大。

这期间选育的水稻优良品种主要有以下几个:①"改良江宁洋籼"与"改良东莞白",是中国最早育成的改良稻种,1925 年被正式定为推广种;②"中大帽子头",由中央大学农学院于 1929 年育成,30 年代被列为推广种,是中国第一个大规模推广的水稻良种;③"头等一时兴""二等一时兴",是中熟粳稻品种,30 年代初由中央大学农学院所属昆山稻作试验场育成,一度为太湖流域粳稻区的优良代表种。④"竹占一号",是 1925 年广东大学农学院教授丁颖在广州征集农家品种"竹占",经选穗育种,于 1930 年育成。⑤"中山一号",1933 年由丁颖育成,是中国育成的第一个野生稻与栽培稻杂交的品种。以后由该品种衍生的"包脚矮""包选 2 号"曾为广西水稻主要当家品种。⑥早籼"南特号",原名"赣早籼一号",早熟籼稻纯系,1936 年由南昌农事试验场、江西省农业院在南昌采穗选育而成。该品种丰产优质,秆强抗倒,耐肥御旱,抗病抗虫,适应性强。1938 年起在江西、湖南示范推广,至 1941 年已在赣、湘、闽、粤四省推广至 46.6 万余亩,1948 年推广面积达 100 万亩。每亩平均产量 300 余千克,比当地品种增收 50 斤以上,是 1949 年前全国分布最广、成效最著名的改良稻种,并是中国第一个矮秆水稻良种"矮脚南特"的亲本,为中国水稻育种做出过重要的贡献。⑦"万利籼",是中熟籼稻纯系,由湖南省第一农事试验场于 1931—1936 年在长沙育成。原种为攸县"红毛谷",1937 年示范推广。该品种适应性强,耐肥、抗旱、抗倒,亩产可达 600 余斤,比地方种高 69~100 斤。推广面积达 84.2 万余亩,直至 50 年代还是中国南方稻区推广的良种。⑧"胜利籼",是中熟籼稻纯系,由湖南第二农事试验场于 1932—1937 年育成。该品种耐肥耐旱,抗螟力强,亩产平均在 250 千克左右,较当地品种增产约 25 千克。推广面积达 153.5 万余亩,直至 50 年代仍是中国南方稻区大面积推广的良种。

这些良种的育成和推广对促进农业增产起了极重要的作用,也为以后稻作育种的进一步开展打下了坚实的基础。

三、小麦的选种育种

小麦是中国最早运用现代科学选育良种的农作物之一。在开展此项工作的早期,主要是由金陵大学、中央大学等农业院校进行。进入 20 世纪 30 年代,中央农业实验所成立，使小麦育种工作在更大的规模上开展起来，各地方农事试验场分散进行的试验呈现出统一协调的局面。这一时期选育出了不少小麦良种。抗战暴发后，北方麦区的小麦育种事业受到严重影响，几乎停顿，育种工作转向局势相对平静的西南各省，普及和推广良种成为此时育种工作的重点。在育种方法上，美国育种专家洛夫倡导的纯系育种法的推行以及生物统计方法的普遍采用，使小麦育种走上更缜密、更科学的道路，成为小麦育种工作的转折点。

（一）农业院校的选育活动

1. 金陵大学的选育工作

最先开展小麦近代育种研究的是金陵大学。1914 年夏，该校美籍教授芮斯娄（Reisner J.）在南京附近的农田中采集小麦单穗，经七八年试验，育成"金大 26 号"小麦良种。这是近代科学育种方法在中国最早的应用，并取得成功。1925 年由沈宗瀚主持，在南京通济门外农田中选取小麦单穗开展良种选育工作，1934 年育成纯系品种"金大 2905"。该品种成熟早，抗倒伏，并具有较强的抗锈病性能，在长江流域各省获得大面积推广，1934—1937 年推广面积达 130 余万亩，是当时中国粮食作物中推广面积最大的一个品种。抗战期间又推广到四川、广西等地。该校的西北农事试验场（在陕西泾阳县永乐店）也育成了"蓝芒麦"良种，于 1936 年推广。

除上述品种外，截至抗战暴发而西迁之前，金陵大学与各地试验场合作，还先后育成了"金大南宿州 61 号""金大南宿州 1419 号""金大开封 124 号"等小麦良种。入川之后，金大农学院又相继进行了小麦穗行试验、品种比较试验、区域比较试验、杂交后代试验等，开辟了纯系保存区和纯种繁殖区。整个抗战期间，试验工作从未中断。

2. 中央大学的选育工作

中央大学麦作试验始于 1919 年南京高等师范农科时期。1920 年该校获得上海面粉厂的资助，在南京建立小麦试验场。1921 年又于南京大胜关设立农事试验场，试验由邹秉文、原颂周、金善宝等主持。他们从搜集到的小麦农家品种中评选出"南京赤壳""武进无芒""姜堰黄皮"和"江东门"等优良品种。其中"江东门"早熟性极为明显，并且这一特性遗传力强，至今仍作为中国小麦育种的重要早熟种质资源之一，江苏、辽宁等地的小麦育种家利用它或其衍生品种做亲本，育成了不少早熟的小麦品种。

1927 年该校与苏州农校、无锡小麦试验场合作，对早先引种的"美国玉皮"麦进行选育，育成了"中大美国玉皮"，于 1933 年开始推广。30 年代后期。金善宝对从国内各地征集的小麦品种和从国外引入的 1 000 多份材料进行了深入细致的观察、鉴评，从中选育出了"碧玉麦""矮粒多""中大 2419"（后改名为"南大 2419"）等优良品种，其中的"中大 2419"原产意大利，名"明他那"（Montana），经金善宝引种，在南京农事试验场中表现优良，又经在重庆、成都等地的选择、繁育，确定为推广品种，于 1942 年在长江中下游及西南、华南地区大面积推广，展现出明显的增产性能。新中国成立后，从长江两岸迅速向南北麦区扩展，在 50 年代中后期和 60 年代初期，成为中国推广种植面积最大的小麦良种之一，每年推广面积超过 7 000 万亩。50 年代末，该良种在西藏高原试种也获得了成功。

1937 年因抗战暴发，中央大学西迁重庆，继续在川东地区开展试验工作。

3. 西北农林专科学校的选育工作

西北农林专科学校（西北农林科技大学的前身）的育种工作也颇有成就。该校从 1934 年起，经 7 年时间，在陕、甘、宁等省采集小麦单穗 3 万余个进行纯系育种，育成了"武功 27 号"小麦，是当时西北地区最好的小麦良种，于 1939 年秋开始推广。此外，还从世界小麦材料中发现多种适宜西北环境的品种。1942 年，该校赵洪璋开始进行小麦杂交良种"碧蚂 1 号"的选育工作。其亲本是关中川道地区蚂蚱麦，旱塬地区品种"泾阳 60 号"和"碧玉麦"（Quality，美国品种）、"中农 28 号"（Villa Glori，意大利种"25H112"与"金大 2905"的杂交种）。两个引进品种和两个当地品种彼此之间的优良性状恰好弥补了彼此之间的不良性状，为选育"碧蚂 1 号"建立了一个良好的遗传基础。于 1948 年选育成功，成为黄河中下游广大麦区普遍推广的良种，特别是新中国成立后更获得了大面积的推广。

除上述院校外，这一时期还有河南大学农学院、浙江大学农学院、齐鲁大学农学院、燕京大学农学院、山西太谷铭贤学校等也都开展了小麦的育种研究工作，取得了相当的成绩。

（二）中央农业实验所的选育工作

中央农业实验所于 1931 年成立，随即在南京孝陵卫设立试验场，开展麦作育种工作当年该所从国外征集了一些小麦品种，（其中美国 207 个，苏联 205 个），又在黄河及长江流域采集小麦单穗 3 959 个。1932 年，在洛夫（时任该所总技师）指导下进行小麦区域试验，试验点涉及 8 省 39 处，试验持续数年，以后又将试验范围扩大到 11 个省。1932 年秋，中农所与中大、金大合作又向英国理亭大学潘希维尔（Persival J.）教授购得由他征集的世界小麦品种 1 700 余个，采用纯系育种，经数年选择，选出"25H112"。该品种原产意大利，具有抗病、抗倒伏、分蘖力强的特点。1934 年中农所技正沈骊英将该种与"金大 2905"杂交，并将 F6 代移至成都地区进行区域试验，表现良好，遂定名为"中农 28"，于民国二十八年（1939 年）开始推广。沈骊英还主持了其他杂交育种试验。他用亲本"金大 2905"（早熟丰产）、"中大江东门"（早熟）、世界小麦"20V155"（抗病及籽粒白色），从 1935—1937 年在杂交后代中选拔纯系。1938—1940 年在西南各省渐次加入单行、二行、四行及高级试验。1941 年冬，选拔其中最优者 14 个品系加入全国小麦区域试验，这些被选出的品系表现出了抗病力强（对条锈病、黄锈病、散黑穗病皆具抗性）、早熟（比普通品种早熟一星期）、质佳（具有母本"20V115"的优良品质）、适应性广等特性。中农所还开展了抗病育种试验。先在南京进行了四年，迁至四川后，又在贵阳及荣昌两地开展了抗赤霉病育种研究，发现云南弁定大麦能完全抗赤霉病，其他抗病品种还有"平坝 130""息峰 139""遵义 136"等；还发现红壳小麦比白壳小麦更具抗病性。

中农所作为中央一级的农业科研机关，对推动中国育种工作的开展起了积极的作用。它所征集的 1 700 余个世界小麦品种为国内各农事机关的小麦育种试验提供了丰富的种质资源。抗战期间，它不仅在川、黔、陕等省继续试验研究，选育出了"中农 28"小麦品种，它的科技人员还分赴西南各省协助当地育种机关工作，推动了这些地区育种工作的开展。该所还邀请了英国生物统计专家韦适来华讲授田间技术及生物统计学，培训中国的技术人员。这些工作对提高中国的育种技术水平起了积极作用。

（三）其他育种单位的选育工作

山东农事试验场从 1932 年起开始进行小麦纯系育种，他们在省内各地选取小麦单穗实行纯系分离，经多年试验，至抗日战争暴发前育成"济系 1 号"至"济系 9 号"9 个品种，另外还育成"南保 124 号""桑保 324 号"等小麦良种。但济系小麦后因日军侵入山东而未能做进一步的选育提高和推广。日伪统治时期，山东省立各农场受日伪华北农事试验场委托，进行了小麦地方适应性试验，结果以"济系 1 号""2 号"和"4 号"产量为最优。

从 1938 年起，日伪华北农事试验场山东各支场从各地征集小麦良种采用集团淘汰法或系统淘汰法开展麦种改良试验。1942 年前后，济南支场育成"华农 2号""华农 6 号"两个品系，推广于鲁中和鲁南地区；青岛支场育成"华农 3 号"推广于鲁东沿海地区。该品种耐寒耐旱，又抗黑粉病和黄锈病，产量超过普通麦种 28%。1943 年，青岛支场又相继选育出"华农 7 号"和"华农 8 号"麦种。"华农 8 号"抗寒抗旱，抗黑粉病，产量超过普通品种 20%。

四、棉花的选种育种

棉花是中国近代最早从国外引进新种的作物。甲午战争前后，英、日等国相继在华兴建纱厂，与此同时，棉纺织工业也开始兴起。纺织工业的发展引起了对原棉的急剧需求。但由于中国原先栽种的亚洲棉（中棉）品质差、纤维短，不能适应机纺要求，每年不得不进口大批美棉以补其缺，花费甚大。于是，一些实业家和有识之士开始提倡引种美国陆地棉以解决上述问题，美棉由此开始引入中国。

美棉引进之初，因多数未经驯化和提纯，导致品种严重退化而归于失败。有鉴于此，人们发现引种之前必须用科学的方法事先经过试验，才能收到预期的效果。1914 年，实业家张謇出任北洋政府农商部长，特在正定、上海、武昌、北京等地开办棉作试验场，以试验引种陆地棉为其主要任务。1919 年，上海华商纱厂联合会成立植棉改良委员会，在宝山、南京等处设立试验场。一时间全国各地纷纷设试验场。形成一个棉作改良的小高潮。其后棉种改良研究工作逐渐集中于金陵大学、中央大学以及 30 年代初成立的中央农业实验所和中央棉产改进所等机关，先后育成了一些改良棉种。

在棉种改良过程中，来华的外国专家对这项工作的开展起了积极的促进作用。1915 年，北洋政府聘请美国专家约翰逊（Johnson H. H.）为顾问指导棉花改良工作。1919 年，美国棉作专家顾克（Cook O. F.）受金陵大学之聘来华指导试验，确定"脱字棉"和"爱字棉"为最适宜在中国引种的两个美棉品种。1931 年另一位美国育种专家洛夫（Love H. H.）受聘为中农所总技师，来华主持棉种区域试验，确认"斯字棉"和"德字棉"更优于"脱字棉"和"爱字棉"，从而确定了这两个美棉品种自 40 年代后为中国最主要的两个推广品种的地位。

（一）引种和选育

1. 陆地棉的引种

陆地棉又叫美棉、高原棉，原产于美洲。清同治四年（1865 年）始引入中国。据 1866 年《天津海关年报》引英国人 Thands Dick 的记述，他认为中国的气候条件和"美国更为相似，在中国的棉花播种季节也和美国一致。因而我们十分关注去年（即 1865 年，清同治四年）将美棉种子引来上海"的情况。这是迄今为止有据可查的中国最早引入美棉的文字记录。但最早将陆地棉大量引入中国的是湖广总督张之洞。清光绪十八年（1892 年），张之洞在湖北武昌创办机器织布厂。为解决原料来源，他电请清政府出使美国大臣崔国因在美选购美棉佳种34担寄运来华，分发给湖北产棉较多的各县试种。但这次引种因"所购棉子到鄂稍迟，发种已逾节候，且因初次，不知种法。栽种太密，洋棉包桃较厚，阳光未能下射，结桃多不能开，是以收成稀少"。翌年，张之洞再次电请崔国因，又从美国购运陆地棉籽百余担到湖北，发给棉农种植。光绪二十二年（1896年），张謇创办"大生纱厂"，引入陆地棉，以供纱厂纺织原料之需。光绪三十年（1904年），清政府农工商部也从美国输入大批陆地棉种（"乔治亚""皮打琼""奥地亚"等品种），分发给江苏、浙江、湖北、湖南、四川、山东、河北、河南及陕西诸省的棉农试种。

1914年张謇出任北洋政府农商部长。为扶植民族棉纺织业，他大力提倡植棉并兴办了4个部属棉业试验场，又从美国引种"脱字棉"分发各产棉省试种。在此期间，江苏、山东等省的地方官厅和商民团体也曾引入陆地棉。一时间，美棉的种植出现了明显增长的趋势。如湖北省，1918年美棉年产已达80余万担之多，光华县"境内全为洋棉"，天门"北部多种中棉，南部则全为洋棉。所产中棉供岳口土布之用，其运汉之棉全为洋棉"。

为了提高陆地棉的品质，上海华商纱厂联合会于1919年在浙江、江苏、安徽、江西、湖北、湖南、河南、直隶等省26处进行棉花品种试验，对从美国农业部购得的"京字棉"（King）、"爱字棉"（Acala）、"脱字棉"（Trice）、"杜兰哥棉"（Durango）、"哥伦比亚棉"（Columbia）、"隆字棉"（Lonestar）、"埃及棉"（Egyptian）及"海岛棉"（Seaisland）等8个棉种观察比较。是年8月，美国农业部专家顾克来华调查棉产及研究品种试验情况，顾克认为，上述诸棉种中，"脱字棉"和"爱字棉"最适于中国栽培，其中"脱字棉"在黄河流域较优，而"爱字棉"适合于长江流域。又对这两个棉种的栽培技术做了研究指导。由此美棉开始在中国生根，种植面积日益扩大，成为中国棉产的主要棉种。

在"脱字棉"的引种中，有些试验机关做了颇有成效的工作，如山东临清棉业试验场从1918年起选育"脱字棉"，该场用纯系单本优选法每年选拔单株1 000株，逐年淘汰劣系，至1926年，培育出"脱字4号""脱字47号"两个纯系。其中"脱字47号"枝梗壮，果枝多，成熟早，产量高，表现更为突出，遂于1926年移植齐东农场作大量繁殖。1927年，齐东农场选出丰产、早熟的单株3 000株，分别采收棉籽，冬季在室内考种，最后选出单株300株，翌年再进行株行试验，从中选出十余行，在开花期再选出最优良单株，实行挂牌包花，以防花粉杂交，收获后，经籽棉检查选出整齐优良者继续栽选。以后棉场又进行了五秆行、十秆行试验和高级试验。经五年纯系育种，在1932年选出优良品种"脱字36号"。此棉种果枝多,纤维纯白细柔,纤维长达27.94毫米以上,衣分达32%,产量比普通脱字棉高30%左右。

自顾克来华确定"脱字棉"和"爱字棉"为最适品种后,这两个品种的栽培一度极为普遍。1931年,美国作物育种专家洛夫受聘来华,任中央农业实验所总技师,对顾克的主张提出异议。他认为上述两个品种是顾克根据他的育种经验确定的。一则当时对从美国引进的8个品种的试验仅有一年的时间,时间太短;二则供试品种只有8个,似嫌太少;三则没有比较系统的试验数字可资依据,因此顾克的意见不一定可靠。况且到30年代初,"爱字棉"和"脱字棉"已推广了十多年,很少再引进新的品种。而此期间,美国的棉花新品种辈出,其中或有适合于中国各省棉区的新品种。因而他认为有必要再次举行规模较大、方法严格、周密的棉花品种区域试验,以选育和确定新的推广品种。中农所采纳了此项建议。自1933年起,从国内外征集了31个美棉品种,在江苏、浙江、安徽、江西、湖南、湖北、河南、山东等省12处地方联合试验,由洛夫亲自主持。1935年洛夫回国,试验由中国棉作专家冯泽芳主持,直至1937年抗战暴发而中止。

此次棉花品种区域试验中,发现"斯字棉4号"和"德字棉531号"表现上乘,在产量和品质上均优于"脱字棉"和"爱字棉"。其中"斯字棉4号"在12处试验点中有6处成绩甚佳。1935年又在陕西泾阳,山西临汾,河南安阳,河北保定、定县,山东济南、高密、齐东,江苏徐州,共9处设置试验点,结果"斯字棉4号"的产量比标准品种平均每亩增加53斤左右,平均增产率达45.6%。由此得出结论,在黄河流域种植的供试品种中,以"斯字棉"表现最好,从而确定了它在黄河流域的推广价值。而"德字棉"在长江流域表现甚好,根据杭州、南通、南京、安庆、重庆等9处试验点的试验结果,平均每亩比标准种增产13.54斤,高于其他美棉品种。特别是在南京的3个试验点(中农所、中大农学院、金大农学院)及安庆点,表现更佳,平均每亩比标准种增收49.4斤,增产率达40.98%,由此而确定了"德字棉"在长江流域的推广价值。

2. 选育

顾克在指导中国育种界进行"脱字棉""爱字棉"引种的同时又指出,鉴于长江下游的苏南及浙江沿海地区气候湿润易使美棉棉桃腐烂的情况,以及美棉生长期长不适宜一年二熟种植的特点,该地区仍以种植亚洲棉为宜,但必须对农家栽培的亚洲棉进行改良。为此金陵大学、东南大学(后改为中央大学)等棉作改进机关在对引种的美棉进行驯化推广的同时,又开展了对亚洲棉种的改良工作。他们以选择优良母本为起点，采用自花授粉纯系选择法，培植优良纯系品种，选育出"百万华棉""江阴白籽""南通鸡脚棉""孝感长绒"等良种，形成了一个棉种改进的小高潮。但尽管育出了一些亚洲棉的改良种，却终不能使其品质改善到如陆地棉那样适于机纺细纱之用，利用价值不大。所以20世纪30年代以后，亚洲棉的育种不再受到重视，育种界把注意力主要投放到陆地棉的驯化和推广上。

1936年，中央大学农学院用"鸡脚洋棉"与"德字531"杂交，翌年再用F1与"德字531"回交。1938年，中央农业实验所将上述材料带至重庆并连续进行第二、第三次回交，后又转移到遂宁和简阳试验，于1946年育成了"鸡脚德字棉8207号"棉种，并在全四川推广。该品种增产显著，还特别抗卷叶虫，成为长江流域种植的优良棉种。

（二）推广

经引种试验证明，"斯字棉"和"德字棉"为最适宜当时中国栽培的两个陆地棉品种，于是乎自20世纪30年代中期直至50年代初，这两个品种就成为最主要的推广种。中国棉作育种界也把推广这两个棉种作为最主要的工作内容。

1. 斯字棉的推广

1936年，全国经济委员会棉业统制委员会为推动"斯字棉"的推广，特拨款1万元向"斯字棉"的原产地美国密西西比州斯东维尔种子公司（Stoneville Pedigreed seed CO.）购进4.2万磅种子发往北方各地种植繁育，准备大量推广。其中1万磅由陕西省棉产改进所领得，在该所的泾阳棉场繁殖，并与金陵大学西北农场及特约农家数处合作，共繁殖110亩，当年即收种子5万千克，遂于第二年在泾阳县推广，种植近1.3万亩。为确保推广品种的纯度和推广质量，此次美棉推广采取了先行繁殖，逐步推广，渐次扩大栽培范围以及严格棉种管理等一套制度。为此于1937年特成立泾惠渠棉种管理区，专门负责棉种管理事宜。1938年推广面积又增至4.3万余亩，而同期其他品种的种植面积都在缩小，独有"斯字棉"呈扩大之势。推广范围除泾阳地区外，又兼及附近的三原、高陵、临潼、咸阳、兴平、武功6县。1939年，推广面积又扩大到渭南、长安、宝鸡、户县等县，总计推广面积达11县19万亩。1940年又扩大到17县85万余亩。1941年猛增到160万亩，1942年达300万亩，至1943年，关中地区的300多万亩棉田全部种植了"斯字棉"。

2. 德字棉的推广

1935年，棉业统制委员会从美国斯东维尔种子公司购得"德字棉531号"

种子 2 000 磅①，由南京中央棉产改进所繁殖，面积计 102 亩，在中央大学光华农场繁殖 50 亩，又与农民合作繁殖 20 亩，以及其他零散之处繁殖，总共达 190 亩，是年共繁殖棉种 85 担，这是美国"德字棉"在中国繁殖的起点。1936 年，河南省棉产改进所在灵宝举行省际美棉品种比较试验，结果"德字棉"虽产量稍逊于"斯字棉"，但其纤维长，成熟早的特点表现得极为突出，遂选定"德字 531 号"为推广种，从 1937 年开始，在陕县、灵宝地区推广，并建立起棉种管理制度，严密监测推广过程中的棉种纯度。豫西地区的检查结果是 1938 年为 95.31%；1939 年为 95.98%；1940 年也为 95.98%。如此高的纯度防止了在推广过程中由于工作不慎造成的优良种性的退化，确保了推广质量。

四川省是推广"德字棉"的又一个重要地区。该棉种在四川地区表现尤佳，在产量，早熟，抗风雨能力，抗旱等方面都十分突出，特别是衣分达到 33%～35%，甚至超过了原种性状（原种衣分为 32%～34%）。如 1940 年中央农业实验所在射洪太和镇、柳树沱等地的产量调查，"德字棉 531 号"平均每亩产籽棉 155 斤，而当地中棉产量亩平均仅 70 斤，"脱字棉"也只有百余斤，所以很自然地取代了原先种植的亚洲棉和已退化的"脱字棉"，并很快在全省推广。据《农报》记载，1937 年全省推广面积不过 9 015 亩；1938 年为 67 485 亩；1939 年为 133 582 亩；1940 年达到 52 万亩。但由于抗战暴发，粮价暴涨，遂使农民纷纷将棉田改种粮食作物，使"德字棉"的推广受到限制而未能扩大。

总之，不论是"斯字棉"还是"德字棉"，不仅纤维品质表现上乘，在产量上也表现了高产性能，推广之后，棉花单产大幅度提高，总产也成倍增长。到 1936 年，全国棉田为 600 余万亩，全国皮棉产量从引种推广陆地棉以前的年产 700 万担，猛增到 1 450 万担，增产幅度为前所未有。

3. "珂字棉"与"岱字棉"的推广

1939 年，中国又从美国引进"珂字棉"，稍后又引进了"岱字棉"。经试种，它们的产量和品质均优于"德字棉"，尤其是"岱字棉 15 号"纤维细柔。因此新中国成立后"岱字棉 15 号"就迅速取代了"斯字棉"和"德字棉"，而成为种植面积最大的棉种。

五、其他作物的育种

民国时期，其他作物的品种改良也取得了一些成绩。如对大豆、高粱、玉

---

① 磅为非法定计量单位，1 磅＝0.453 6 千克，下同。

米、粟等作物都开展了不少研究活动，培育出一些优良品种，具体情况如下：

（一）大豆

金陵大学是最早开展大豆育种的单位。1924 年在南京试验总场育成"金大 332 号"大豆品种，产量高于普通品种约 40％，一度在南京及成都地区推广达 10 万亩以上。之后，金大南宿州农场又育成"南宿州 647 号"大豆品种。此外，西北农林专科学校与中央农业实验所合作，先后育成"武功"系列大豆良种，产量均超过当地品种 30％以上。山东齐鲁大学也育成了大豆品种"116 号"，该品种具有抗缩叶病、粒大、油分高等特点，产量比当地普通种高出 20％。

（二）高粱

燕京大学于 1931 年秋开始高粱育种，育种工作在燕大试验场进行，历时 7 载，育出"金大燕京 129 号"品种（燕大试验场后划归金陵大学），比当地品种平均增产五成以上。金陵大学也在南宿州农场育成"金大南宿州 33184 号"，在开封合作农场育成"金大开封 2612 号"等品种。

（三）玉米

1936 年，四川稻麦试验场张连桂、李先闻分别从四川各县征得农家种 132 个，1937 年进行自交系选育，获得 92 个自交系。1943—1946 年他们在成都、绵阳两地进行双交种比较试验，最后决选出"458""452""411"及"404"等优良双交种，一般增产 23％～30％。另四川省稻麦改进所杨允奎长期从事玉米自交系和杂交种选育，育出了"可 - 36""金 - 2"以及"江"字"遂"字多个自交系，并育成"川大 201""川大 623 等优良双交种。金陵大学与山西太谷铭贤学校合作，从美国玉米品种中，选育出了著名的"金皇后"良种。

（四）粟

1931 年，金陵大学在原燕京大学试验场开展粟的育种试验，于 1936 年育出"燕京 811"品种。该种具有丰产、优质、抗白发病的特性，"金大"又在开封育成"金大开封 2612"。齐鲁大学于 1936 年育成"济南 8 号""济南 10 号"良种，该种分蘖力强，能抗黑穗病和白发病，产量比普通农家种高 20％～40％，出米率达 75％～80％。40 年代，日伪华北农事试验场济南支场选育成功"华农 1 号"粟种；青岛支场培育成功"华农 3 号该种适宜在沿海地区种植。抗战结束后确定为推广种，改称"青农 21 号"。

综观中国近代作物育种发展的历史，可以得到以下两点启示：

其一，中国早期的作物育种事业，各自为政，缺乏计划和统一领导。自中央农业实验所、全国稻麦改进所等机构成立后，才使这一局面得到改善，育种事业呈现出发展态势。这说明，科学的管理和组织是使先进技术得到充分发展的必要条件。

其二，中国的育种科学是在吸收外国近代作物育种理论与技术后诞生的，特别是一些外国专家的来华，不仅传播了先进的理论和方法，而且直接参与了中国育种的实践，这对中国近代育种事业的发展是一个极大的促进。这说明，科学是开放的，只有在不断的交流和引进中才能获得大的发展。

总之，中国近代的作物育种事业是在半封建半殖民地的国度内诞生和发展起来的，饱受了军阀混战，外敌入侵，政局动荡，经济拮据，机构变迁之苦。但在十分恶劣的条件下，中国的育种工作者凭着他们的爱国热情和责任感，勤奋顽强地工作，为振兴祖国农业做出了重要的贡献。

第五章　国外种子文献摘编

国外较早驯化和栽培作物的国家和地区主要是印度、近东、墨西哥、南美洲及非洲的阿布西尼亚地区，这些国家和地区的人们较早地积累了种子的相关知识。从现有的国外文献来看，古代早期有关种子的知识在圣经、古埃及的著作、荷马史诗、希罗多德等史书中有所涉及。18世纪末至19世纪中叶是近代种子学的萌芽及奠基时期。19世纪60年代，德国F.诺伯（Nobbe，F.）首建种子检验实验室，后来编撰《种子学手册》，推动种子技术发展成为农业领域的一门分支学科。现代以来，由于种子在农业生产中日益显著的作用，种子科技已是内容更新快捷的科技门类。

第一节　公元 1600 年之前

公元1600年之前，以欧洲各国为代表的世界国家，无论是在农村社会结构方面，还是在农业生产方式方面，均出现了诱致性的历史变迁。其中较为典型的，一是从公元5世纪到11世纪由奴隶制开始步入封建领主庄园制，二是从公元11世纪到16世纪前后封建领主庄园制逐渐增加新的社会与生产发展因素，最终实现走向资本主义农业的深刻变革。伴随着两次重大制度性变革，各国在农学思想、种子学知识以及生产技术、管理水平方面，均有一定程度的发展和提升。

一、识种

1. 公元前 8 世纪，古希腊希西阿德（Hesiodos）《田功农时》叙事诗中有涉及品种描述的材料。

诗中提到："你想及时得到地母神（农神）的全部果实，使每一品种都按其季节长成，就得播种一片、耕作一片、刈割一片。"

2. 约公元前 4 世纪至公元前 3 世纪间，古希腊德奥弗拉斯特提出从麦粒、麦穗、形状和生产能力来区分小麦、大麦变种、类型。

约公元前372年至约公元前288年，古希腊植物学家德奥弗拉斯特（Theophrastus）对植物曾有不少研究。撰有《植物史》《植物原理》等著作。他在

《植物史》中对作物品种类型有所描述，曾提到：大麦和小麦"有各种变种，可从它们的麦粒、麦穗、形状和生产能力等加以区别。大麦的不同变种可以分别具有二排、三排、四排、五排，甚至六排种子。印度大麦是另一种变种，因为它有分蘖。有些变种的麦穗大而不紧凑，有些则小而密集。另外，有些麦粒圆而小，有些呈椭圆形而较大；有些白色，有些则呈红色。"

3. 公元前 4 世纪至公元前 3 世纪间，古希腊德奥弗拉斯特提到花可育、不育种子栽育和非种实栽育的差别。

德奥弗拉斯特在《植物史》第十三章中，广泛说明了花的差异，并注意到有些花是不育的。黄瓜和柠檬的花，在中部如长成纺线杆状的，是可育的；不长成这个形状的，就是不育的。还区分出有些植物可以果实栽育，而有些植物如以种子长成则是很低劣的，如葡萄、苹果、无花果、安石榴、楄桲和梨子。种子长成的散横树也是退化的，扁桃的桃核长成的植株所结的扁桃味道很差。

4. 公元前 4 世纪至公元前 3 世纪间，古希腊德奥弗拉斯特在《植物的成因》一书中曾叙及可遗传的变异。

文中说："有时在果实中自发出现一些变化；有时则在整棵植株中出现变化，然而这是十分罕见的。先知们从这些变异中看到了吉凶先兆；当这些变异偶然出现时，通常被认为是不合天时；然而当它们大量出现时，就不再是这种情况了。有些草本植物如果没有得到细心照料，有时会回复到野生状态。"他还就斯佩耳特小麦和一粒小麦，在不同地区播种和对其种子的不同处理所引起的变化，阐释了小麦的演变。

5. 公元前 4 世纪至公元前 3 世纪间，古希腊德奥弗拉斯特在《植物的成因》一书中认为不同生长地产生一些物种的差异。

他写道："不同的生长地也许是产生所有物种或一些物种的原因。因为某一些生长地倾向于消除在该地播种的谷物间的差别；它偶尔也会产生有利于植物的特殊差异，特拉西小麦就是这种情况。这种小麦变种出芽迟，麦粒外面包有很多颖包。这些特征都是由冬季的严寒所造成。此外，在其他地区早播种的特拉西小麦也是出芽迟，成熟期长；从其他地区拿来的小麦种在特拉西，出芽也很迟。在这些情况下，有规则地出现的东西就成为事物的天然程序的一部分。"

6. 公元前 4 世纪至公元前 3 世纪间，古希腊德奥弗拉斯特记载了椰枣人工传粉技术。

德奥弗拉斯特熟识椰枣的几个种，而且提出要用不结实的椰枣树的花粉给以人工帮助才能成功地授粉。他把仅开花的椰枣称为雄的，结实的称为雌的。

德奥弗拉斯特关于椰枣树人工传粉有利于果实成熟的叙载，是这方面现存最早的文献记录。

7. 公元前 160 年，古罗马大加图（Cato M. P.）在所著《农业志》一书中曾对当时种植葡萄、橄榄等果树的种类和栽培管理技术加以记述。

书中第 6 提到"在肥沃温暖的土地上，要种植果饯用的橄榄，次种长橄榄、撒伦提尼橄榄、奥尔齐斯橄榄、波西亚橄榄、谢尔吉乌斯橄榄、考尔米尼乌斯橄榄特别要种人们说是当地最好的那种橄榄。"约两个世纪后，科路美拉（Columella L. J. M.）在著作中亦曾提到许多橄榄品种。表明罗马人娴于作物选植，他们培育了所有主要园艺作物和大田作物的一些独特的品种。

8. 约公元前 36 年，古罗马农业家 M. T. 瓦罗（Varro M. T.）《论农业》中，提到植物繁殖的四种方式。

该书中第三十九章"繁殖的方法"阐明："植物有四种繁殖方式——一种天然的种植，三种人工的。这三种是：把带活根的植物，从一块地移植到另一块地；从一棵树上割下幼枝种在地上（插枝）；自一棵树截下一段来嫁接到另一棵树上，因而我们必须仔细考虑这些操作的每一项所需要的时间地点的条件。"

9. 约公元前 36 年，古罗马 M. T 瓦罗在《论农业》中叙述不同植物播种、接枝、收割活动的时间差异。

M. T. 瓦罗在《论农业》第三十九章"繁殖的方法"中提出："一年当中哪个季节自然地适应于某一特定种子的播种？……因为只要是季节对，则每一种植物都能顺利地生长。……因之一些植物的播种、接枝，或是收割就比另一些植物要早点或迟点。"

10. 约公元前 36 年，M. T. 瓦罗在《论农业》第四十章"播种、栽培和接枝"中把种子分成"看得见的"与"看不见的"两类。

文中提到："作为再生之源的原始的种子可分为两类：它或是看得见的，或是看不见的。"

"看得见的种子，由于同农民有关系，所以需要我们密切加以注意。某些种子，确实再生能力十分强，可就是太小，以致看起来都很困难；例如，柏树的种子——长在这种树上的坚果，一种小圆球，就不是真的种子，真种子在这果子里边。大自然赐予这些原始的种子；而另一些种子则是由农民通过试验而发现的。"

11. 约公元前 36 年，古罗马 M. T. 瓦罗提到作物种子不要日久失效、不要混杂、不要拿错的见解。

M. T. 瓦罗《论农业》第四十章"播种、栽培和接枝"中提出："最初的种子是不假农民之手，在种植之前即已生长出来的种子；第二批种子则取之于前者，这类种子在播种它们以前不会生长出来。关于原始的种子，我们必须注意使它们不要因为日子久了而失效，注意不使它们同其他种子相混，注意不要错拿仅仅是看来同它们差不多但实际上是别的种子。……对于某些作物，时间的影响是很大的，以致能改变其性质。”

12. 约公元前36年，M. T. 瓦罗在《论农业》中，主张最好的穗子，一定要单独脱粒，以便获得播种用的最好种子。

该书第五十二章“打谷”对场选种子提出：“最优良的、长得最好的谷物的穗拿到打谷场之后要跟其他的穗分开这样农民可以选出最好的种子。穗要在打谷场上打。”

13. 约公元前36年，古罗马M. T. 瓦罗提出所处地区播种量要靠实际经验来决定。

瓦罗在《论农业》第四十四章中说：“豆类每优盖鲁姆播种四配克，小麦是五配克，大麦是六配克，斯佩耳特小麦是十配克，但是在某些地区可能要多一点或少一点——土壤肥沃就多一点，贫瘠就少点。因此在你所处的地区习惯上要播种多少种子，这要靠你自己的实际经验来决定，因为在一个地区，土壤的种类关系十分重大，以致同样的种子在某些地区生产十倍，但在其他一些地区却是十五倍，……此外，你是播种在处女地上，还是每年都种在田地上，还是偶尔休耕的土地上，这一点也颇关重要。”在欧洲，用播种量与收获量相比表示农田收成状况，曾持续了许多世纪。

14. 公元1世纪，古罗马普林尼（Pliny the Elder）撰《自然史》中叙述最好种子的标准。

书中写道：“最好的种子是上一年收的；二年前收的种子比较差，三年前收的就更不行了，三年以上收的种子是没有收成的。适用于各种种子的一般规律是：脱粒下来的，在底层的第一批谷粒应留作种子，因为它们最重，所以是最好的种子；再没有别的更好的选种办法了。谷粒长得稀稀拉拉的穗子不应留种。最好的谷粒颜色是红的，而且用牙嚼碎后还保持红色；里面白色的谷粒则是低劣的。”

15. 公元1世纪，古罗马普林尼描述植物树木、果树的品种类型，曾提到酿酒用葡萄。

公元1世纪，普林尼在《自然史》第15卷中命名并描述了15种橄榄、4种南欧松、4种榅桲、7种桃、12种李、30种苹果、41种梨、29种无花果、18种栗和11种核桃。第14卷谈的全是葡萄，特别是可酿造美酒的50个品种。

他在《自然史》中介绍用酒浸种可以防止某些真菌病害。该书还提到："把普通的楄桲嫁接到果实很小的苹果树上产生了新种——莫尔维楄桲；这也是唯一可生吃的楄桲。"

16. 约公元 60 年，古罗马 L. J. M. 科路美拉（Columella L. J. M.）提到小麦、葡萄的不同品种，主张谷物要选穗留种。

在《农业论》中，科路美拉提到了小麦的几个品种，实际上有些品种属于不同的种，比如冬小麦（一粒小麦）。当时已知道斯佩尔特小麦的 4 个品种；它是按照颜色、品质和重量来区分的。还提到，葡萄品种之多犹如撒哈拉沙漠里的沙粒。还说许多品种移栽到别处时，会丧失其明显的特性。

科路美拉在《农业论》中写道："当谷物收好放在脱粒场上时，你得马上准备好下一次播种的种子。例如……当收获量是一般年成时，你应把最好的穗子收集起来，以备下次播种之用。但是，如果收成不同往常，那就应该把打下的谷粒放在一个容器里摇动，把沉在底层的谷粒作为种子。很清楚，强壮的种子产生强壮的种子，纤弱的种子产生的种子也是纤弱的。"

二、引种

1. 公元前 1500 年，埃及女王哈特谢普苏特（Hartshepsut）曾派遣探险队到东非去搜集香料树种，并引种于本国。

2. 61 年，日本最早向国外寻求优良栽培植物。

《日本古事记》及《日本书记》中"垂仁天皇"一章有如下记载："垂仁天皇九十年（公元 61 年），田道间守奉天皇之命远赴异国以求桔实，历十载，携归之。"

《大日本农史》中也转述类似的记载，称田道间守接受天皇派遣到汉土的江南寻求"非时香果"。待到垂仁天皇九十九年，田道间守取得"非时香果"携蜜柑返国，完成天皇注意农事之余，虑及向海外找寻非时香果的夙愿时，天皇那年已经辞世。《大日本农史》《日本博物学年表》叙载此事，将这次引种柑橘看作是日本主动向外域寻求优良栽培植物种实的发端。

3. 805 年，日本开始从中国引种茶树。

唐德宗贞元二十一年（805 年），日本僧人最澄来中国浙江学佛，旅居在当时著名产茶地浙江天台山的国清寺。由于最澄酷爱饮茶，回国时带走了大量茶籽，种植在日本贺滋县的一片地方（现为池上茶园）。日本开城天皇大同元年（806 年），日本和尚还空弘法大师来中国留学，又将我国的茶籽及制茶方法传回日本。他将带去的茶籽播种在京都高山寺和宇陀郡内牧村赤埴，将制茶工具保存在赤埴佛隆寺内供用。由于茶籽在日本种植成功和茶叶加工技术有所普及，弘仁六年（815 年）六月嵯峨天皇诏令畿内、近江、丹波、播磨等地种植茶树，年年贡献茶。

4. 8 世纪，阿拉伯人将水稻等传至西班牙。

8 世纪，西班牙的阿拉伯人在西班牙种植葡萄，还传入水稻、杏、桃、石榴、桔、甘蔗、棉花、番红花等作物和水果。伊比利亚半岛东南部的各大平原，气候温和、土壤肥沃，因此发展成为城乡活动的许多重要中心。

5. 1096—1270 年间，欧洲十字军 8 次东侵，水稻、甘蔗、芝麻等多种作物传到欧洲一些地方。

那一时期，意大利、法国等国同东方贸易增多，亚洲许多先进的生产技术如纺织、丝绸、印染、制糖，以及稻、谷子、甘蔗、芝麻、冬葱、甜瓜、杏、柠檬等多种作物先后传到欧洲。

6. 1191 年，日本又一次从中国引进茶的种子、苗木及植茶技术。

日本荣西法师曾于日本仁安二年（1168 年）、文治三年（1187 年）两度入宋求学，潜心研究天台密宗、禅宗教义等。荣西居宋期间，曾委托回驶日本的船只把天台山的菩提树的苗木带至筑紫的香椎宫。其本人于建久二年（1191年）返回时，携回茶的种子、苗木，将植茶技术再次于日本传播。荣西法师在日本被尊为茶业中兴之祖。

7. 1492 年，西班牙人在"发现"美洲新大陆后，作物品种开始在新旧大陆间传播。

1492 年，西班牙哥伦布等"发现"美洲新大陆后，初期的探险家们曾将美洲的玉米、烟草等，西印度群岛的海岛棉等引入欧洲。1495 年，西班牙人将稻、谷子、公驴、母驴、母马、牛、猪、羊相继传至西印度群岛。接着，在西班牙培育的大多数农作物的种子和牲畜都传到了美洲。1532 年，西班牙国王查尔斯一世命令每艘驶往西印度群岛的船只必须携带种子、作物和家畜。

8. 1494 年起，由西班牙人引进美洲新大陆的大约 150 种的作物种类和品种已被确认可用。

这些最具有经济价值的大田作物包括苜蓿、大麦、麻、燕麦、甘蔗和小麦，杏、葡萄、柠檬、橄榄、柑橘、桃、梨、核桃和其他水果及坚果，卷心菜、莴苣、豌豆、萝卜和其他蔬菜。西班牙人于英国移民在北美从事农业以前，不断地在他们的定居地区输入各种作物、家畜，先从西班牙引进很多作物到佛罗里达，后来再传至西南各地。1606 年法国移民在加拿大罗耶尔港

（Port Royal）播种了从欧洲带去的小麦、黑麦、燕麦、大麻、亚麻、芜菁、萝卜、甘蓝及其他种子。

9. 16 世纪初，西班牙赴美洲探险者将向日葵引入欧洲。

初期引入的向日葵种植在西班牙马德里植物园，作为花卉观赏，其植株分枝少，落粒少。

10. 1519 年，印第安人开始在墨西哥的尤卡坦半岛栽培烟草。

11. 1531 年，西班牙人在西印度群岛的海地种植烟草，随后传到葡萄牙和西班牙。

12. 1554 年，西班牙人将马铃薯传到欧洲。

1537 年，一支西班牙陆军分队在印第安人的苏鲁卡巴城中发现了大量储存的马铃薯（土豆）。1554 年，西班牙征服者彼札尔（Pizarre）从新大陆回到欧洲，将马铃薯传入西班牙。马铃薯原是南美安第斯山脉智利、秘鲁等地区印第安人一直种植的植物。17 世纪初，马铃薯由西班牙传入英伦三岛。17 世纪末传至比利时。

13. 1570 年，西班牙人从南美的哥伦比亚的波哥大将短日照类型的马铃薯引入欧洲的西班牙。

引入欧洲的这种马铃薯经人工选择，成为长日照类型。其后马铃薯逐渐传播到亚洲、北美、非洲南部、澳大利亚等地。

14. 1587 年，维也纳的 C. 克拉萨斯（Clusius C.）从意大利得到马铃薯块茎，次年分寄德国和奥地利的许多植物学家。

16 世纪晚期，瑞士植物学家 C. 鲍兴（Bauhin C.）从 C. 克拉萨斯处引入马铃薯块茎，并在 1600 年前后输入法国。马铃薯从植物学家的描述研究到农业上的大面积推广种植，进而在一些国家或地区成为主粮，有一个较长的发展过程。

三、选种和育种

1. 公元前 1 世纪，古罗马维吉尔提出种子"每年拣选"。

古罗马维吉尔说："我曾看见过一些最大的种子，虽然是小心地注视着它们，如果没有勤劳的手每年拣选最大的种子，它们还会退化的。"

第二节　公元 1600—1900 年

15—16 世纪欧洲经历的文艺复兴的思想变革，为世界范围内的"科学革命"带来曙光。伽利略之后的 17 世纪，以欧洲各国为代表的世界各国的科学家们，开始提倡理论与事实相结合的现代实验方法，自然科学在各个方面取得丰硕成果。有关农学、生物学和育种学的古罗马农书得以传抄、翻译和刊行，种子繁育、生产以及管理技术得到系统总结和广泛传播。

一、识种

1. 1859 年，C. 达尔文（Darwin C.）在所著《物种起源》中阐述选择对植物品种形成的作用。

书中说："当我们比较那无数的农艺植物、蔬菜植物、果树植物以及花卉植物的品种时，它们在不同季节和不同的目的上极有益于人类，或者足以使他赏心悦目，这些情况，我想我们不能单用变异性来解释，我们必须更深入地探讨。我们不能想象这一切的品种，在突然发生之后，就会这样完美有用，像我们目前所见到的。在许多场合，的确，我们知道它们的历史并不是这样的。这事情的关键，全在于人类的积聚选择或连续淘汰之力。自然给予不断的变异，人类却对着和自己有利的方向，使它积聚增进；这样，可以说人类是在造成对于自己有用的品种。"

2. 1868 年，C. 达尔文在《动物和植物在家养下的变异》一书第二十章"人工选择"中阐述了栽培植物品种类型的发展变化。

书中说："奥斯瓦尔得·喜尔（Heer Oswald）在对于瑞士湖上居民的研究中用一种有趣的方式证明了上述情形，因为他阐明了现在的小麦、大麦、燕麦、豌豆、蚕豆、扁豆以及罂粟的一些变种的谷粒和种子在大小上都超过了新石器时代和青铜时代在瑞士栽培过的那些变种。""普利尼所描述的梨在品质上显然极端劣于现在的梨。""到了近代，布丰（Buffon G.）把当时栽培的花卉、果树和蔬菜同 150 年以前的一些最好的图画加以比较之后，不禁对于它们所完成的改进感到惊奇；他并且说，现在不仅花卉研究者，就是乡村的养花人也不会再要这等古代的花卉和蔬菜了。"

3. 1878 年，K. A. 季米里亚捷夫在《植物的生活》一书中曾提到种子是植物生活的起点和终点的观点。

书中说："直到现在为止，根据一些流行的关于植物的概念，我们就假定种子是植物生活的起点和终点。可是，又使人发生了一个疑问：我们把它看做是植物生活的真正的起点、真正的原始点，是不是正确的呢？或者说不定我们还能够更加扩大它的界限，可以一直追寻它到更加简单的起点呢？实际上，我们所讲到的种子，还是一种很复杂的物体；在它的胚里面，我们就遇见整个没有发育的小植物连同着它的所有各部分在一起。"

4. 1878 年，K. A. 季米里亚捷夫在《植物的生活》一书"种子"部分阐释自己对种子的认识。

书中说："在植物的生活里面，未必再会有别的现象像它的这个第一次的表现那样引起人们更大的注意了：它引起了科学家们思想家们和诗人们的思索，它甚至也受到了某种诗意的神秘性的掩护我们就把它当做是生命本身的化身，是一种从睡眠和死亡里面觉醒过来的象征。实际上，在种子身体里面的活动的突然觉醒方面，具有某一种诱人的、激动人心的思想；大概在还没有觉醒以前，种子和周围无生物界的物体没有什么差别。"

二、引种

1. 16 世纪，原产于埃塞俄比亚上游地区的咖啡，开始从阿拉伯传入欧洲。

原产于非洲埃塞俄比亚的咖啡，自古以来就作为药物或咀嚼兴奋之用。575 年传到阿拉伯地区进行种植，9 世纪拓展到伊朗。至 13 世纪，开始作为饮料。从 16 世纪起，先是印度人将咖啡种子带回，在印度种植。1690 年，荷兰人从也门将咖啡种子携至锡兰（今斯里兰卡）种植，1696 年，在印度尼西亚的爪哇等地也发展了咖啡种植。爪哇繁殖的树苗被送到荷兰的阿姆斯特丹。1718 年，由荷兰阿姆斯特丹植物园将咖啡树苗移植于当时荷属圭亚那，是最早咖啡传至美洲的记录。那一时期引入巴西的咖啡，是现代巴西咖啡的原始种。1720 年，咖啡树苗被引至西印度群岛。咖啡作为三大饮料之在世界许多地方得到种植发展。1884 年，咖啡引种到我国台湾。1908 年引种到海南岛，后在广西、云南、福建的一些地区也得到推广。

2. 1607 年，英国人曾携带作物种子到北美。

1607 年，英国绅士及其子孙们在北美大西洋沿岸詹姆斯敦建立了最早的移民区。这些人原是受英王和弗吉尼亚地方议会之命专门来寻找矿藏资源的。其头一批来的移民曾携来一些作物种子和畜禽。由于未能找到数量可观的贵重金属和宝石，殖民者不得不转到农业上来，当时英国的农业耕种方法只不过比中世纪稍有改进，殖民者最初从事农业耕作遭到了失败。殖民者本身和他们的上级倡导人都没有了解到英国作物必须首先适应弗吉尼亚的气候，不然就不会成长。经过 1609—1610 年的荒年，移民们得到当地印第安人的帮助，包括种植印第安人的作物，特别是玉米，粮食供应问题才得到好转。

3. 1612 年，J. 罗尔夫开始在弗吉尼亚种植烟草。

1612 年，J. 罗尔夫（Rolfo J.）从特立尼达弄到西班牙或称奥利诺科（Orinoco）类型的烟草种子，在弗吉尼亚种植。他将收获的烟叶进行了细心的烤制，并在 1613 年夏海运到了英国伦敦，曾卖得一笔好价钱。J. 罗尔夫这次得利的报偿几乎激励了弗吉尼亚每一个人转而种植这种新的作物，以后运去的烟叶也都赚钱，因此促进了烟草在弗吉尼亚的发展。

4. 1620 年，一批 120 个不信奉英国国教的清教徒，主要是农民乘坐"五月花号"去北美携去作物种子。

农民 12 月底在普利茅斯登陆。1621 年，他们开始种地。在印第安人斯夸图（Squanto）的帮助指导下，他们于春天用鱼作肥料，所种 20 英亩玉米取得了成功；种植 5 英亩从英国带去的谷类作物遭受了失败。经过几年以后，小麦、大麦及其他欧洲传入的作物才取得了栽培的成功。那一时期有若干彼此尚无联系的移民点，他们在作物引种和发展种植业方面都有过相似的情形。

5. 1650 年前后，巴西、秘鲁等南美国家与大西洋岛屿开始种甘蔗。18 世纪甘蔗遍及全世界。

6. 18 世纪初，巴霍斯基的《格鲁吉亚地理》一书中，记有酸橙、枸橼、柠檬等果木。

这是这些植物种类引入格鲁吉亚栽培的最初记载。

7. 1733 年，J. E. 奥格列索帕（Oglethorpe J. E. ）在萨凡纳河的高地上建立了一个实验场。

该场在现今美国佐治亚州萨凡纳市所在的地方。这个实验场在美国最早致力于生产粮食作物的引进品种。

8. 1735 年，法国 R. A. F. 列奥米尔提出积温指标。

1735 年，法国物理学家 R. A. F. 列奥米尔（de Reaumur Rene Antoine Ferchault）首次提出植物从播种到成熟，要求有一定量的日平均温度的累积，称作积温。他以此作为对气候选择作物引种和播种的参考数据。此后曾有种种积温的探求。如：1750 年，艾道桑（Adouson）采取了积算 0℃ 以上的气温方法。1837 年，法国 J. B. 布森戈（Boussingault J. B. ）用发育时期的天数乘其间日平均温度的方法进行计算，称之为"度·日"。1844 年，盖斯巴林（Gasparin）以取用 5℃ 以上气温的方法进行积标。德国莱克曼（Lackmann）则将 2 月 21 日以后的气温加以积算，他认为这阶段时间的温度和植物生长关系密切。1876—1878 年间，德国 F. 哈伯兰德（Haberlandt F. ）给出了大多数农作物所需的积温指标。

9. 1759 年，英国开始建立丘园，是英国最大的植物园即皇家植物园。

该园位于伦敦西郊。占地面积约 121 公顷。它广泛收集各种植物种类，是世界上植物学和园艺学的研究中心，在引种和有益植物传播方面曾做出重要贡献。

10. 1780 年，英国东印度公司将中国广州茶种子引至印度种植。

1780 年，英国东印度公司自广州引入茶种子，并聘请中国技工到印度传授栽茶、制茶技术。1830 年前后，再次从中国引入茶籽在印度大规模栽培茶树。1823 年，英国人在印度东北部发现阿萨姆大叶茶，10 年后，肯定其利用价值并引起重视。1850 年，印度全国茶区已经形成。1824 年，斯里兰卡首次从中国引进茶树种籽发展植茶，1839 年又从印度阿萨姆引种，至 1867 年开始商品茶生产。

11. 1790 年，美国总统 T. 杰弗逊（Jefferson T.）倡导引种栽培植物。

他指出："对任何国家可能作出的最大贡献，是把一种有用的植物送到它的种植范围中去。"较早地认识到以政府倡导进行植物探察，以发现可能引种的、合乎需要的植物类型。

12. 1819 年，美国政府财政部长曾指令驻各国领事搜集种子、植物和农业发明。

13. 1845—1846 年，因马铃薯晚疫病随种薯感染，导致爱尔兰马铃薯晚疫病大流行，曾出现震惊世界的饥荒。

17 世纪，马铃薯传至爱尔兰，迅速发展成为这一地区的主要粮食作物。18 世纪，爱尔兰大部分农田种植马铃薯，主要品种为 Lumpers。1845 年，马铃薯晚疫病在爱尔兰大发生，1846 年和 1848 年，晚疫病再次严重流行并波及欧洲大部分国家，曾使马铃薯生产受到毁灭性打击。1845 年和 1846 年发生饥荒时，爱尔兰至少有 100 万人死于饥馑或与饥馑有关的疾病。1846—1852 年间，约有 150 万爱尔兰人逃荒迁至北美。

14. 1853 年，中国的琥珀甜高粱、大豆传入美国。

中国的琥珀甜高粱曾对那里的糖高粱生产起过重要作用。中国大豆开始传入美国。

15. 1854 年，德国 HA. 玛依尔（Mayer H. A.）提出气候相似学说。

其中心内容为：将植物从一地区移植到另一地区，需要考虑地区的气候条件相似，热带气候条件下生长的作物只能移种在热带区域。

16. 1854 年，美国 L. 布洛杰（Blodge L.）提出农业气候相似论。

他在发表的一篇农业气象报告中，研究了美国与世界其他地区农业气候的相似性，提出了农业气候相似论。

17. 1868 年，日本明治天皇提出"向全世界寻求知识"的口号以后，在动植物引种方面有明显体现。

1900 年，罗振玉《论农业移植及改良》一文中曾列数 1868 年日本明治维新后引种的重要成就。文中提到日本民部省从中国引进者即有：1871 年，"试种中国天津之水蜜桃"；1875 年，"遣人之中国购羊、驴及菜蔬果种子，以谋传殖"；1876 年，"求中国莲藕"；1879 年，"求蔗苗于中国之香港"；1870—1879 年间的引种和努力经营，使日本农业深受惠益。

18. 1876 年，英国 H. A. 威克姆（Wichham H. A.）接受委托将巴西野生橡胶树进行远距离引种。

他在印第安人的帮助下，从巴西热带丛林中的割胶树上采集橡胶树种子 7 万粒，运到英国丘植物园播种，成苗 2 397 株，当年运到亚洲热带锡兰（今斯里兰卡）、马来西亚、新加坡、印尼等地，大部分用于建立橡胶园。以后在东南亚栽培的橡胶树，绝大部分是这批树种的后代。

19. 1878 年，法国 A. 米亚尔代（Millardet P. M. A.）和普兰昌（Planchon）几乎同时在法国发现葡萄苗木引进中带来的葡萄霜霉病。

法国的霜霉病是在进口抗葡萄根瘤蚜的葡萄砧木期间从美国或其他地方传进来的。

20. 1882 年起，美国开展大豆种植试验。

美国先后从中国和日本等国引入大豆品种资源近万份，为发展大豆生产打下了良好基础。

21. 1883 年，瑞士植物学家 A. P. 德堪多（De Canddle A. P.）撰成《栽培植物起源》一书。

作者是近代应用科学方法探讨作物起源的开创者。他以植物自然分类学和植物地理学的观点研究作物的亲缘关系、区系的历史和分布地域，参考考古学研究出土的植物遗体和洞穴中的植物绘图形象，结合古生物学、历史学和语言学的知识，验证作物起源的地点，关于大麦起源曾有两种假说的叙述。他首先提出人类最初驯化植物的地区可能在中国、亚洲西南部和埃及至热带非洲等区域。他认为起源于旧大陆 194 种栽培植物中，至少中国有 24 种。《栽培植物起源》一书于 1940 年由俞德浚等节译刊行，题称《农业植物考源》，在中国曾有广泛影响。

三、选种和育种

1. 1694 年，R. J. 卡默拉留斯（Camerarius R. J.）撰写《关于植物性别的通信》著作中阐释植物受精和"种子"的作用。

他写道："在植物界……种子繁殖是完美的自然界用以保存物种的天生本领；除非花的花粉囊里已预先准备好了植株本身，否则就不会出现种子繁殖。

因此，看来有理由授予花粉囊以更崇高的名称，并可以说它们的机能就是作为雄性的性器官；它的蒴果是一个容器，贮藏和积聚了种子本身，以及植物的最精粹的成分—花粉；蒴果也是以后释放出种子的容器；当种子按时逐渐成熟时，就到达了植株的顶端；在那里，种子的作用最大，并可以被传播开去。"

2. 1694 年，R. J. 卡默拉留斯最早用实验证明植物存在性别现象。

他研究桑树、蓖麻、玉米等植物雄性花，试验中去除雄蕊或柱头则不能结实，证明植物是有性别的，他撰写的著作《关于植物性别的通信》为欧洲有关植物性别最早的科学报道。

3. 1719 年，T. 费尔柴尔德（Fairchild Thomas）最早获得人工杂交种。

他以石竹科植物为材料，最早进行植物人工杂交，在世界上首次以科学实验方法获得人工杂交种。

4. 1759 年，俄国皇家科学院公开悬赏用新论据解释有关受精、种子和果实发育等问题。

俄国圣彼得堡的皇家科学院公开悬赏一个研究课题：不要用那些已知的论据和实验而要用新的论据和实验，来对植物的、被认为参与受精以及参与种子和果实发育的所有部分，作介绍性的历史说明和自然科学的解释。1961年，德国 H. 斯多倍（Stubbe Hans）《遗传学史》一书中曾提到："18 世纪和 19 世纪期间，欧洲一些大的科学院都公开悬赏征求解释植物的性别问题，以及随之而来的产生植物杂种的可能性问题。这就表明了这两个问题的重要性。"

5. 1763 年，J. G. 科尔罗伊德（Koelreater Joseph Gottlieb）揭示杂交不育现象。

他认为："自然界的每一株植物进行生殖，都要有两种不同的、均匀的液状物质。这两种由造物主规定要彼此结合的物质，就是雄性种子和雌性种子。一种种子所固有的特质不同于另一种种子，因为这两种物质不同，所以性质也不同，这是很容易理解的。这些物质按规定比例并以最直接和有序的方法进行组合和结合，产生出介于两者之间的第三种物质。第三种物质的特质，是这两种单纯的特质所形成的，因而是介于两者之间的中间类型，就像是酸同碱混合产生中间类型的盐。"这一描述，揭示了在决定杂种的性质时，两个亲本所起的作用是相等的。科尔罗伊德曾于 1761—1766 年间作过 138 个种 500 个以上不同的杂交试验，从 1 000 种以上的植物种中确定了花粉粒的形状、大小和颜色。他所作的烟草杂交出现不育杂种，曾被解释为：产生一个完美的，但雌雄性别都不育的杂种的方法。

6. 1786 年，F. C. 阿查德（Achard Franaz Carl）选育出第一个糖用甜菜新品种。

1747 年，德国化学家 A. S. 马格拉夫（Marggraf A. S.）向普鲁士科学院报告甜菜内含有糖，在显微镜下可看到其结晶体。他是第一个发现甜菜块根含有糖分的科学家。同年，柏林普鲁士科学院出版 A. S. 马格拉夫的论文，指出甜菜根中含的糖与蔗糖相同。1786 年，A. S. 马格拉夫的学生法裔德国人 F. C. 阿查德在柏林近郊通过人工选择方法，培育出块根较肥大、含糖率为 $6\%\sim8\%$ 的世界上第一个糖用甜菜新品种西里西亚（Silesia）。在此基础上，1802 年，德国在库奈恩建立了世界上第一个甜菜制糖工厂。

7. 1843 年，英国泽西岛农民 J. 库尔特（Coulter J. L.）从大田栽培的小麦中，采用个体选择法进行选种。

J. 库尔特在小麦选种中采用个体选择法选出了优质的品种 Talavera，曾为后来的品种选育家广泛用作育种材料。

8. 1856 年，法国 L. 维尔莫林（Vilmorin L.）利用糖用甜菜为材料，创造了后裔测定方法。

他在测定糖用甜菜单株的根的含糖量时，观察到有些含糖量最高的，其后代相当一致地产生含糖量高的后代，而有些后代产生含糖量高的和低的两种后代，还有一些则一致地产生含糖量低的后代。他据以确定：在作物品种培育中，欲知一个单株选择的价值，唯一肯定的方法就是种植和考查其后代。他也用小麦进行早期选择。他用 4 个小麦品种采取每年选择最好植株的方法繁殖了 50 年，到了选择的最后阶段，把这些材料和试验开始时保留下来的样本进行比较，发现并没有什么改变。

9. 1859 年，C. 达尔文提出不同个体或品种间杂交会提高后代生活力和可育性的见解。

1859 年，C. 达尔文在《物种起源》中指出："我做了这么多试验，收集了这么多事实，都表明不同个体或品种之间偶尔杂交，会大大提高后代的生活力和可育性；而亲缘很近的品种内交配，就会降低后代的生活力和可育性，这些使我无法怀疑这个结论的正确性。"

10. 1860 年，英国 F. F. 哈利特（Hallett F. F.）将后裔测定法用于作物杂交育种。

约从 1857 年起，F. F. 哈利特进行小麦、燕麦和大麦的品种选育。他采取最有利的栽培条件来种植作物，在健壮植株上选择发育最好穗子的最好种子，再行种植，育成了许多新品种，最有名的有"切瓦利尔（Chavalier）"大麦。

1860 年，他将 L. 维尔莫林所创的维氏分离原则和后裔测定运用于作物杂交育种，此即后来系谱法产生的基础。

11. 1865 年，奥地利 G. J. 孟德尔（Mendel G. J.）发表《植物的杂交试验》，为遗传育种学科的发展奠定了基础。

G. J. 孟德尔用豌豆做杂交试验材料，把植物一个个明显性状区别开来，一次注意一个简单性状，简化了实验条件。还将杂交子代按明显性状区分为几个类型，记下每一类型中个体的数目，再用数学的方法进行分析和综合。为推出受试作物在陆续世代中出现的规律，他把一个试验分解为许多个别试验。经过 8 年的努力，于 1865 年 2 月 8 日发表了《植物的杂交试验》论文，提出了遗传单位概念，阐明分离定律、独立分配定律等遗传规律，后称孟德尔定律。孟德尔的学说当时没有受到重视，直到 1900 年才被重新发现，从而成为近现代遗传育种学科前进的基点。

12. 1868 年，C. 达尔文在《动物和植物在家养下的变异》书中提出"养育大量个体"、"各个品种的改进一般是对于微小的个体差异的选择结果"的论点。

书中说："因为构造的显著偏差很少发生，所以各个品种的改进一般是对于微小的个体差异的选择结果。因此，最严密的注意、最敏锐的观察能力以及不屈不挠的坚持是不可缺少的。对于准备改进的品种，应当养育它的很多个体，这也是高度重要的；因为这样，在变异按照正确方向出现的方面，便有较好的机会，而且按照不利的途径发生变异的个体便可以毫无拘束地被排除或消灭掉。但关于养育大量个体的事情，生活条件有利于物种的繁殖是必要的。如果孔雀的繁育像鸡那样地容易，那么在此以前我们大概已经得到许多不同的族了。根据苗圃园艺者们在新变种展览会上几乎永远胜过业余者这事实，我们便可知道培育大量植物的重要性。据 1845 年的估计，在英国每年从种子培育出来的天竺葵为 4 000～5 000 株之间，然而明确被改进的变种却很少得到。"

13. 1868 年，C. 达尔文在《动物和植物在家养下的变异》书中指明选择的作用。

达尔文说："人选择了变异着的个体，播种它们的种子，再选择它们的变异着的后代。但是人所借以工作的最初的变异，是由生活条件的轻微变化所引起的，这种变化一定经常在自然界里发生。因此，可以说人在进行着一种规模巨大的实验；这种实验就是自然界在悠长时间里曾经不断地进行着的。由此可见，培育驯化的原理对于我们是重要的。这主要的结果是，饲养和栽培的生物大大地变异了，而且这些变异是遗传的。这显然是某些少数博物学者长久以来相信物种在自然状况下发生变化的主要原因之一。"

达尔文还指出："最受人重视的部分表现了最大差异量，这阐明了选择的效果。不论是有计划的、或无意识的、或二者结合在一起的长期不断的选择力量用一般的方法都可得到阐明，即比较不同物种的变种之间的变异，它们受到重视是由于它们的不同部分，例如：叶、茎、块茎、种子、果实或花。无论哪一部分，只要是受人重视的，就会看出这一部分表现有最大的差异量。"

14. 1868 年，C. 达尔文提到前人从最强壮植株上选择优良种子的见解。

1868 年，达尔文在《动物和植物在家养下的变异》第二卷中叙及："甚至关于在花园栽培的植物种子，汗莫尔（Hanmer J.）爵士在 1660 年左右写道：'在选择种子时，最优良的种子是最重要的，并且从最强壮的和最富活力的茎上得到的。'于是他指出一项法则，即在植株上只留很少的花结子，所以甚至在二百年以前对于花园植物已经注意到这等细节了。"

15. 1868 年，C. 达尔文提出用嫁接方法获得杂种。

1868 年，C. 达尔文在《动物和植物在家养下的变异》中提到："最后，我想必须承认，我们从上述的情形中弄明白了一个高度重要的生理学上的事实，即产生一种新生物的要素并不一定是由雄性或雌性器官形成的。这些要素就存在于细胞组织中，它们在没有性器官的帮助下也可以结合在一起，因而产生了兼有两亲类型的性状的一个新芽。"

16. 1878 年，K. A. 季米里亚捷夫在著作中提出：在当地（干旱地区）培育出需水量最小的品种来。

书中说："……人类也可以用两类方法去调节植物身体里面的用水量，也好像调节大概是全部有关植物的机能和构造的情形一样：第一类方法是利用有机体的现有的特性；第二类方法是靠了外界因素的帮助对植物起影响。在第一类情形里，人类就应该去利用植物本身所表现出来的组织的所有特性，因为人类通常没有能力去创造新的特性。因此，在选择栽培植物的时候，人类就应该考虑到植物的水分需要，或者更加良好的是，应该就在当地培育出需水最少的品种来。在这里，人工选择的原理就是为植物效劳的强有力的办法。这个原理已经被人类广泛使用，去培育改良品种，可是未必曾经有人抱有我们现在所注意的特殊目的。……在选择某个品种的时候，是不是要充分地去注意到植物的、保证吸收到更多的水量的根的长度呢？是不是要有时注意到表皮的厚度、注意到叶子的绒毛或者蜡层、注意到气孔数目、叶片的卷曲或者定期折合的情形、或者最后注意到叶子对于水平面的排列位置呢？所有这一切，都是和减少用水量有关的情形。"

17. 1882 年，英国植物病理学家 H. M. 瓦尔德（Ward H. M.）首次提出大面积栽培单一品种会引致作物病害流行。

他著文着重阐明了咖啡锈病流行学中的环境作用。在植病学界最早揭示出大面积栽培单一品种是作物病害流行最重要的先决条件。他也最早证明铜制剂对内生植物病源真菌的影响。

18. 1888 年，德国 W. 林保首次获得能繁殖后代的小黑麦。

1876 年，英国 A. S. 威尔逊（Wilson A. S.）首先报道了完全不育的小麦—黑麦杂种植株。1888 年，德国育种家 W. 林保（Rimpau W.）在普通小麦与黑麦的杂种不育植株的一个穗子上偶然得到了 15 粒种子，其中由 12 粒种子长成的植株在外形上相同，而且能够繁殖后代。这一特殊结果发表在 1891 年德国农业年报上。这是第一个能自行繁殖后代的小黑麦，曾被称为林保小黑麦（Triticale Rimpau）。

19. 1888 年，美国 W. M. 赫士（Hays W. M.）在明尼苏达州开始了他的植物育种工作，创造了植物育种的百株法。

其做法是：挑选良好单株，分别脱粒，并进行它们的后代的苗圃试验，在研究期间，每个选系种植一小区，每小区 100 株。除了根据小区记载产量和其他性状以外，并在田间每个小区内选择 10 个较好的植株，分别脱粒，经过室内考种后，把 5 株最好植株的种子混在起作为下年百株小区留种之用。作为一个产量比较试验这个方法的困难之一，便是在中选系统的数量大时，须要好几天才能种完这个苗圃。同时，由于每一个选系只种一个小区，按说所得的结果是不能进行比较的。然而通过这个方法最好的类型就很快地分离出来并种植在较大的区里。"改良法夫""明尼苏达 163""海恩斯蓝秸""明尼苏达 169"都是用这一方法选择出来的有价值的春小麦新品种，并在 20 世纪初期曾被广泛地种植过。

20. 1892 年，美国韦特（Waite）受美国农业部委派去寻找弗吉尼亚州一个果园 22 000 株巴梨不结实的原因。他注意到在同一地区的一些果园里混合播种的品种都结了果实。

他进一步研究发现，大多数梨品种用自己的花粉不能受精，品种间的相互授粉对水果生产是必要的。这在授粉研究中是一个重要的突破，它促进了果树栽培中授粉树配置和养蜂传粉技术的发展。

21. 1896 年，美国 C. G. 霍普金斯（Hopkins C. G.）提出玉米穗行选种法。

这一方法系将每一中选果穗的后代按单行种植加以研究，并从产量较高的行内继续选种。后来该方法得到改进，即将每穗重复种植数行，并在一部分的行上去除雄穗，从这些去雄的行上选择种子，以防止过分的近亲繁殖。1905年，C. G. 威廉士（Williams C. G.）提出剩余法，即每穗的一部分种子予以保留，以便在确定高产行后做为增殖之用。

22. 1898 年，澳大利亚 W. 法瑞尔（Farrer W.）开创了本区域的小麦育种工作。

他阐明澳大利亚小麦应具备的性状是：在干旱土壤上生长繁茂；少分蘖和窄叶片以逃避干旱的影响；早熟性以避开干旱和锈病；抗腥黑穗病及具有好的品质。关于品质性状的选择，开始因缺乏小型测定仪器而受到限制，后来他在古斯利克（Guthric）的帮助下，创制了小型磨面机，利用它磨出的面粉进行了面筋和醇溶蛋白含量及吸水力的测定。品质分析的开创性工作对 Federation（1901）和 Florece（1906）品种的培育起了重要的作用。这两个品种及其衍生出的 Hard Federation（1914）在新南威尔士一直据主导地位，20 年后才被抗黑粉病的 Nabawa（1915）和 Bencubbin（1929）品种代替，这两个品种种植区域扩大到以前认为因干旱不能种小麦的地区，从而确立了澳大利亚在世界小麦贸易中的地位。

四、种子处理

1. 1660 年，法国卢昂为阻止小麦推广种植中秆锈病的流行，禁止输入转主寄主小檗并提出铲除小檗的法令。

此为人类防止农作物种植、推广中危害性生物传播以保护农业生产而首次采取的植物检疫行动。

2. 1755 年，法国 M. 蒂莱特（Tillet M.）提出小麦种子处理防治病害的方法。

他发表《小麦黑粉病致病原因和防治》的长篇论文，最早揭示小麦黑粉病是由于小麦种子浸染了某种黑粉所致，认为该病是传染的，并指明用草木灰汁、石灰水处理小麦种子可以得到较好的防治效果。

3. 1761 年，秀尔蒂斯（Schulthess H.）研制拌和种子的杀虫剂。

他采用硫酸铜进行种子处理实验。这被认为是化学药品用于农业种子处理进行害虫防治研究的开端。

4. 1869 年，德国 F. 诺伯（Nobbe Friedrich）首创种子检验实验室。

德国 F. 诺伯在德国萨克森州的塔兰特建立了第一个种子检验实验室，进行了种子的真实性、种子净度和发芽率等项目的检验工作。他总结前人工作经验和自己的研究成果，撰写并于 1876 年出版了《种子学手册》。F. 诺伯是国际公认的种子科学和种子检验的创始人。后来许多国家相继建立了种子检验专门机构。

1872 年，德国建立官方种子检验站。这是世界上最古老的种子检验站。它的前身是农业化学研究站，在 1859 年成立，并于 1872 年同 1869 年由 F. 诺伯博士（Nobbe F.）成立的种子检验实验室合并，作为德国西南地区的官方种子检验站。该站于 1929 年成为国际种子检验协会（ISTA）委任种子检验站。每年大约检验 10 000 个样品，签发 300～500 份 ISTA 橙色证书。

5. 1873 年，德国曾宣布禁止美国植物及其产品进口。

这项禁令主要用以防止对德国种植业具有毁灭性灾难的马铃薯甲虫的传入。1877 年，英国也为防止马铃薯甲虫传入而颁布了禁令。

6. 1878 年，K. A. 季米里亚捷夫在《植物生理学的百年总结》文中曾阐述种子的休眠与萌发。

K. A. 季米里亚捷夫曾写道："实际上，我们知道，休眠的种子会在几年、几百年、几千年里面，说不定在无限的期间里面，经常处在休眠状态里，不丧失自己的发芽能力，而在遇到良好的条件时候，又再觉醒起来，生活下去；可是，它具有什么特点呢？我们可以回答说它缺乏酵素和一些可以使这种酵素起有作用的条件。只有在酵素的影响之下，那些积储在种子里面的营养物质才能发生转化。"

7. 1878 年，K. A. 季米里亚捷夫阐释种子的发芽能力。

他认为："有些种子能够保存自己的发芽率几年、几十年、几个世纪；可是，也有一些种子，只能够在离开母体植物以后的几天里面发芽、以后也就迅速失去这种能力；例如：咖啡的种子、柳树的种子就是这样的；最后，还有第三类种子，它们一定要经过了一段相当长的时间、方才能够发芽；例如，大多数核果就属于这最后的一类。在这里在对这种现象仔细研究的时候，也就极可能把它的最接近的原因找寻出来。实际上，这种能够在很多年里面保存自己的发芽能力的特性，丝毫也不应该使人奇怪；如果在种子里面不含有必要的水分，或者是它用自己的一层层皮壳或其他种类的物质来隔离开大气的影响，因此就丧失了那些能够引起化学变化的条件之一，那么就很难使人想象到，时间会对种子起有多大的影响了。"

8. 1883 年，E. 艾达姆（Eidam E.）就变温对促进种子发芽的影响，著文表示看法。

E. 艾达姆认为：种子曝露于干湿及变温的条件下，种皮因伸缩而受伤，故水分易入种子中。

1884 年，A. R. 冯莱本堡（Von Liebenberg A. R.）则认为种子在一定时期内置于高温处理则呼吸作用旺盛，从而贮藏物质之大部分变为溶解性。此时如将种子再置于低温处，则呼吸作用虽减退，然而多半养分保留下来，可供胚生长需要，因而能促进发芽。

9. 1898 年，马尔狄耐和多佛宁（Maldiney & Thouvenin）用射线处理种子。

他们最早发现种子置于距 x 射线放射源 8 厘米处，处理 1 小时后，对发芽有良好效果，如黍的种子以 x 射线照射后 6～7 日即能发芽，而未处理者须经 18 天后才陆续地萌发。

10. 1899 年，A. 沃宾那（Wubbena A.）进行种子温度处理试验。

他将红三叶草种子用不同温度处理取得试验结果，说明在同一处理时间（10 分钟）内随着加热的温度的升高而减少硬实率。

五、种子管理

1. 1784 年，美国 D. 兰德瑞兹（Landreth David）在费城开始经营种子销售。

在美国，普遍认为 D. 兰德瑞兹是第一个种子商。

2. 1816 年，瑞士伯尔尼市颁布了世界上第一个禁止出售掺杂种子的法令。

3. 1869 年，英国议会通过了不准出售丧失生命力和含杂草率高的种子的法令。

4. 约 1870 年，美国沙凯尔（Shaker）团体在马萨诸塞州西部和纽约东部开始经营蔬菜种子。

这个联合体以其高质量的种子而称著。他们除出售自己生产的种子，还出售购进的种子。但因为购进的种子常常质量低劣，这个联合体达成一项协议：今后只出售自己生产的种子，还为提高本联合体的声誉而开展了包括制作种子袋和印制封面等许多带有开创意义的工作。

5. 1875 年，美国制定了迅速发展种子工业的法令。

美国 1875 年制定了迅速发展种子工业的法令，规定建立一个全国实验站网络，直接发展改良作物品种。1900 年以前，种子清选和加工机械取得巨大进展，设计的机械能有效的处理种子，由于清除了杂草种子、其他作物种子以及无生命杂质对种子的污染，因而提高了种子质量，使之超过农民谷仓里退化的种子。由于清除了劣质种子，提高了发芽率，从而机械也得到了发展。

6. 1886 年，瑞典建立种子协会。

1886 年成立的瑞典种子协会对植物育种方法的发展起着显著的作用，尼尔松（Nilsson H.）在 1891 年担任该协会的主席。他主张一开始就保持详细的记录，根据微细的植物学性状的差异将单株进行分类，凡有相同性状的植株的种子合并起来；每一不同类型的后代种在不同的小区内。有些后代表现得很一致，他在研究了记录之后，知道都是来自一个单株的种子。这个结果导致单株选择法的产生。

7. 1898 年，美国建立植物引种机构国外种子苗木引种科。

国外种子苗木引种科这一引种机构一直负责引种材料的管理和统一编号。多年来搜集世界各地作物，如小麦、大麦、燕麦、玉米、水稻、高粱、大豆以及果树、蔬菜等类作物种质资源，后发展为规模最大的种质资源中心之一。单大豆一种作物，曾搜集有 1 万种以上个品系，其中有 2 500 种显然为不同的类型。

第三节　公元 1900 年之后

19 世纪以来自然科学和创造发明的大发展，为国外生物科学和种子技术的进步提供了理论前提和技术支持，科学技术与生产力的其他要素的深度融合，迅速转化为空前巨大的经济力量，为世界各国的种业发展奠定了坚实的物质基础。

进入 21 世纪以来，现代科学技术快速发展，特别是物理、化学和其他边缘学科的渗透和电子信息技术、纳米技术和生物技术等高新技术的参与，构成了现代种业研究的必要方法和手段。科学技术的迅猛发展和生物技术的发明创新，正引发世界范围内新的一轮"种子革命"。

一、识种

1. 1906 年，K. A. 季米里亚捷夫在《农业和植物生理学》一书中谈到抗旱品种的选择。

书中说："我只是想要用这些指示来阐明一个意见，就是：随着生理知识的传播，农田主人在选择自己的品种时候，不应该单单注重宝贵的产物的特性，而且还要有更大的远见，去注意到另一些器官的特性，并且在应有的观察力和耐性之下，用选择方法来培养出一些抗旱用的配备物来；这些配备物将会比我们刚才已经认识的所有配备物更加优越；它们的优越程度，也好像我国果园植物的多汁的果实和农田植物的沉重的谷粒，比它们的早先的野生祖先的相当的器官更加优越的情形一样。"

2. 1913 年，И. В. 米丘林在《果树和蔬菜栽培者》杂志第 24 期发表的《采用杂交是植物风土驯化最可靠的方法》一文中阐述种子胚里包含未来植物将来大部分特征和品质。

文中说："我们早已知道，在植物的每一粒种子的胚里，都包含着这个未来植株一大部分的将来的特征和品质。由植物最初开始从种子发育时起直至完全成长时止，上述这些特性和品质，在植物发育的外界各种因子的影响之下，只能在一定的严格局限的范围内，发生这样或那样的变异。"

3. 1915 年，И. В. 米丘林阐述对种子寿命的看法。

他在《种子、种子的生活和播种前的保护》一文中说："某一些植物种的种子，在良好的保藏条件下，生活能力的保存可能有几十年的过程，然而另一些植物种的种子仅能活几小时"。

"种子一切生活机能的绝对停止纵使在很短的一段时期内，都不可避免地会引起种子的完全死亡。子粒的生活机能即使在休眠的状态也不是完全停止的，而仅是减弱到最低限度。"

"在新陈代谢中，储藏物质虽然缓慢地，但在子粒整个生活过程中仍然是不断地消耗着的，我重说一遍，子粒生命的长短，不仅不同的植物种和变种的种子是不同的，而且甚至粒与粒之间也是不同的，因为同一个果实内不同的种子所储藏的生活能力的大小几乎永远是不同的。"

4. 1929 年，И. В. 米丘林在《培育果树和浆果植物新品种的半个世纪工作总结》中曾有"关于新品种的真正价值"的论述。

文中提出："一切新植物如蔬菜类和谷类，特别是果树和浆果类植物的育种者，应当力求避免以吹嘘新品种品质而动人的视听，因为这对于工作是极端有害的；至少，一个理由是，这可以引起人们虚幻的和过分的希望，而以后则却是失望。相反地，在鉴定新品种的优点时，我们应当尽可能地采用一个严格的标准，就是说，只有在栽培中间产量和品质俱佳的那些真正有用的第一级品种，才应当作为繁殖和推广之用；其余的都应当被淘汰。但是这也就是一个难以解决的问题，因为在淘汰时，假若我们是根据培育新品种所在地区当地条件下的品种的性质，那么将有许多品种——它们在另一地区或在不同的土壤成分条件下，也许可能是优异的第一级品种——被我们淘汰或毁掉了。"

5. 1942 年，H. K. 海斯（Hayes H. K.）等提出品种选育专家必备的几种重要知识。

H. K. 海斯等在《植物育种学》"植物育种的任务"一章中提到："植物育

种的技艺，也就是根据观察来鉴别现有植物材料中带有重要性的根本差异，并选择和繁殖其中较为优异的类型的这种能力，对于育种家来说是一个很珍贵的财富，但是一般都能体验到，植物育种工作的有效实施，在很大的程度上决定于生物科学中的基本训练。

以下是育种家所必备的几种比较重要知识：①遗传学及细胞学原理；②作为改良对象的作物特征特性，包括野生亲缘植物；③生产者与消费者的需要；④解决特定问题所必需的各有关方面的特殊技术；⑤田间技术原理；⑥试验设计和数字资料统计分析的原理。"

6. 1959 年，N. E. 布劳格提出多系品种概念。

他在《第一次国际小麦遗传会议论文集》中发表的《利用多系品种控制自花授粉作物的气传流行病》论文里面提到："鉴于常规育种方法的局限性，需要有新的可行的研究方法。我们相信，小麦等自花授粉作物若能将多样性渗入到品种中，则经常限制生产发展的气传病害引起的损失将会大大减轻。具有差异性的多样化品种系统能延缓病菌侵染的建立及病害的发展，使感病麦粒能够成熟而不受损害。

7. 1951 年，苏联科学院院士莫索洛夫在《种子和播种》一文中阐述优良品种、优良种子的作用。

他写道："在用优良品种种子播种时，田间作物的产量比非优良品种播种的，要增加 15%～50%，可是只有当优良品种的种子是健康的、大粒的和充实饱满的情况下，优良品种的种子才可能具有上述的优点；细小的、脆弱的和有病的种子，不能长出壮健的幼苗，因而不能够有发育良好和高度结实率的植株。"

8. 1974 年，日本松尾孝岭在《育种手册》第一分册"育种原理序"中阐述育种已成为一项综合性技术。

序中称：日本"战前育种学的教科书多数是以实验遗传学为主体，稍微附加了一些应用方面的内容，作为育种学的理论体系显然是不够完备的。另一方面，在日本的农业生产中，品种具有特别重要的意义。因此，农业试验场等单位的研究内容，均以育种为重点，而且育成了不少新品种，取得了辉煌的成果。但是，在育种的实践中，无论是谁，都有赖于育种家长期积累经验后形成的理论认识。因此，育种经验很难说是一项带有普遍性的技术。"

"战后（1945 年以后），日本一方面引进了世界各国育种的新成果，另一方面努力促使国内先进育种技术的理论化和体系化。""最近，育种学已具备成为一个独立的学科领域的条件，这也促使育种技术体系化。随着育种研究的发展，其内容已进入到既广泛又复杂的阶段。单独进行研究的学者和技术工作者，已不可能精通所有的内容，所以最近许多人殷切期望《育种手册》及早问世。""所谓育种，是指创造新的生物（种、品种），也就是创造有用的新生物的工作。新的种和品种是促进农业生产所必不可少的物质基础，因此，育种必然要全面地涉及生物、环境、农学等方面的知识，而成为一项综合性的技术。"

9. 1976 年，L. O. 考布莱德（Copeland L. O.）曾追溯早期英国市场出售种子中掺假使杂的情形。

他在所撰《种子科学原理及技术》一书的"种子方法及法律实施"章中说："早在英国市场上出售的种子，流行着取消'让买者当心'的口号，提出实行真标签法。有些地方有些不讲道德的种子出售者，利用种子清选机做招牌，实际并不进行清选种子，把大量废物也当种子掺杂出售，欺骗用户。更有甚者，制造假证件'，以次充好，来达到出售次种子的目的。经常通过染色，用小石砾和其他无生命杂质掺入种子内出售。类似的欺骗阴谋到处可见。造成出售种子的地方垃圾、灰尘满地。还有甚者，在种子包装物中间掺入大量的其他类型种子，其目的是增加种子的重量。"

10. 1976 年，L. O. 考布莱德（Copeland L. O.）曾叙及现代农业以前和近 40 年美国的种子供应。

他在《种子科学原理及技术》一书"种子生产"章中说："在现代农业之前，种子一般用于粮食生产和干草生产的副产品，时常把最差的部分作物种子储备起来。种子常和谷壳、杂草种子以及其他不重要的物质堆积起来。偶尔，农民也可能有足够的过剩的种子与邻居均分，或者农场与农场交换。虽然有时种子也可利用商业市场，但供应是少量的。并经常争论质量，时常利用主顾无力辨认种子及其质量的有利条件，肆无忌惮销售骗人。这样就引起人们对收买农场种子质量的怀疑。并由此产生以发展合法的种子事业为背景的社会思潮。"

"近四十年来，由于改良作物品种的高质量种子的应用，现代动力设备和肥料的改进以及更好地防治病虫害等方法，改革了农业，由于种子扩大再生产的能力，新品种种子的迅速增加，并且有效地保持品种的遗传纯度，因此，种子事业在现代农业革命中，起着能动的作用。农民每年需要种子的数量是巨大的，估计北美洲农民使用 120 亿磅大田作物、蔬菜、花卉和树籽。"

11. 1983 年，美国人 K. 列登堡等阐释人工种子和天然种子的异同。

1983 年，美国加州戴维斯植物遗传公司 K. 列登堡（Redenbaush K.）培养芹菜茎组织成为人工胚。他说："使人兴奋的是，我们对人工胚研究愈深入，就愈能清楚地看出它们同种子内部的自然胚非常相像。稍有不同的是人工胚没有种皮"。相近的时期，美国普渡大学园艺系教授 J. 詹尼克（Janick J.）提出，合成种子是"基因工程和农业生产之间的桥梁"。他同 S. 基托（Kitto S.）合作，给胡萝卜胚包上胶囊，制成干的胶状丸粒。不过，他指明："我认为，我们决不至于舍弃天然种子不用，天然种子制种成本低，有顽强的抗逆能力。"

12. 1984 年，印度 S. K. 辛哈（Sinha S. K.）、M. S. 斯瓦米纳森（Swami-nathan M. S.）阐释 19 世纪末 20 世纪初欧美的作物品种选育。

他们在《植物育种的现代基础》一书所写"植物育种的新参数和选择标准"一章中说："在混合群体中选择比较优良的植株和采取周密计划，通过杂交，把亲本性状结合于杂交后代的种种努力首先在欧洲，而后在北美洲开始。马铃薯、小麦、糖用甜菜、燕麦、黑麦和亚麻能满足人们对粮食、糖料、纤维和饲料的需要，因此 19 世纪后期和 20 世纪初这些作物引起植物育种家的注意是理所当然的。另外，蔬菜作物也受到重视。当时植物育种的重点集中在单一作物的改良上。由于欧洲的气候条件不适合于一年在同一地块上种植一作以上，多作或混作制育种的概念甚至连讨论都未曾做过。其后，当植物育种工作在美国和加拿大起步前进的时候，不同的植物育种家致力于作物改良参数的确立。那时土地与人口的比率十分适宜，而且作物产量可以通过施肥得到改进，所以消费者品质和感官特性的改良备受重视。除产量之外，抗病虫害也是主要目标。"

13. 1984 年，印度 S. K. 辛哈、M. S. 斯瓦米纳森等叙述历史上育种方法是从小麦、玉米、糖用甜菜和三叶草等作物发展起来的。

他们在《植物育种的现代基础》一书所写"植物育种的新参数和选择标准"一章中说："在历史上，育种方法是从小麦、玉米、糖用甜菜和三叶草等作物发展起来的。在这些作物中，产量选择通常是以具有良好空间的点播群体中的单株产量为基础。繁殖入选单株产生足量的种子材料，以便在一般生产上所采用的群体中进行测试。"

14. 1984 年，巴西 P. B. 沃斯（Vose P. B.）在所主编《植物育种的现代基础》一书撰写"遗传因素对植物营养需求的影响"一章中曾评述近 50 年作物品种培育领域不是培育适应性强的作物品种以适应条件差的土壤。

他说："在最近 50 年中，土壤科学和农学始终致力于改变土壤条件以适应作物，而不是培育适应性较强的作物品种以适应条件差的土壤。这种现象一方面由于许多农业研究者的隔离性，另一方面是由于改变代表性土壤环境的迫切性以及因为任何作物育种者在选育新品种时，都必须考虑很多因素，例如，品种的产量、抗病性、生长习性、农艺学的适应性、抗倒伏等等和商业上要求的早熟性、品质、产品大小、整齐度及适于包装和运输等性能,以至于没有时间去考虑对营养元素利用效率这些额外的因素,除非极端的需要迫使他们去做这些工作。"

15. 1984 年,《日本经济新闻》刊载《种子战冲击着日本》一文。

文中提到:"在世界上的三大谷物,小麦、玉米、水稻之中,小麦和玉米种子市场已被瓜分完毕。小麦新品种的 70% 为英、法、德国三国种子公司所掌握。在玉米新品种方面,美国杂交种独霸世界。剩下的只有水稻了。日本必须在这方面同用生物工程和系统地收集起来的遗传资源及长期战略武装起来的欧美种子公司进行斗争。"认为"控制种子者控制粮食,控制粮食者控制经济,掌握外交主动权。"由于美国圆环公司向日本销售杂交稻种而在日本引起"杂交稻冲击波"。日本人士认为,自 1864 年明治维新 100 多年来,日本水稻单产才翻了一番。杂交稻的增产速度一跃达百年水平,是过去品种改良方法无可比拟的。中国先于日本育成杂交水稻并投入生产,并转让专利由美国圆环公司销往日本,日本方面认为这关系到民族的尊严。若从外国大量输入稻种,日本的农业将以此为导火索开始总崩溃。提出"对这场种子战',要像对待战争那样,来考虑杂交稻的输入"。决定成立杂交优势研究所,开发杂交稻研究,赶超中国,提出"一粒种子可以改变世界"这种唤起各界关注的口号。

16. 1986 年,H. 霍布浩斯(Hobhouse H.)将马铃薯、甘蔗、棉花、茶、奎宁称为改变人类的五种植物。

他认为,在世界范围内,最有代表性的农业植物种质转移是马铃薯、甘蔗、棉花、茶和奎宁 5 种植物种质的转移。它们起源于少数国家,而后通过转移传遍全世界,发挥了很大作用,以至被人们誉为:"改变人类的五种植物。"

17. 1987 年,英国 F. G. H. 路蒲敦(Lupton F. G. H.)提到 19 世纪以前,人们很少对禾谷类作物品种进行改良。

他在《小麦育种的理论基础》"小麦育种的历史"一章中说:"19 世纪以前,人们很少对禾谷类作物品种进行改良。当时栽培的农作物是大量的地方品种。每一个地方品种都是在其生长的地区内演化而成的,演化的主导因素是自然选择,有时农民选择一些优良穗子留种也促进了其演化。"

18. 1989 年,美国科学家用遗传工程法培育良种大豆获得突破性进展。

1989 年最新一期的生物技术杂志报道了在培育遗传工程化的农作物方面取得的一项突破,这使得多种新型大豆品种的快速培育为期不远了,并将因此使大豆产生恢复活力。英国每年要向美国农场主出售价值 4 亿美元的大豆种子。但由于大豆作物本身缺乏变异，这就限制了用传统方法培育新品种大豆，大豆育种人员遇到了困难。现在，大豆产业将由于拥有对一定范围的农作物疾病、害虫和除草剂有抵抗力的遗传工程化的多品种大豆，而引起农场主的兴趣。遗传工程在理论上为给农作物赋予新的遗传特性提供了广阔前景，但对重组 DNA 技术来讲，这却是极其困难的事情。首先，植物细胞粗糙的纤维素细胞壁是导入外源 DNA 的一个难以克服的障碍，通常不得不在导入外源 DNA 前除去这层细胞壁。第二步，即从新的细胞培育成健康作物则更难以获得可靠结果。至于大豆，第一步已在 3 年前完成，当时在实验室将外源 DNA 导入了大豆细胞内。但直至今日研究人员才掌握了第二步；大豆作物不仅接受了外源 DNA，而且现在能被培育成熟并将人工导入的遗传性状传给下一代。这一卓越成果是由两个完全互为独立的研究小组的研究人员，用截然不同的方法取得的。位于密苏里圣路易斯的蒙森托公司的莫德·辛奇和她的同事用根瘤土壤杆菌感染幼小作物，已知这种细菌在控制条件时能将自身 DNA 转至作物。位于威斯康星米德尔顿的 Agracetus 的保罗·克里斯托和他的研究小组则用包被着 DNA 的黄金颗粒打入大豆种子。两种方法各具优缺点：蒙森托法的成功率大约为 6%，这对农作物遗传工程来说是个很可喜的数字，但该方法只适于那些对根瘤土壤杆菌易感的大豆品种改良抵抗力的大豆作物以外的所有植物，这些新的技术进展加快了改良作物的开发，并将进一步推动新型大豆产业。遗传工程能把截然不同的品系的基因导入大豆，从而将更快地培育出新品种的大豆。

19. 2002 年，美国科学家培育出低糖甘薯。

2002 年，美国遗传学家运用常规育种，选择培育出了淡橘色、黄色和奶油色的甘薯种系。该种系口味淡、甜度低，适合于制作薯片或油炸薯条。这种被命名为 Bobac 的新品种有三大特征：①营养价值高，用这种甘薯制成的薯片含有许多营养成分，包括橘色 β 胡萝卜素；②干物质含量高达 40%，这就意味着这些薯片吸油较少，因而香脆且低脂；③能够在杀虫剂较少的条件下生长，因为它们可以抵抗甘薯主要害虫，如根腐线虫、地下害虫。

20. 2003 年，美国科学家培育出适合商业加工的甜菜新品系。

2003 年，美国农业部农业研究局推出首个抗甜菜丛根病又具有平滑根系的甜菜杂交品系 EL0204。种植该品种可使整个农场的甜菜免受甜菜丛根病的侵害。

经过近 3 年的测试，EL0204 在美国密歇根州和加州的试验点表现良好。美国农业部农业研究局的三位遗传学家经多年研究，杂交培育出这一新品系。

多年来，人们一直希望具有平滑根系、高糖的甜菜品种能够具备良好的抗病性。新品系满足了人们的需求。新品系的主要优点是抗甜菜丛根病。甜菜丛根病于 2002 年在美国密歇根州被首次发现，它侵害植物的根部。

具有平滑根系的甜菜品种根部的含土量仅为非平滑根系的一半。因此，带入加工过程的含土量亦减半。美国制糖业每年可为此减少几百万美元的清洗和处理费用。在那些清洗剩余土壤的行为受到法规限制的地区，平滑根系的这一优点尤其明显。该品系的基因已经存入美国国家种质基因库，可以用来开发新的具有平滑根系、高产、高糖、抗病的新的甜菜品种。

21. 2007 年，美德科学家绘制出最全面的全球植物物种分布图。

美国圣迭戈加州大学和德国波恩大学的生物学家绘制了一份最新的反映全球植物物种多样性的地图，涵盖数十万个物种，是迄今最全面的地球植物物种分布图。

据美国每日科学网站报道，这份地图连同一份研究报告刊登在美国《国家科学院学报》网络版上。科学家们说，这份地图突出了那些特别值得保护的地区，还为测量气候变化对植物和人类可能产生的影响提供非常必要的帮助。另外，它还可能有助于确定值得进一步关注的地区，以便发现人类未知的植物或药物。

圣迭戈加州大学生物学助理教授、研究论文的主要作者耶茨说，植物为人类做出了重要贡献，与人们生活息息相关，但我们远远没有了解世界上 30 多万个植物物种的单独分布情况。

波恩大学内斯植物多样性研究所的克雷夫特说，气候变化可能促使一些具有重要药用价值的植物没等我们发现就灭绝了。这次关于全球范围内植物多样性与环境复杂关系的生态研究可能有助于避免此类潜在的灾难性疏忽。

22. 2013 年，日本专家称找到帮助细胞保湿基因。

日本农业生物资源研究所的专家分离出一种基因，这种基因能帮助细胞吸收具有保湿作用的糖类，有助于防止细胞干燥。

这家科研机构日前发表新闻公报说，海藻糖是昆虫、植物、食用菌和细菌内广泛存在的一种天然糖类，对人体无害，可被用作食品和化妆品的添加剂。海藻糖可调节细胞内外的渗透压，有助于防止水分流失。如果要利用海藻糖的这一特点，生物细胞必须能自由地大量吸收海藻糖，但此前专家对细胞吸收海藻糖的机制不甚了解。

日本农业生物资源研究所的黄川田隆洋等研究人员以细胞内积蓄有大量海藻糖的一种昆虫——摇蚊为研究对象，分离出了名为"TRET1"的基因，这种基因的表达结果就是让海藻糖穿过细胞膜被运进细胞内。

农业生物资源研究所的公报说，这项成果有望用于转基因技术以培育抗干旱作物，或使插花的保存时间更长久。

23. 2016 年，科学家称新技术可提高光合作用效率并增产。

2016 年，一个来自美国伊利诺伊大学、劳伦斯伯克利国家实验室的科研团队在近日出版的《科学》杂志上刊文称，他们的一项最新研究表明，通过改造植物中的相关基因，可以提高植物光合作用效率，增加植物的捕光能力和生物质生成，从而增加植物产量。

伊利诺伊大学的约翰汉尼斯·克罗米迪卡和同事猜测，如果能对光合作用的恢复机制进行操控，或能带来更高的作物产量。研究团队以烟草为研究对象，对参与"非光化学淬灭"过程的 3 个基因进行改造，使这一机制的关闭速度加快，这意味着植物可以更快地提升阴影下的光合作用效率。在光照稳定的情况下，改良植物的表现与对照组类似；但是，在光照出现波动时，改良植物的二氧化碳固定能力和光合作用则分别提高了 11％和 14％。改良植物还有更大的叶面积和高度，其总干重比对照植物要多 14％～20％。论文作者称，这一研究弥补了光合作用中的"缺陷"，有望带来更好的农作物收成。研究人员正在对大米和其他粮食作物进行相同的基因改造，希望在这些作物上也能取得类似的增产结果。

24. 2016 年，美国分离出小麦赤霉病抗性基因。

小麦赤霉病是一种全球性小麦疾病，会造成作物产量急剧下降，每年给全球农业生产造成巨大损失。据《自然·遗传学》杂志报道，美国科学家在克隆旨在消灭小麦赤霉病的抗性基因方面取得重大突破。他们利用先进的小麦基因组测序技术分离出了具有广谱抗性的 Fhb1 基因，这一发现不仅对小麦赤霉病，而且对各种受到真菌病原体—禾谷镰刀菌感染的类似寄主植物的抗病防治，也将产生广泛影响。

小麦赤霉病一直以来是一个难以解决的问题，中美科学家经过 20 多年的研究，只在某几种特定中国本土作物中发现了抗性。马里兰大学、华盛顿州立大学等多所大学组成的研究团队，利用先进的小麦基因组测序技术成功分离出了具有广谱抗性的 Fhb1 基因。一旦最终了解了基因的作用性质，此项发现还可用于控制其他镰刀菌引起的葫芦、西红柿、土豆等农作物的腐烂。

研究人员未来准备利用 Fhb1 克服由病原体造成的大量农作物病害，并将这种抗性通过育种、转基因、基因组编辑技术等进行优化后，转移到其他易感染镰刀菌的农作物中。

25. 2016 年，美国发布基因组相关资助计划。

2016 年 10 月 20 日，美国国家科学基金会投入了 4 400 万美元用于资助基因组研究计划，目的是提高农业实践水平，减少对资源的需求，以及解决环境问题等。其中与植物病虫害相关的研究项目包括利用番茄的天然多样性来寻找新的抗病资源，多年生作物中植物性基因发掘和功能研究。

26. 2017 年，科学家通过基因测序揭示小麦驯化关键基因突变。

野生小麦的麦粒成熟时，穗轴变脆，容易碎裂，有助于在风力作用下把麦粒散播出去、繁殖下一代。但这对人类采集麦粒非常不方便，带有使穗轴不变脆的"硬轴"基因突变的小麦受到青睐，并逐渐被人类驯化。现在经过驯化的小麦品种都有硬轴，穗轴在收割时仍保持完整。以色列特拉维夫大学、澳大利亚悉尼大学等多家机构科研人员组成的团队在美国《科学》杂志上报告说，他们对野生的四倍体小麦——圆锥小麦进行基因测序，利用软件重建了其 14 条染色体。研究人员将野生小麦与驯化品种的基因进行对比，发现有两个基因簇在驯化品种中失去了活性，它们可能是穗轴易碎性的关键。通过基因改造技术，恢复其中一个基因簇的活性后，小麦穗轴呈现出上半部分易碎、下半部分不易碎的特征。除了使穗轴不易碎的突变，小麦还有一些重要基因突变对人类种植者有利，但对植株在野生环境中的繁殖不利，例如使种子不再休眠、一经种植就立刻发芽生长的突变，以及使麦粒外壳容易脱落的突变。

27. 2017 年，基因编辑入选《自然》《科学》年度重大科学事件。

基因编辑保持迅猛发展势头，市场规模再创新高，基础研究有所突破，围绕基因编辑领域的研究成果和焦点人物多次入选《自然》《科学》年度重大科学事件和科学任务。基因编辑在工业微生物改造、农业育种、药物靶点筛选、基因治疗等领域的推动作用更加凸显，成为生命科学基础性技术。

28. 2018 年，跨国农业企业非常关注基因编辑技术在品种培育中的作用。

2018 年，跨国农业企业非常关注作物病虫害防治研究及相关产品的研发，同时也非常关注基因编辑技术在抗虫和抗病等作物品种培育中的应用。杜邦先锋公司、先正达公司和孟山都等公司和企业注重多重作用机制的新型抗虫品种培育。近年来，国外大型农业生物公司倾向于利用 RNAi 技术防治病虫害。

29. 2018 年，"植物生物探测器"可将普通菠菜变成"生物炸弹探测器"。

2018 年，一个来自美国麻省理工学院、由 Michael Strano 领导的工程师团队成功地将普通菠菜转变成生物炸弹探测器。相关成果发表于《自然—材料学》杂志。工程师将定制的碳纳米管移植到活的菠菜植株的叶子里，从而将其变成针对炸药分子的实时监控系统。当菠菜从地下将水分吸收到叶子中时，碳纳米管能探测到任何硝基芳香化合物的存在。硝基芳香化合物是一种通常出现在地雷等爆炸物中的化学成分。当研究人员向碳纳米管照射激光时，如果它们发现了硝基芳香化合物，便会释放荧光信号。这种信号可被 1 米外的红外摄像机探测到。

二、引种

1. 1904 年前后，美国的美洲板栗由于引进亚洲板栗附来枯焦病菌而严重致病。

1904 年前后，美国引入带有板栗疫病栗枯焦病菌的亚洲板栗，最初在一个植物园内栽植，后扩散到美国东部有一种优良材用与栲胶原料的美洲板栗的落叶阔叶林中。这种病菌迅速蔓延，侵染了美洲板栗，至 20 世纪 30 年代，便摧毁了约 5 400 余万亩美洲板栗纯林，使这个树种因感染疫病，几乎全部死亡，严重地影响了当时美国的栲胶生产及与栲胶有关的工业行业，使美国失去了建造房屋、船桅、乐器和枕木的重要木材来源。至 1994 年，经过育种家们的努力，使用抗病的中国栗子树与在世纪初枯萎病中没有枯死的美洲栗子树杂交，已培育出 94％能在北美存活、结出可供食用果实、长成坚硬木材的新的栗子树品种。

2. 1905 年，美国农业部派遣 F. N. 迈耶（Meyer F. N.）到中国寻求对美国农业有用的材料。

F. N. 迈耶 1875 年出生于荷兰，在荷兰接受园艺学教育。1905 年，美国农业部交给他在中国考察并寄回各种他认为有价值的水果、坚果、蔬菜和多种农作物品种，并尽力学习中国有关的栽培方法的巨大任务。迈耶在北京的市场内品尝了各种产品，然后去果树产地，就这样得到了许多柿子、葡萄、杏、樱桃的种子。他到过许多寺庙的庭园，在当中发现一棵贵重的阿月浑子树。他走遍中国中部地区寻找甘蓝、水稻和大豆的品系，把它们寄回华盛顿。他还到中国东北部和其他地区，历约两千英里的行程，采集洋葱、胡椒、西瓜以及其他许多作物品种。他于 13 年间，搜集内容丰富，仅据美国方面叙及的即有 680 个品种和种类。许多植物种子苗木运到美国后，已在美国土地上繁衍。中国榆树被广泛引种，种植在南达科他、北达科他和得克萨斯等州，建成了 2 700 千米长的防护林带。阿月浑子树引进后已成为美国西南部的行道树。引进的中国小麦、大麦、高粱、苜蓿和三叶草已成为美国培育各种优良品种的原始材料。从中国东北搜集到的大豆，不仅可供食用，还可榨油，成为供应多种工业原料应用的重要作物。

迈耶于 1918 年在中国从事植物搜集考察中去世。美国为纪念他的功绩，颁发一种荣誉奖章，每年授予在植物引种方面有特殊功绩的人。美国的植物引种工作包含着对数量庞大植物的研究。他们认为并不是所有引进的植物对美国都有用处，但他们说，美国目前的许多小麦、水稻、马铃薯及其他作物都是通过植物引种获得的种质中衍生出来的。

3. 1912 年，美国由引入种苗携菌发生柑橘溃疡病。

1912 年，在美国佛罗里达州发现柑橘溃疡病。当时在科学界认为是一种新病。1914 年，此病已成为美国柑橘的一大威胁。后来知道该病原发生于中国及印度，在引进种苗时附带将病菌传入。1914—1931 年，美国佛罗里达州发动清除柑橘溃疡病，组织规模庞大，执行严密，最后获取成功。

4. 1920 年，在植物引种和推广种植中提出光照周期理论。

20 世纪初，法国图奈斯（Tournis）和德国克莱布斯（Klebs）已提到日照长短对开花的效应。1920 年，美国农业部专家 W. W. 加纳（Garner W. W.）和 H. A. 阿拉（Allard H. A.）观察到烟草马里兰大型品种在美国南部佛罗里达州种植时，能够正常开花结实，引种到华盛顿附近夏季田间条件下不开花，只进行营养生长，株高可达 3～5 米；在冬季温室内短日照条件下栽培时，株高不及 1 米，却能开花结实。后经试验确定，影响烟草开花的主要因素是日照长度，夏季若人为地缩短日照长度，供试烟草同样可以开花，他们通过烟草试验，发现植物对昼夜光暗交替及其相对长度反应的光周期现象。提出主要以日照长度为植物开花关键因素的光照周期理论，把植物分为短日照植物、长日照植物和中性植物。光照周期理论的提出，对植物引种、杂交育种等有着重要意义。

5. 1925 年，И. В. 米丘林曾在文章中提到中国肥城桃。

其中称："中国桃，在中国山东省一个叫做'肥庄'的小村子里，繁殖着一种果形极大的桃，每个果实重 400 克以上。目前，肥城桃已在北美合众国很好地风土驯化了。米约尔从中国带来的枣，也是很有价值的。这种树只在春末开花，因而能避免春季晨霜为害。"

6. 1930 年，美国引进葛藤在南部种植，用来防治水土流失。

至 20 世纪 50 年代，葛藤在美国南部对于防止表土流失，肥沃土壤，饲养牲畜等方面确实起了很大的作用。由于美国南部没有严冬阻止葛藤生长，也没有天敌的抑制，一支葛藤主根可长至 300 多磅重，能发出四五十个主枝，枝条每天能长 30 厘米，很快排挤了其他植物。葛藤也曾成为无法收拾的"绿色的恶魔"。

7. 1938 年，美国 A. D. 霍普金斯（Hopkins A. D.）提出生物气候定律，推动了物候学的研究。

他认为：在其他因素相同的条件下，北美洲温带范围内（指大陆西部）纬度每向北移动 1°，经度每向东移动 5°，或海拔上升 122 米，植物的发育时期在春天和初夏将各延期 4 天；在晚夏和秋季则适相反，即向北 1°，向东 5°，向上 122 米，都要提早 4 天。

8. 20 世纪 40 年代，美国 M. Y. 纳顿森（Nuttonson M. Y.）对水稻、小麦和其他禾谷类植物进行了系列研究，就世界各国的气候与美国气候的相似程度进行比较分析，发展了农业气候相似论。

他以日最高温度、平均初霜、终霜日期和月雨量作为基本气候资料，提出"不同的地区，其某些主要天气特征方面非常相像，因而，一个地区的技术和培育的品种，在引种到它的相似气候区时，能够成功地应用。"由于谷类植物的界限温度和水分需要为人们所熟知，像水稻、小麦、玉米等植物从热带到高纬地区广泛分布，因而这一理论见解当时没有被人们认为是重要贡献。现今，农业气候相似理论得到不断丰富发展，对作物引种、扩种的实践，有着重要的指导作用。

9. 1945 年，美国 M. 卡尔文等首次证明三碳植物的循环途径。

他们用放射性同位素 C^{14} 研究了光合作用的碳素同化过程，经过了 10 年左右的工作，证明了 CO_2 进入植物体后形成最初的稳定性的产物是 3‑磷酸甘油酸，然后再合成其他的碳水化合物。这个合成过程是循环运转的，称为卡尔文循环。因为 3‑磷酸甘油酸是含有三个碳原子的化合物，所以又叫做三碳循环。进行这种碳循环的植物称为三碳植物。三碳植物的光合效率较低，有明显的光呼吸现象，光呼吸放出二氧化碳的量约占光合作用同化二氧化碳量的 30%～50%，其二氧化碳补偿点高。栽培植物中绝大多数为三碳植物如小麦、水稻、甘薯、棉花、大豆、油菜、甜菜、菠菜等。

10. 1969 年，M. D. 哈奇（Hatch M. D.）等最早揭示四碳植物的循环途径。

1969 年，M. D. 哈奇和 C. R. 施塔赫（Stahu C. R.）的研究证明，玉米、甘蔗等若干种作物，其光呼吸很低，甚至没有。这类植物除具有一般植物的 C3 途径之外，还有一个特别的二氧化碳固定途径，即 C4‑二羧酸途径，简称 C4 途径。在这种循环中，因光合作用的最初产物是四碳（C4）化合物，故称四碳途径。四碳植物一般没有明显的光呼吸现象，其二氧化碳补偿点低，而光合效率高。栽培植物中属于这类的植物有玉米、高粱、甘蔗等。区分 C3 植物和 C4 植物，对植物引种、育种和种植推广等工作有重要意义。

11. 1980 年，美国 S. H. 威特威尔（Wittwer, S. H.）在其所作的"21 世纪的农业"报告中，谈到种质资源的利用时，曾指出现在我们所收集的植物种质资源，将对 21 世纪的农业起着真正的定形作用。

S. H. 威特威尔的这一评价，是对品种资源潜力的深刻描述。

12. 1990 年，科学家提出"基因聚合"的概念。

"基因聚合"这一设想最早由 Yadav 等（1990）在研究芥菜抗病和抗逆性状改良时提出。"基因聚合"的简单定义，就是将分散在不同的个体、品种或品系中的理想基因聚合到同一个基因组中。多基因聚合育种就是通过遗传学上的杂交（不同基因型间的杂交）或育种学上的杂交、回交等技术将有利基因聚合到同一个基因组中。也就是通过不同基因型个体间的杂交，再在分离世代中通过分子标记选择多个目标基因座上均为优良纯合基因型的个体，从而选出性状表现优良的个体，实现优良基因聚合的一种育种方法。

13. 2019 年，Loveland 推出种子处理剂 Consensus。

Loveland Products 公司近日宣布取得一个新的活性成分的登记批准，随后还推出一个新的名为 Consensus（IBA ［3 -吲哚丁酸］＋水杨酸＋几丁聚糖）的种子处理产品，用于大田作物及其他许多作物。

Consensus 采用了新的种子处理技术，包含包括水杨酸在内的 3 个重要的植物生长调节剂，具有使用剂量低、对种子安全、对环境影响小的优势，是一种与其他种子处理产品，如根瘤菌接种剂组合使用的良好选择。

三、选种和育种

1. 1900 年，美国 J. B. 诺顿（Norton J. B.）创用作物秆行试验法。

美国诺顿继赫土百株试验法之后，1900 年，创立秆行试验法。试验小区一秆长度一般为 5 米，收获前试验小区两端各除去 0.3 米。以克为单位的产量数字乘以 0.1，就可以变换成每英亩英斗的产量。在不同类型的试验和在不同的试验站，秆行试验小区的大小可自 1 行区至 5 行区。在采用多行试验小区的情况下，试验小区每边的一个边行往往除去，以矫正可能发生的不同品种间的生长竞争。

2. 1902 年，德国植物学家哈巴兰特（Haberlandt）首先提出高等植物组织培养的构想。

他曾预言，如能借用适当手段，培养高等植物体细胞，将对该单位生物体的细胞所具有的特性与能力，能提供极有价值的知识，并可进而分析构成多细胞的关系。他曾以叶为材料进行培养，但未获成功。

3. 1903 年，丹麦 W. L. 约翰逊（Johansen Wilhelm Ludwig）提出纯系概念。

他根据菜豆粒重选种试验结果，1903 年发表《遗传群体与纯系》著作，提出纯系概念。接着用菜豆等作物进行大量自交、杂交实验，于 1909 年出版了《精密遗传学原理》一书，系统阐述了纯系学说，把孟德尔提出的遗传因子改称为基因，认为由纯合的个体自花受精所产生的子代群体是一个纯系。在系内，个体间的表现型虽因环境而有所差异，但其基因型相同，选择是无效的；在由若干个纯系组成的混杂群体内进行选择时，选择是有效的。这种主张为作物纯系育种奠定了理论基础。

4. 1904 年，汉宁（Hanning）离体培养萝卜和辣根的胚。

他发现离体胚可以充分发育并可提前萌发成小苗，这是世界上植物胚胎离体培养最早成功的实例。

5. 1904 年，英国 R. H. 比芬（Biffen R. H.）首次发现小麦抗锈性遗传符合孟德尔定律。

他用感染条锈病小麦品种密执安·布隆兹与对条锈病免疫的品种瑞沃特（Rivet）杂交，提出小麦品种 Rivet 对条锈病的抗性是由一对隐性抗病基因决定的。首次发现并确定小麦抗锈性遗传符合孟德尔定律，从而为作物抗锈育种工作奠定了理论基础。

6. 1906 年，英国 W. 贝特森（Bateson W.）和 R. C. 庞尼特（Punnett R. C.）首先揭示出位于同一染色体上的基因倾向于伴连传递的连锁遗传现象。

他们用香豌豆试验，发现紫花长花粉与红花圆花粉的类型杂交，或紫花圆花粉与红花长花粉的类型杂交，F_2 都不符合 9 : 3 : 3 : 1 的理论比数，亲本型的实际数多于理论数，重组型的实际数少于理论数。表明位于同一染色体上某些基因在遗传上的连锁影响到其所控的子代植物的表型特征。

7. 1908 年，瑞典作物育种学家 H. 尼尔松—埃赫勒（Nisson - Ehle H.）提出解释数量性状遗传的多基因假说。

他根据小麦粒色的遗传，在数量性状中，其后代常不能表现很明显的分离为孟德尔式比例。提出：数量性状由许多独立的传递基因组成一个多基因组，形成一个累加性状。但每一个单独的基因，其效果却非常有限。他在瑞典小麦育种中，于 20 世纪初配置了第一批组合，并用系谱法处理后代。利用这一方法他证明了多因子的存在，从而奠定了超亲分离的科学基础。他根据实践经验又发展了自己的系统，每年利用已收获的、需要进一步系谱选择的材料所剩下的种子，对早期分离世代选择的材料进行产量试验。系谱法虽然在世界各地广泛采用，但这种方法有费时间、费劳力的缺点。1908 年，他又倡行混合选种法。起初主要用以处理冬小麦杂种后代。随后不少育种家取其简便易行，相继在其他一些作物育种中采用。

8. 1912 年，俄国 И. В. 米丘林开始选育出耐寒、抗昆虫和寄生真菌侵害梨的新品种。

俄国 И. В. 米丘林于 1903 年用"皇家布瑞"梨授粉给六年生幼龄秋子梨第一次开的几朵花上，经种子繁殖，于 1912 年开始选育出耐寒、抗昆虫和寄生真菌侵害梨的新品系。约在 1915 年，他写出《关于我最近培育出来的果树和灌木新品种的初步报导和论文资料》中，就梨的品种选育指出："生长强的果树及其叶子和果实几乎完全不遭受昆虫和寄生真菌的侵害，甚至于双臂隐翅虫也不能危害这个品种的果实，因为在秋季时，树上的果实极其坚硬，并且完全不适于食用，只有在储藏时，从 11 月中开始，它们才具有自己的佳美味道。"И. В. 米丘林在抗虫病育种方面不懈努力，于 1931 年，曾发表《选种——获得抗病虫害（免疫）植物的杠杆》一文，文中提到："我虽然认为现在在果园中防治寄生真菌和虫害的手段有很大的意义。但根据多年的经验，我还是认为有必要提出，唯一正确的防治途径是植物的选种和杂交，通过这条途径有可能获得抗病虫害的（免疫的）果树和浆果植物的新品种。借助于杂交和选种，不仅能育成免疫的品种，而且可以获得具有在一般果树栽培中所不能遇到的品质和特性的植物。""植物选种是增加农作物产量和保护农作物不受病虫害侵袭的一个有力杠杆。"

9. 1913 年，美国 E. C. 斯塔克曼在作物抗病育种领域阐释生理小种问题。

1894 年，瑞典中央农业试验站 J. 艾力克逊（Eriksson J.）已注意到形态相似的秆锈病菌对麦类一种或几种寄主的致病专化性现象并最早作出类型区分。1913 年，美国 E. C. 斯塔克曼（Stakman E. C.）撰出《谷物锈病生理小种研究》的博士论文，接着在谷物致病菌生理小种和鉴定分析上做了大量工作，加深了作物与病原物关系的认识，促进了当时的植物抗病育种工作。

10. 1914 年，美国 G. H. 沙尔（Shull G. H.）建议采用"杂种优势"词汇。

他将理由解释如下："为了避免在涵义上把所有刺激细胞分裂、生长和其他生理原因的基因型上的差异都归诸于孟德尔遗传，同时为了简化表达形式，我建议采用杂种优势这个字以代替'杂合性的刺激'，'杂合子的刺激作用'……等词汇。"

11. 1917 年，V. 赫尔顿（Helten V.）创用橡胶树苗芽接法。

1910 年起，在印度尼西亚茂物植物园工作的荷兰园艺家 V. 赫尔顿从事橡胶品种选育试验，从实生苗中选择出高产树作无性繁殖。1917 年创用橡胶树苗芽接法选择出 3 个无性系，取得比未经选择的巴西橡胶实生树产胶高达 3~4 倍的增产成效，促进了天然橡胶生产在东南亚的迅速发展。

12. 1917 年，美国提出玉米双杂交种子的生产方法。

1875 年，美国比尔（Beal W. J.）主张选择差异较大的品种进行杂交。1909 年，美国沙尔（Shull G. H.）在自己和美国伊斯特（East E. M.）玉米自交和杂交工作的基础上，取得玉米自交系间杂种第一代的增产效果，并设计出育种方法。先使玉米自交获得优良的自交系，再以不同自交系杂交产生均一而丰产的单杂交种玉米。1917 年美国 D. F. 琼斯（Jones D. F.）等提倡应用玉米双交杂种。提出双杂交种子生产方法，并可供给玉米杂交种子，价格便宜，农民买得起。这样一来，制定了值得羡慕的杂种玉米生产性能的标准，并为农民所接受。1933 年玉米产区杂交种种子种植面积只占玉米面积 0.2%，截至 1944 年，杂交种种植面积达 83%。现今，实际上种植的所有玉米都来源于杂交种种子。

13. 1921 年，A. D. 伯格纳（Bergner A. D.）首次在曼陀罗中发现单倍体植株。

在 A. D. 伯格纳在曼陀罗中发现单倍体植株后，许多科学家发展了体内或离体诱导单倍体植株的方法。

14. 1922 年，W. J. 罗滨（Robbins W. J.）与 W. 克德（Kotte W.）证明试管内培养植物组织能做有限的生长。

他们使用自玉米等作物分离的根端与茎端在含有无机盐、糖类等的试管内做无菌培养，观察到分离的组织器官，能做有限的生长初次证明试管内培养植物组织的可能性。

15. 1923 年，英国 R. A. 费舍尔（Fisher R. A.）创立农业试验统计分析的方差分析法。

他首先运用随机排列概念创立"方差分析法"，用于分析田间和实验室的试验材料，提出随机区组和拉丁方的试验设计，认为要得到个不偏袒的机误估计，在一个区组内品种次序的随机排列是必须遵守的。1925 年，他和同事建立了生物统计学和统计遗传学的数学体系，为从数量上分析农作物、畜禽遗传变异在表现型变异中究竟占有多大份额的课题研究开创了新途径，对作物品种培育事业有重要的推动作用。

16. 1928 年，L. J. 斯塔德勒取得玉米辐射育种的成功。

1927 年，美国 H. J. 穆勒（Muller H. J.）用 X 射线处理果蝇，开辟人工诱发突变的新途径。

1928 年，斯塔德勒（Stadler L. J.）以玉米为材料，利用射线人工诱发突变，在作物育种方面作出了贡献。其后，人们广泛利用 X 射线、丙种射线（γ）、甲种射线（α）、乙种射线（β）、中子、微波等照射农作物种子、植株或其他器官，引起农作物遗传性发生多种多样变异，经过人工选择，培育出许多优良的品种。由于辐射育种方法较为简易，变异稳定较快，培育新品种年限较短。但一般辐射后代出现有利变异较少，不利变异较多，且出现何种变异难以预测。一般育种程序是：辐射一代不用选，混合收藏待来年播种；辐射二代是关键，精选优良变异单株；三代四代继续选，进行品系鉴定优劣比较；选出优良品系再进行品种比较，把优于对照的投入示范推广应用。

17. 1929 年，R. L. 戴维斯（Davis R. L.）提出测定玉米杂交组合力的顶交方法。

为测定一般组合力，他提出一种自然授粉的品种与一自交系杂交的顶交方法。这种方法简便，效果较好。

18. 1934 年，美国 P. R. 怀特（White P. R.）利用无机盐类、蔗糖、酵母抽出物等成功地培养番茄的根尖，获得了第一个活跃生长的无性繁殖系。

此后，怀特与高斯黎（Gautheret）分别利用烟草及胡萝卜根外植体愈伤组织进行液体培养，继代成功，并诱导分化出完整植株。这是蔬菜组织培养上突破性的成就。

19. 1935 年，苏联遗传育种学家 Н. И. 瓦维洛夫（Вавилов Н. И.）提出应最大限度地利用当地材料，从中选出最丰产和最有价值的类型。

他在《主要栽培植物的世界起源中心》"地方品种及其意义"中说："栽培植物的各个品种本身基本上反映着我国过去不久前实质上是个体小农经济的历史。在个别一些作物和品种上可以追溯他们从西欧、美国、小亚细亚、蒙古和伊朗引进的途径。""自 18 世纪开始，个别爱好者和社团无系统地从国外索取一些新品种，其中偶尔也有很有价值的材料。"

"可以认为，十月革命（1917 年）以前我国没有良种繁育。自发性和偶然性是过去良种繁育的特点。适于机械化农业的需要，有计划的品种布局，在我国刚刚开始。"

"当然，在育种中首先应该最大限度地利用当地材料，以便从中选出最丰产和最有价值的类型。"

20. 1937 年，美国 A. F. 布莱克斯莱（Blaksslee A. F.）发现秋水仙精可诱变多倍体。

A. F. 布莱克斯莱发现秋水仙精可诱变多倍体，在作物育种方面影响很大，肇始了化学制剂在诱变育种领域的应用。1948 年，古斯塔夫森（Gustafsson）等曾用芥子气与 X 射线及中子比较其对大麦产生诱变的效果。1949 年，奥尔巴赫（Auerbach）发现芥子气具有颇强的诱变作用，与用强力 X 射线所获的突变无异。

21. 1938 年，美国 N. E. 约东（Jodon N. E.）发明温汤去雄法。

他选择母本品种将开花的穗，去除已开花受精和较幼嫩的小穗后，将穗浸泡于 $40 \sim 44℃$ 的温汤中，经 10 分钟，可杀死花粉活力而不损伤其他花器器官。这项发明提高了杂交育种工作的效率。

22. 20 世纪 40 年代末，美国 N. E. 布劳格（Borlaug Norman Ernest）在墨西哥国际玉米小麦研究中心利用自然条件进行小麦异地加代。

N. E. 布劳格在小麦育种中进行异地加代缩短育种年限的试验获得成功。其后，许多国家的作物育种专家开展了作物异地加速世代育种的研究。

23. 20 世纪 40 年代，美国麦克林托克（McClintock B.）提出玉米籽粒颜色的遗传不是受固定的核基因控制的。

B. 麦克林托克对玉米染色体基因进行大量观察后，指出存在着种可以移动的遗传单位，它可以在染色体之间游动，对色素基因起着开动或关闭的作用，称游动基因或称转座基因，也可以叫做控制因子。后来，她和合作者进行了分离并做了序列分析，证明是一种微小环状的 DNA。

24. 1941 年，加拿大 C. H. 戈尔丹（Goulden C. H.）在英国爱丁堡第七届国际遗传学会上提出"单粒传"的育种方法。

其方法主要为：采用适当密植、控制原始分离群体，每株只取一两粒种子混合组成下一代群体，先加速纯合化过程，后进行个体选择的杂种后代处理。其大体模式是从 F_2 代开始，利用温室或异地条件进行加代，为节约空间，可尽量缩小行、株距，使杂种群体控制在数百株以内，每株结实不多，不进行选择或只进行微弱选择，成熟时每株随机取一或二粒种子混合组成下代群体。这样，进行数代，直到纯合化达到要求时（F_5 或 F_6 代），再按株（穗）收获，下年种成株（穗）行，从中选优良株（穗）系（株行数取决于 F_2 代的株数），以后进入产量比较。

25. 1942 年，日本木原均进行了小麦的人工合成实验。

1924 年，木原均开始小麦属植物细胞遗传与染色体分析的研究。通过小麦属的种间杂交和小麦与其近缘的山羊草属的杂交，发现它们的杂种花粉母细胞减数分裂时染色体配对的表现不同，逐步明确了不同染色体数的一粒系小麦（2n＝14）、二粒系小麦（2n＝28）和普通小麦（2n＝42）为三个倍数性的组群。提出普通小麦形成的来源和可能过程的见解。1942 年他取得用二粒小麦（AABB）与方穗山羊草（DD）杂交，产生（ABD），以现代技术处理，产生了可以配对的卵细胞和花粉细胞，受精后得到了 2n＝42，即六倍体的杂种第二代（AABBDD）小麦，实现了小麦的"人工合成"预想。人工合成的六倍体小麦与普通小麦形态上相似，两者容易杂交。木原均等人用人工杂交方法，模仿自然界中形成普通小麦的过程，研制了小麦合成的技术，到 80 年代，已研制出 20 多个"合成小麦"。

26. 1946 年，F. A. 柯兰兹（Krantz F. A.）阐释了马铃薯的健全育种程序。

F. A. 柯兰兹认为：①马铃薯是无性繁殖的，这就有可能选择出具有极高度杂种优势的植株，不像以种子繁殖的作物一样必须获得一个杂交组合，使其中的全部植株都具备有必要的杂种优势。②马铃薯的品种和选系通常在区别这些品种材料的大部分性状上是杂合性的，大多数的杂交种第一代（F_1）或营养系的自交后代出现了广泛的分离。③它的自交和杂交方法很简单，可以用控制传粉法获得足量的种子。④在连续世代的自交时产量会逐渐接近于根据双二倍体所预期的杂合性下降情况而计算出来的理论产量。⑤杂交种第一代（F_1）的产量比自交第一代平均增产 17%。

27. 1947 年，日本木原均等培育出无子西瓜。

1947 年，木原均和西山市三发表《利用三倍体的无子西瓜之研究》论文。他们用 0.4% 的秋水仙素水溶液处理西瓜子叶期生长点，诱发普通二倍体西瓜细胞核染色体 22 条加倍，出现一些 44 条染色体的四倍体。将人工四倍体西瓜作母本，二倍体作父本，受精结合后可得到染色体数为 33 条的三倍体西瓜种子。这种种子播种后可以发芽、长叶、开花。于其近旁种植二倍体西瓜取其花粉刺激三倍体西瓜的子房，即可长成无子西瓜。三倍体西瓜种子由人工四倍体和二倍体杂交产生，可以通过制种途径解决种子来源问题。

28. 1950 年，R. F. 穆尔（Moore R. F.）首先在作物育种领域开展化学杀雄剂的应用研究。

1950 年，他用青鲜素、马来酰肼（MH）对玉米进行化学去雄试验取得了成功。

29. 20 世纪 50 年代，N. E 布劳格等培育出墨西哥小麦品种。

从 1944 年起，美国 N. E. 布劳格（Borlaug N. E.），在墨西哥国际玉米小麦改良中心从事小麦育种研究，他与墨西哥科学家一起，采取一年两季异地选育和利用小麦矮化基因的方法，在 50 年代中期培育成功一种高产、矮秆、抗病力强的小麦品种，后称墨西哥小麦。栽种这个品种，曾使墨西哥小麦产量从原来的每公顷 4 500 千克提高到 8 000 千克。

30. 1951 年，日本的木原均研制出普通小麦雄性不育系。

他在探讨小麦起源以及小麦与其近缘野生植物亲缘关系时，用山羊草属的尾形山羊草（Aegilops caudata）作母本，以普通小麦品种"白芒红"作父本进行杂交，再用普通小麦品种作父本连续回交几代，即将普通小麦的细胞核转换到尾形山羊草的细胞质中，从而得到了第一个人工创造的具有尾形山羊草细胞质的普通小麦（六倍体）雄性不育系。但尾形山羊草细胞质不育系有经常引起胚变异，产生双子胚或无子胚等缺点，在生产上无法利用。

31. 1952 年，J. C. 斯蒂芬斯（Stephens J. C.）在杂交高粱研制方面取得进展。

1952 年，J. C. 斯蒂芬斯提出杂交高粱可增加产量 25％～40％。但在未发现高粱雄性不育性状前，无法大规模生产高粱杂交种子。1954 年，他用西非高粱品种双重矮早熟迈罗（Milo）作母本，用南非高粱品种德克萨斯黑壳卡弗尔（Kifir）作父本，通过核代换杂交育成了迈罗型不育系，品系杂交的后代中，发现雄性不育株系，遂加以利用以产生单交杂种。在此基础上，经过不断努力，选育成雄性不育系、雄性不育保持系和恢复系等配套品系。所产生的杂交种，具有杂种优势。此后，杂交高粱得到迅速推广种植。

32. 1954 年，H. H. 弗劳尔据亚麻抗锈育种中的观察材料，提出基因对基因假说。

据 H. H. 弗劳尔观察，对应于寄主方面的每一个决定抗病性的基因，病菌方面也存在一个致病性的基因。寄主—寄生物体系中，任何一方的每一个基因，都只有在另一方相对应的基因的作用下才能被鉴定出来。H. H. 弗劳尔在亚麻抗锈病育种研究中，对逐一发现的抗病基因和毒性基因，都得到了相应的验证。后来许多研究工作者在其他作物抗真菌病害育种中也直接或间接地验证了基因对基因关系的存在。就在细菌、病毒、线虫乃至高等寄生性植物所致病害中也有发现。在植物抗虫性（如麦秆蝇）的研究中，也发现了基因对基因的关系。

33. 1954 年，K. J. 弗莱（Frey K. J.）在自花授粉作物品种选育中倡导派生系统法。

他在杂种第一、二次分离世代，进行一或二次株选后，改用混合法种植，最后再进行一次株穗选的杂交后代处理的派生系统法。这种方法主要适用于自花授粉作物的品种选育。

34. 1954 年，H. B. 齐津（Цицин Н. В.）在禾本科植物远缘杂交方面取得进展。

1954 年，苏联 H. B. 齐津院士所著的《植物的远缘杂交》一书出版。该书是齐津院士在谷类作物选种工作方面应用米丘林远缘杂交理论、进行近 30 年的关于植物远缘杂交试验研究的论著。书中叙述了小麦—冰草杂种及多年生小麦的选育工作过程和结果，介绍了禾本科内其他属间的（如黑麦与冰草）杂交以及木本与草本植物的杂交等工作，并以实践证明了利用野生植物扩大杂交亲本原始材料范围的可能性，为选种工作开辟了广阔途径。

35. 1958 年，美国 F. C. 斯图尔德等从胡萝卜细胞培养成胡萝卜植株。

1953 年，缪尔（Muir）首先进行烟草和万寿菊的细胞悬浮培养在组织培养上取得成功。1958 年，美国 F. C. 斯图尔德（Steward F. C.）等用组织培养方法从胡萝卜根的韧皮部细胞获得了正常的胡萝卜植株。自此以后，许多植物的细胞培养都得到了类似结果。斯氏的成果证明了植物的任何一个有核细胞都具有植物的全套遗传基因，在一定培养条件下可以长成与母体一样的植株。植物细胞的这种全能性，是组织培养的理论依据。

36. 1962 年，美国育成小麦提型不育系。

1962 年，美国人 J. A. 威尔逊（Wilson J. A.）和 W. M. 罗斯（Ross W. M.）用染色体组是 AAGG 的四倍体小麦提莫菲维（timopheevi T.）作母本，用染色体组是 AABBDD 的六倍体普通小麦品种"比松"（Bison C. T12581）作父本进行杂交。由于 B、D、G 三组染色体都不成对，减数分裂时不能联合，雌雄两性配子都严重败育。经过多次用普通小麦作父本回交，提莫菲维的细胞核被普通小麦的核彻底代换了。得到提莫菲维细胞质普通小麦细胞核代换系表现雄性完全不育而雌蕊正常的小麦不育系。为利用小麦杂种优势研究攻克了难关。现今，"提"型不育系仍是培育杂交小麦中应用最广的一种基本不育材料。

37. 1963 年，J. E. 范德普兰克在植物抗病育种中提出水平抗性和垂直抗性概念。

1963 年，南非植病学家范德普兰克（Vanderplank J. E.）在《植病：流行和防治》著作中最早提出垂直抗性和水平抗性概念，从病害流行学和生态平衡的观点完善了植物抗病育种的策略。

38. 1964 年，印度 S. 古哈（Guha S.）等运用花药培养技术进行单倍体育种获得成功。

印度德里大学的 S. 古哈等采取毛叶曼陀罗花药进行培养，得到胚状体的幼苗。后来 S. 古哈等经细胞学和组织学方法检查，证明所取得的胚状物来源于花粉的单倍体，是花粉在离体条件下改变了正常的发展进程，转向产生胚状体，进而形成了植株。S. 古哈等的开创性工作引起了广泛重视。专家学者们在烟草、水稻、小麦等多种作物中都获得了单倍体植株，逐渐建立起花培育种的新技术领域。

39. 1964 年，加拿大育成低芥酸甘蓝型春油菜品种。

1961 年，加拿大李霍（Liho）等从德国引进的饲用春油菜品种中，选出低芥酸单株，再与 Nugget 品种进行杂交，1964 年从杂种后代中育成世界上第一个低芥酸甘蓝型春油菜品种 Oro。在此基础上，加拿大育种家于 1973 年又育成新的甘蓝型低芥酸、低硫代葡萄糖苷品种。此后，许多国家相继成功地进行了这方面的品种培育。

40. 1964 年，美国 E. T. 麦茨等选育出奥帕克 - 2 高赖氨酸玉米。

1964 年，美国普渡大学 E. T. 麦茨（Mertz E. T.）等人发表奥帕克 - 2（Opaque - 2）玉米突变体胚乳中蛋白质和氨基酸的分析结果，表明其赖氨酸含量为每百克蛋白质中 3.39 克，比普通玉米的相应含量 2.00 克高出 69%。这种玉米称为高赖氨酸玉米。以后又在弗洛里 - 2（Floury - 2）和奥帕克 - 7（Opaque - 7）等胚乳突变体中发现同样高的赖氨酸含量。但由于其他农艺性状不如奥帕克 - 2 而没有在生产上利用。现今所称的高赖氨酸玉米所指为含奥帕克 - 2 基因的品系。奥帕克 - 2 玉米因改变玉米种实成熟胚乳的氨基酸成分，增加玉米种实的营养价值而引起广泛重视。

41. 1966 年，国际水稻研究所培育出 IR8 水稻优良品种。

1960 年，由美国福特基金会和洛克菲勒基金会于菲律宾马尼拉建立了国际水稻研究所（IRRI）。1962 年，该所利用中国台湾 3 个矮秆品种和印度尼西亚、斯里兰卡高秆品种杂交，后从其后代中，选出一种矮秆、早熟、高产的品种，1966 年为其定名为 IR8 号水稻，是后来许多优良水稻品种的基础品系。

42. 1968 年，澳大利亚 C. M. 唐纳德在小麦育种中提出理想株型概念。

1966 年，瑞典学者莫凯（Muckey）从光合成为决定产量的首要因子，进行典型谷物栽培品种与特定环境相关联系的理论基础性研究。1968 年，澳大利亚 C. M. 唐纳德（Donald C. M.）在《第 3 届国际小麦遗传专题研讨会论丛》中写有《小麦理想株型设计》，文中认为应通过育种手段寻求个体间竞争强度最小的农作物株型，提出理想株型这一重要概念。提出并绘图阐释小麦理想株型应为：具有单茎无分蘖，秆矮坚韧抗倒，叶片数少而挺举，大穗直立和有芒等特点。其后，各国的育种家们先后提出了各种作物理想株型的设想。

43. 1973 年，日本百足等采用未成熟胚方法缩短作物育种年限。

1973 年，日本学者百足等采用尚未成熟的小麦种子，于一年内获致 4～6 代。其做法是于小麦开花后 15～20 天在低温下用双氧水处理，有 90％以上的种子可以发芽。

44. 1976 年，戴帕欧（Depauw）等采取温室控光控温方法缩短小麦育种年限。

1976 年，戴帕欧（Depauw）和克拉克（Clarke）把先发芽的种子，种于有光期 18 小时及温度 18℃的温室内，开花时移往生育箱，使在 25℃条件下，受光 18 小时，及 10℃条件下遮光 6 小时，开花后 15～24 天收获，小麦每代可缩短 12～23 天。

45. 1978 年，美国生物学家 T. 穆拉什哥（Murashige T.）在加拿大举行的国际会议上首次提出人工种子的概念。

他认为将组织培养诱导产生的胚状体或芽，包以胶囊，使之保持种子的机能，可直接用于田间播种。1981 年，美国碳化物联合公司的 R. 劳伦斯（Lawrence R. Jr.）对芹菜和莴苣人工种子研究其体细胞胚包装的液胶包埋带技术。还利用聚氧乙烯制成种子带。1983 年，美国植物遗传育种公司申请"制造人工种子"的专利。目前制作的一般人工种子是由体细胞胚状体、保护性的人工种皮、提供胚发育的人工胚乳 3 个部分组成。该技术为名贵品种、难以保存的种质资源、遗传性不稳定或育性不佳的材料，通过遗传工程创造出的体细胞杂种或转基因植物等新型植物提供了快速繁殖的可能。

46. 1978 年，德国米切尔斯（Melchers）通过原生质融合培育出杂种植物。

他首先将番茄和马铃薯的原生质体融合，获得了称为 Potamato 的番茄薯杂种植物。它的根部没能结马铃薯，枝上只结有畸形的小果实。其种子没有发芽力。这个奇特的植物给人们以启示：用有性杂交达不到的，可以用细胞杂交的方法做到。1983 年，美国的谢帕尔德（Shepard）重复这一组合，也得到了番茄薯。其进展是，在杂种根部有膨大的长形类薯形的根，果实有马铃薯的果味，但也像番茄。这种实验成果告诉人们，原生质融合可能扩大遗传基础，增加变异范围，克服有性不亲和性。通过原生质体融合可以把外源基因由一个细胞转移到另一种植物细胞中。

47. 1980 年，加拿大烤烟育种研究取得新进展。

加拿大烟叶无残毒，色泽好，优质，糖碱比协调，焦油低，烟碱含量适中，在世界享有盛誉。

（1）推广良种。加拿大虽与美国毗邻，但推广的主要是由自己培育的适应当地气候、土壤条件的品种。培育良种的基本出发点是早熟、抗病、优质适产、安全型的品种。加拿大在 1980 年以后推广的是以国内抗病品种为主。1980 年培育出优于 Val15 的本国烤烟品种 Delgold，1982 年在烟区大面积推广种植、面积超过 60％，该品种的主要优点是烟碱含量高（3.17％），焦油含量较低（20.9 毫克/克），焦油烟碱比值低（9.1）。

（2）良种管理和供种。加拿大对烤烟良种的管理很严格，建立了一套严密的种子繁育和管理体系。新品种由农科院育种研究室和安大略德亥尔研究站育种研究室统一培养。良种繁育由种子公司指定的良繁农场统一生产，由种子公司收购供应，其他任何部门和个人包括种烟农场都不允许生产种子，以保证种子的质量和纯度，实现良种化。

（3）遗传育种工作。①除新品种选育和推广工作外，还进行数量性状遗传理论研究，研究总烟碱、还原糖、多酚、灰分、氮、叶纤维素、烟气的焦油和烟碱等的遗传机理。②进行单倍体、体细胞杂交和组织培养的研究，利用这些技术把 N. debnyi、Nrustic 和 N. megalosiphon 的抗病性转入烟草中，探索烟草的基因调节作用，使产生专性酶指标，作为选择的工具。③在魁北克、不伦瑞克和大西洋地区着重选育矮秆、烟碱较高、优质和抗病品种（系），以防止风害和根黑腐病的危害。

48. 1983 年，美国西红柿体细胞无性繁殖系培育成功。

1983 年，美国 DNA 植物技术公司的工作人员通过体细胞无性繁殖，从一种普通的红色西红柿培育出一种鲜橘红色的大西红柿，另外还有 12 种西红柿体细胞无性繁殖系，这种体细胞无性繁殖变异技术吸引了植物遗传学家的关注。它比依靠天然变异要来得快。

49. 1990 年，国外剑麻育种研究取得新进展。

在高产育种方面：墨西哥剑麻研究中心，选育推广出高产量的维里迪斯麻（Viridis）。在选育种基础理论研究方面：国外的育种专家发现染色体倍数与杂交后代的可育性有关。墨西哥近期拟进行体细胞杂交育种，将花粉培养进行单倍体育种和组织培养，以打破常规的育种方法。在组织培养方面：1990 年越南报道了用组织培养快速繁殖龙舌兰麻的方法，从龙舌兰麻（马盖麻、灰叶剑麻、普通剑麻）的吸芽上切取外植体，放在含激素的 MS 培养基上进行培养，在继代培养期间，在相同的 MS 培养基上每培养 4 周，丛生芽的增殖指数为培养初时的 3～4 倍，最后将幼苗移入无激素的 MS 培养基上生根后，放到沙床中进行炼苗。

50. 1991 年，美国香蕉的遗传育种取得新进展。

美国的 N. Gawel 于 1991 年发表了香蕉、大蕉细胞质遗传的多样性有利于香蕉优良品种的选育，组织培养技术的发展有利于优良品种的商品化生产。在植株组织培养的众多培养基中，琼脂被广泛用来作为胶化剂，由于琼脂含有少量抑制组培植物生长的生长抑制素（Romberand Tabar 等，1971—1978），因此 IcazumitsuMatsumolo 等进行了在组培中合成的非织物材料作为支撑剂，代替琼脂培养基的试验，把香蕉类原胚体（球状繁殖体）放在吸有液体培养基的非织物树料 AT－400（50％醋酸盐＋50％聚酯）的混合材料中培养，培养在人工气候室进行，温度为 27℃，每天 14 小时光照周期和 3 000 勒克期。试验证明，在 AT－400 中培养钵植株具有生长快的特点，并且 AT－400 伸缩性能好，可重新使用，在供给新鲜的培养基时，丝毫不损伤外植体，具有多项优点。

51. 1998 年，英国培育出无籽苹果。

1998 年，英国国际园艺研究所培育出无籽苹果，第一批无籽苹果树开花结果。

研究者在自然界发现两种无籽苹果，虽然这两种苹果又硬又酸，无法入口，但这两种野生苹果的无籽基因对于培育酸甜可口的苹果非常有用。他们用优良的普通苹果的花粉与无籽野生苹果授粉，经两代杂交，培育出口感较好的无籽苹果。每培育一代苹果树约需要 5 年时间，每培育出一代无籽杂交苹果则大约需要 10 年时间。

52. 20 世纪，美国彩色棉的研究与开发取得重大进展。

美国从 70 年代起就开始进行彩色棉的遗传育种研究工作，棉花研究项目统一由农业部研究局管理，美国彩色棉的育种基地主要设在得克萨斯州的 A&M 大学、得克萨斯州理工大学、明尼苏达大学农学院特殊棉花试验站三处进行。美国农业科学家现已培育出浅红色、浅绿色、浅黄色、浅褐色、灰褐色等多种颜色的棉花。据统计，美国 1992 年生产彩色棉原棉已达 5 770 吨，1993 年生产彩色棉原棉为 1.1 万吨，1994 年生产彩色棉原棉增至 2 万吨，当时生产的彩色棉原棉已占到全美棉花总产量的 1％。目前美国在彩色棉科研生产开发领域已处于世界领先地位。

53. 20 世纪，世界各国彩色棉的研究与开发取得重大进展。

国外彩色棉的育种研究工作始于 20 世纪 60 年代末，目前已知在开展彩色棉研究与开发的国家，除美国之外，还有埃及、秘鲁、法国、日本、土耳其、墨西哥、印度、巴西、巴基斯坦、澳大利亚、荷兰、阿根廷、希腊、乌兹别克斯坦、乌克兰、土库曼斯坦、哈萨克斯坦、塔吉克斯坦等国家。

（1）埃及。埃及彩色棉的育种与栽培开始于 20 世纪 70 年代中期，其彩色棉的研究基地设在吉萨（又叫吉扎），那里气温高、日照长、雨量充沛、土地肥沃，适宜棉花生长。埃及的彩色棉育种研究由国家农业部所属的全国农业科研中心直接领导，实行封闭式管理，对外保密。雇佣的都是埃及本国的棉花专家和科技人员进行试验与研究，已培育出浅红色、浅绿色、浅黄色和浅灰色等多种彩色棉，但存在彩色棉的遗传性状不太稳定、分离多、变异大、色彩单调、色泽不达标等问题，故未在生产上应用。

（2）秘鲁。秘鲁从 1981 年开始，由国家农业部牵头下达发展彩色棉的种植计划，由政府成立了天然彩色棉的研究开发组织，已培育出米色、棕黄色、棕色、红棕色、紫红色等 5 个彩色棉品种，1992 年秘鲁已将生产的 300 吨彩色棉纤维大部分销往美国、日本、印度和欧洲等国家竞相订购。秘鲁国家的植棉部门对彩色棉品种进行了改良，扩大了繁育，种植面积逐年扩大，主要用来出口创汇。

（3）法国。法国开发性农艺研究国际合作中心在法国南部的朗格多克—鲁西永地区筹建了彩色棉试验研究基地，该研究中心的科研人员已提出培育出不同彩色棉品种的一系列计划并组织实施。

（4）墨西哥。墨西哥从 80 年代开始，国家农业科研单位和私人农场共同签约设立了专门从事彩色棉育种与栽培的研究课题，已培育出棕红色、土黄色、驼色等不同色彩的彩色棉花。

（5）巴基斯坦。巴基斯坦拥有棉花种质和彩色棉品种原始材料极为丰富。巴基斯坦的亚洲棉铃大，还有不同色泽纤维的彩色的棉花，有棕、黄、绿、紫、褐等多种多样。彩色棉品种的种质资源丰富，植棉条件又好，技术力量雄厚，研究手段设备先进，育种目标明确，在发展彩色棉生产与彩色棉产品外贸出口上潜力很大。

（6）澳大利亚。勃罗依拉棉花研究中心是澳大利亚棉花品种遗传资源的保存中心，保棉花品种种质资源 800 多份。

（7）希腊。设在希腊北部的色萨尼基市，研究项目以棉花育种为主。1998年 9 月 6 日在希腊雅典召开的世界产棉国第二次国际棉花研究会议上，再次将彩色棉研究生产列为绿色环保项目。

（8）独联体国家。苏联解体后，彩色棉研究除原属东欧的乌克兰外，其余都在中亚的几个主要产棉国家，包括乌兹别克斯坦、土库曼斯坦、塔吉克斯坦、哈萨克斯坦、吉尔吉斯斯坦和阿塞拜疆。他们对彩色棉的研究是从 20 世纪 60 年代末 70 年代初开始的。乌克兰已培育出浅黄色、浅红色、浅蓝色、浅褐色及浅灰色等多种彩色棉。存在的问题是彩色棉色素不达标，纤维品质差，绒太短，纤维强度低，而且遗传性也不稳定，分离严重。乌兹别克有一个棉花研究所设在安吉然，并在布哈拉和苏尔汉达里都还设有棉花育种的分支机构。这里气候条件更适宜棉花生长，乌兹别克的彩色棉选育研究就设在此地。土库曼的彩色棉研究基地设在阿什哈巴德棉花试验站。塔吉克斯坦在那巴德，哈萨克斯坦在奇姆肯特地区均设有彩色棉的研究基地，已育成浅黄色纤维的"CPK-1"和"CPK-2"两个彩色棉品种。

54. 2002 年，美国培育出适合盐碱地种植的番茄。

2002 年，美加州大学戴维斯分校的生物学家将一种可以去除水中钠离子的植物因子转移到番茄上，育出了能在盐水中或重盐碱地正常长的转基因番茄。在实验中，生物学家首先利用基因编辑的方法，将一种植物叶片细胞蛋白质转移到普通番茄上，然后用相当于稀释了 1 倍的海水进行灌溉。结果显示，转基因植物叶片内的液泡排泄水中钠离子的速度是普通植物的 7 倍，植物体内也只增加了 5% 的盐分。

55. 2004 年，澳大利亚推出蚕豆新品种。

2004 年，据澳大利亚谷物研究与开发公司报道，澳大利亚北部新南威尔和昆士兰南部有了自己新的蚕豆改良品种。

澳大利亚谷物研究开发公司每年投资 34 万澳元用于蚕豆新品种的开发研究。新品种抗锈斑病能力增强，种子颗粒增大，其外观在市场上更受欢迎。对农民来讲使用新品种非常方便，其管理办法如苗床准备、杀虫剂使用、播种日期、种群大小、行距、化肥施用、浇水及害虫治理等与老品种相比几乎没有区别。只是因种子颗粒增大，农民需要调整播种量。

蚕豆新品种在澳大利亚北方地区气候转暖时成熟迅速，专家们设法将花期提前 10～15 天以延长灌荚期。新品种抗锈病能力适中，一般情况下无需打药，病害严重时除外。普通季节中，按目前的病害治理法只需用抗真菌剂即可控制蚕豆赤斑病。

56. 2008 年，巴西培育出转基因大豆新品种。

巴西农牧业研究院宣布，经过 10 年研究和实验，该院与德国巴斯夫公司合作初步成功培育出转基因大豆新品种。这是巴西本国第一个转基因大豆品种。

据介绍，这种转基因大豆含有植物拟南芥的 ahas 基因，可以抗咪唑啉酮类除草剂。而美国孟山都公司培育的转基因大豆主要对草甘膦类除草剂有抗性。

这一转基因大豆的食品和环境安全评估研究已接近完成。巴西农牧业研究院计划 2008 年向巴西国家生物安全技术委员会提出申请，并着手进行投入市场的准备工作。

57. 2010 年，国外茶树育种研究取得重大进展。

本世纪以来，国外茶树育种研究在遗传资源收集与研究、新品种鉴定技术、特殊性状茶树育种以及有关知识产权保护等方面取得重大进展和突破。

茶树原产中国，其他产茶国家为了获得充足的茶树育种资源，都非常重视茶与近缘植物资源的收集，为育种提供丰富的材料。日本是高度重视茶树育种和品种资源收集的国家之一，迄今已经从世界各地收集了茶及近缘种育种资源4 200 余份，包含山茶属十多种近缘种植物。南非十分重视代用茶植物资源的开发利用，如豆科植物红灌木茶（Aspalathuslinearis，又称 Rooibostea），南非野蜜茶（Cyclopiagenistoides，又称 honey - bushTea），野马鞭草（Lippiaja-vanica，又称 fevertea）等；这些植物不但可以直接作为茶饮用，还具有良好的生理调节功能，是开发功能饮料的重要原料。肯尼亚在收集茶树品种资源的同时，还收集了滇缅茶（Camellia irrawadiensis）和山茶（camellia japonica）。葡萄牙为了发展茶叶生产，也从肯尼亚和日本引进大量的茶树品种资源。

在注重育种资源收集的同时，各国都非常重视茶树育种资源遗传特性的研究，为进一步的开发利用提供依据。日本学者与肯尼亚学者协作开展茶树遗传多样性研究，揭示茶树品种资源遗传多样性与材料来源有关，根据资源收集的地区来源呈现，野生茶树：印度＞中国＞肯尼亚＞斯里兰卡＞越南＞日本＞中国台湾，而且 72％的变异出现在群体内的个体之间。叶绿体和线粒体等细胞器 DNA 的遗传多态性具有遗传保守性，其分类结果与形态学、杂交亲和性及萜类化合物化学分类结果存在相关性。茶树资源化学分类表明，儿茶素类总含量和儿茶素类组分中二羟基化儿茶素类（dihydroxylated catechins，如 EC 和 ECG）与三羟基化儿茶素类（trihydroxylatedcatechins，如 EGCandEGCG）比例存在明显的变种分化特征，通过对儿茶素类分析结果进行主成分（PCA）分析，可以明显区分不同变种或变种间的杂种。遗传图谱是多年生木本植物品种改良的重要工具，有关茶树遗传连锁图谱的研究仍然不多，但 21 世纪初已经有研究报道。Hackett 等对来自两个已知的非近交群亲本产生的后代群体进行 RAPD 和 AFLP 标记分析，并构建了包含 15 个连锁群的遗传连锁图谱。借助微卫星标记 UGMS（Unigene derived microsatellite）进行遗传作图也有了尝试。

58. 2011 年，科学家发现培育富铁水稻的遗传技术。

2011 年，科学家说他们已经在培育解决铁和锌缺乏症的水稻品种的征程中取得了一个突破进展。这种转基因水稻的含铁量是传统水稻的 4 倍以上，含锌量是传统水稻的两倍。

"这种水稻是白米铁含量最高的（高达百万分之十九）。我们还证明了铁存在于组成了白米的胚乳组织中，""这个新的报告记载了增加水稻谷粒铁含量的一种方法的令人兴奋的早期结果，"部分资助了该研究的美国 HarvestPlus 组织的水稻作物研究组负责人说，碾米谷粒中的铁含量增加对于人类营养非常重要。

促进生物强化食品研究的 HarvestPlus 组织通常把重点放在传统的植物育种方法上。但是很难通过传统育种方法实现水稻铁含量的增加，因为几乎没有铁含量更高的天然水稻品种用于这种育种过程。

研究组把重点放在了烟草胺上。这是一种在水稻中天然存在的物质，能帮助从土壤中吸收铁。在正常情况下，正是由于土壤铁含量低为水稻发出了信号，让水稻打开控制烟草胺制造的基因。这组科学家成功地让这些基因一直打开。这种方法也增加了锌的含量。

由于烟草胺自然存在于水稻中，食用这种水稻不太可能有任何健康副作用。

59. 2012 年，先正达/INCOTEC 引进有机洋葱干球种子处理技术。

2012 年，多杀菌素（spinosad）种子处理杀虫剂处理的干球有机洋葱种子已上市，该种子处理剂采用 AgriCoat 的有机种子包衣技术生产。FarMore 含活性成分多杀菌素，从播种开始提供保护，通过早立苗，形成生长季的良好开端，为获取高产打下基础。从生物学上讲，多杀菌素由一种天然土壤生物 Saccharopolyspora spinosa 发酵产生。

60. 2017 年，新西兰苹果育种科研取得重大进展。

2017 年，新西兰是世界上最大的苹果育种单位和最有成效的国家之一。位于霍克湾和瑞瓦卡，成功选育出太平洋美人、太平洋玫瑰和爵士，其中以爵士果肉质地和风味为最好。目前的主要育种目标是进行苹果资源基因标记和基因辅助育种工作，培育出不同的果皮颜色和红肉、黄肉的独特风味品种，以及抗黑星病、白粉病、火疫病、棉蚜等品种。

四、种子处理

1. 1901 年，A. D. 瓦勒（Waller A. D.）创用电导率测定法，进行种子生活力测定。

长期以来，从事种子的工作者一直在研究将种子通过电流，然后根据记录显示活的和死的种子，根据不同反应来决定种子的生活力。1901 年 A. D. 瓦勒在种子试验中应用电导率测定方法。他证明：活种子和死种子产生不同程度的电流，这种电流可以通过电流计测出来。1925 年，G. L. 费克（Fick G. L.）和 R. P. 海贝德（Hibbard R. P.）建立一种更可靠的电导方法，在控温条件下，将种子样品放在水中浸泡几小时后，溶液的电导率可以反应种子的一般生活力水平。电导率测定的原理是，在种子变质过程中，细胞膜的坚固性低，透水性增强，可以允许细胞内含物通过细胞膜流向低浓度的水溶液中，从而使电导率增加。电导率测验可用于确定种子质量，但只限于进行试验，因这种方法也有操作方法不方便及测定单粒种子缺乏敏感性等缺点。

2. 1903 年，瑞典学者隆德斯特姆（Lundstrom）将 x 射线用于松树球果成熟度检查。

隆德斯特姆首先用 x 射线检查松树球果成熟度。后来，许多学者专家在 x 射线进行种子检验的应用方面做了大量研究工作，使其应用技术趋于完善，应用范围随之扩大，不仅用于种子进行一般性空粒、瘪粒、虫粒、病粒的检验，并能应用造影方法，进行种子生活力的快速测定，对种子的采收、收购、贮存、交换、检疫等各方面均有实用意义。

3. 1906 年，第一次国际种子检验专业会议在德国汉堡召开。

1869 年，德国 F. 诺伯（Nobbe F.）创建种子检验室以后，1871 年丹麦建立了种子检验室。随后，奥地利、荷兰、比利时和意大利等国也相继建立了类似的种子检验室。1875 年欧洲各国在奥地利召开了第一次欧洲种子检验站会议，主要讨论了种子检验的要点和控制种子质量的基本原则。1876 年美国建立了北美洲第一个负责种子检验的农业研究站。

当时几个欧洲国家的种子检验实验室要求更多的交换种子检验资料，与各国种子检验实验室交流情况。在此期间，实际上已开展了国际种子贸易，国与国间也要求能有一个对种子质量概念的统一标准。

1890 年和 1892 年北欧国家分别在丹麦和瑞典召开了制订和审议种子检验规程的会议。北美洲虽然在 19 世纪 70 年代已开始种子检验活动，但有组织的种子检验工作是在 1896 年后才开始的。1897 年美国颁布了标准种子检验规程。在 20 世纪初叶，亚洲和其他洲的许多国家也陆续建立了若干种子检验站，开展种子检验工作。

鉴于这种情况，1905 年在维也纳召开的第一个植物学专业学会，会议期间几个国家非正式的积极筹划欧洲种子检验协会，一年的准备工作完成后，1906 年在德国汉堡召开了有 9 个国家 34 位代表参加的第一次国际种子检验专业会议。

4. 1915 年，И. B. 米丘林在《园艺家》杂志第 4 期发表《种子、种子的生活和播种前的保藏》一文中，叙述了种子变坏的原因。

他写道："为什么植物的种子在播种前保藏期间和播种以后会变坏，甚至有时会完全死亡呢？果树栽培家老早就该尽可能充分地说明种子时常变坏的各种相当复杂的原因，而主要的是从几个比较不同的观点来加以说明。解决这个问题的任务是相当困难的；在这项工作中，即使植物栽培业中任何一个最精通最卓越的专家试验和观察，也是极不够和极片面的。这里需要普遍的工作，需要一些人从多年观察的结果中得出的结论。"

5. 1915 年，И. B. 米丘林在《种子、种子的生活和播种前的保藏》一文中阐释种子寿命。

米丘林说："首先我们注意到，不是任何的种子损伤对我们都是不利的；原来，其中也有这样的情形：在栽培某一些植物时，损伤对我们是有利的，因而我们故意去造成损伤。例如，我们故意使黄瓜、甜瓜的种子过分干燥，并且仅用较老的、保存了四、五年的种子来播种，因为用这样的种子播种后长成的植株是比较丰产的。但是只有黄瓜、甜瓜的种子以及南瓜的某一些品种，这样做才是有益的；大多数的其他果树植物都应该尽量用刚采收的种子来播种，因为无论种子的过分干燥或长期保存，都不可避免地对种子的品质发生有害的影响，而且它们的发芽率大大降低，并且经过贮藏的种子所长成的植株也比刚采收的种子长成的植株发育得弱一些。在培育果树植物的杂种时，这一点表现特别明显。这里，不仅不允许在播种前把种子保藏到几年，而且甚至种子一般的干燥如果多了几天，也常常会大大地降低它们的实生苗的品质。"

6. 1915 年，M. 柯尼克赛（Kornickse M.）测定 x 射线对作物种子发芽的影响。

他认为 x 射线对气干后的玉米、小麦和燕麦种子发芽并没有什么影响。唯对蚕豆种子稍微有点促进发芽的作用。

1923 年，C. 皮加陀及 E. 维桑提（Picado C. & Vicente，E.）认为 x 射线对干燥的小麦发芽有极微弱的作用，对浸水 24 小时后的玉米种子稍微能促进发芽。

7. 1919 年，F. 克特（Kidd F.）和 C. 威世德（West C.）曾进行温度对种子浸渍影响的试验。

他们发现菜豆种子在 10℃ 和 30℃ 下浸种比在 20℃ 下更为有害。1936 年，爱斯特（Eyster）也在这方面得出相似的结论。1939 年他把这一差异的原因归咎于在 10℃ 和 30℃ 下蛋白质损耗得较多的缘故。1940 年，他进一步认为由于在浸种过程中酶和生长刺激物质被淋洗掉，因此对种子发芽不利。

8. 1923 年，G. T. 哈林顿（Harrington G. T.）设置日变温条件对种子萌发影响的试验。

他在《日变温在种子发芽中的应用》一文中提出：利用日变温条件有助于

许多在其他条件下发芽不良的花卉、牧草和蔬菜种子的萌发。

9. 1924 年，国际种子检验协会（ISTA）正式命名。

1906 年，第一次国际种子检验专业会议在德国汉堡召开。当时计划在 1910 年在荷兰举行第二次种子检验专业会议。后来这个会议未能如期召开。直到 1921 年在哥本哈根由 K. D. 彼得逊（Peterson，K. D.）教授主持召开了称其为第三次种子检验专业会议，宣告欧洲种子检验协会正式成立。在这个组织的主持下，第四次国际种子检验会议于 1924 年在英国剑桥召开，会上正式命名为"国际种子检验协会"

国际种子检验协会为了收集世界各地种子检验的理论和技术，开展仲裁检验，颁发 ISTA 证书，验证规程的各项技术，发展国际种子检验规程和种子科学技术，在全世界委任 140 个种子检验站（室或研究所）。

国际种子检验协会在国际种子技术交流方面取得重要进展。其一是通过了"国际种子检验条例"。这些条例按照科学依据规定了种子检验技术；其二是采用了"国际种子分析证书"，这在国际种子贸易中广为应用，大大地促进了国际间种子的流通。这个协会的显著成效就是：①促进了各种子检验室检验结果的一致性，促进了国际范围的种子贸易活动，帮助农民得到最优良的种子。②安排种子科学家的技术会议，讨论种子工作问题及解决办法。拟订种子检验法并公布。为制定保护农民的种子法，提供完整的依据。③"国际种子检验协会"帮助并完成检验结果与田间实施二者的紧密结合，帮助农民认识种子在农业生产中的价值。④"国际种子检验协会"在非洲、亚洲和南美组织培训工作和开好讨论会，使这些地区种子检验工作得到迅速的发展。⑤为种子中心点提供有关种子方面的信息。

国际种子检验协会每三年在世界不同的地方召开例会，听取会员们及科学家们的报告，交流技术情报，把共同关心的问题提供委员会讨论，并寻找解决问题的办法。每次专业会的情况、结果在它的公开刊物——《种子科学技术》上发表。

10. 1928 年，美国 W. 克鲁可尔（Crocker W.）著文讨论种子干燥密封低温贮藏。

他说："很可能贮藏一切能耐干燥的种子的最适条件乃是将种子进行适当的干燥，随即密封于在低温和缺氧的条件下"。

W. 克鲁可尔 1906 年即曾发表《种皮在延缓发芽中的作用》的论文。他长期致力于种子萌发与休眠的系统试验，运用现代生物学理论和物理、化学方法来研究种子生命活动的规律。曾创办布鲁斯·汤普森植物研究所，开拓了种子生理学的研究领域。

11. 1928 年，I. 艾司顿（Esdon I.）提出高温低湿贮藏羽扇豆形成硬实。

他发现羽扇豆种子贮藏于高温低湿条件形成了硬实。他提到如贮藏于低温、高湿则得到相反的结果。

1949 年，W. 克鲁可尔（Crocker W.）曾观察过白花草木樨种子，如果当热而干燥的天气条件下成熟的话，硬实率高达 98％以上；如成熟期遇雨天则几乎 100％都不是硬实。

12. 1930 年，W. F. 布赛（Busse W. F.）提出草木樨和苜蓿风干状态的硬壳种子在液态空气中，受冷冻处理（－80℃）能使它变得有透性。

他认为冷冻后发芽力提高是因为在不透水的种皮上发生了微小的裂纹。但是 L. V. 巴尔顿认为冷冻处理的效果可能与种子的特性有关。1947 年，他在文章中提到白花草木樨种子放在液态 N（－195.8℃、1～5 分钟）即能使之透水，美国皂荚种子即使处理时间长达 15 分钟也未见效。

13. 1934 年，日本近藤万太郎提出用苛性钠或苛性钾溶液处理种子可促进发芽。

他根据 1911 年 L. 基斯林（Kiessling L.）用 0.25N 苛性钠或苛性钾浸渍大麦种子 15 分钟而得到发芽良好之结果，和 1912 年 T. 鲍可尼（Bokorny T.）获得 0.05％苛性钠和 0.005％的苛性钾促进大麦种子发芽效果的资料，主张利用苛性钠或苛性钾溶液来进行短时间浸种即能达到促进发芽的效果。还提出用氨水（浓度为 1∶50）处理松、云杉种子能促进发芽，石灰水（浸种 36～48 小时）也可以使西伯利亚落叶松的种子加速发芽。

14. 1934 年，近藤万太郎提出凡种子浸在水中不易吸水者为"硬实"。

这种"硬实"定义在种子著作中得到采用，后来很多文献里也把硬实称之为"不透过性种子"。

15. 1934 年，近藤万太郎提出无水、低温是种子生活力长期保存的原因。

他说："如将种子得以充分干燥之，且置于低温之处，则其生活力长期保存者，盖由于能防止发芽力丧失之原因。酵素之消失、内力给源物质的消费以及原生质之凝固皆为化学作用，故无水且低温，可停止或抑制其作用之进行。"

16. 1935 年，苏联遗传育种学家 И. H. 瓦维洛夫提出引进新作物和新品种的同时需要加强检疫。

他在《主要栽培植物的世界起源中心》一书中专置"引种中的检疫机构"章节。其中说："在开展广泛引进新作物和新品种的同时需要建立检疫机构，以防随新作物、新品种带进新寄生物、新害虫。引种机构是植物引种的不可缺少的组成部分。每包由国外寄来的种子都应经昆虫学家和病理学家检查。染有病虫害的植株应该熏蒸，用杀菌剂和杀虫剂处理。有怀疑的材料应放到专门的检疫苗圃中观察。应该有专门的检疫温室。这就是从国外引进植物需要集中管理，并严格检查的原因。"

17. 1936 年，W. 克鲁可尔（Crocker W.）认为禾本科种子萌发需要光线是与它们具有种皮、果皮或其他附属物有关。

他指出：除去狗尾草的颖苞后，即可消除它们对光的需求。月见草种子的种皮被穿刺过后，可以提高他们在黑暗中的发芽率。

18. 1936 年，美国 F. 费列米（Flemion F.）最早采用刺激胚法估测种子生活力。

刺激胚法是一种估计种子生活力的特殊方法，可以大大减少休眠种子生活力测定所需的时间。它特别适用于禾本科植物，可以显著缩短种子生活力测定的时间。F. 费列米在布鲁斯·汤普森研究所做了许多试验。她观察到，当胚从休眠种子无伤害地转移到湿的吸水纸或滤纸上后，如果条件适宜，这些胚很容易生长变绿。尽管休眠的胚比完整种子生长得慢，而胚高度休眠的部位，根本就不能生长，即使后一种情况存在，刺激离体胚也比刺激完整种子更容易打破种子的休眠。

刺激胚法也适合于树种及灌木树种，休眠是阻碍这些树种测定其生活力的主要因素，自然条件下，这些树种需要 6 个月以上才能发芽。试验室常应用刺激胚试验来测定大批树种及灌木树种，但是仍需用标准发芽试验作参考。

19. 1936 年，O. 依斯托明娜（Истомина O.）和 E. 奥斯托罗夫斯基（Островский E.）进行超声波处理种子试验。

他们在《超声波在植物发育中的影响》一文中提出：在频率为 400 千赫兹的超声波作用于马铃薯块茎上，能促进其生长发育，增产 33.4%，豌豆经照射 1～5 分钟后，可促进发芽，提高产量。

20. 1937 年，A. 古斯塔弗逊（Gustafson A.）最早进行种子死亡原因的研究。

他特别指出：种子死亡的原因是复杂的、错综的、彼此是不可分隔的有机联系，而且有些被认为是因素的，如酶变性、蛋白质凝固、有毒的代谢产物的累积以及胚细胞核的变性等，应该看作一致的因果。

21. 1938 年，L. V. 巴尔顿（Barton L. V.）阐释贮藏条件对种子寿命的影响。

1938 年，L. V. 巴尔顿指出："只要当我们对保存某种种子的贮藏条件了解的越来越清楚时，那么就可以使短命的一跃而成中命的，或者甚至为长命的种子。"

1939 年，L. V. 巴尔顿提出：当其他条件不利时，那么减少氧气的补给，势必对延长种子的寿命有利。

1948 年，L. V. 巴尔顿等经过试验证明，如果种子经过充分地干燥并密封于—15℃的条件，那么一直到 18 年之后仍能保持 54% 的发芽率。

22. 1940 年，德国 G. 莱柯（Lakon G.）发明四唑测定种子生活力方法。

将种子放到四唑盐类中，能更有效地区分活种子与死种子这种试验法是国际估计种子生活力的一种非常重要的快速测验法。测验可以在几小时内完成，而按一般方法则需二个月才能完成。四唑测验结果可以直接提供有关种子发芽的信息，不必等到种子发芽结束才获得。四唑测验也是估测种子生活力及测定种子发芽力衰退原因的有效技术。

23. 1940 年，美国 V. 包斯威尔（Boswell V.）等提出干燥种子一般必须在贮藏以前来进行。

V. 包斯威尔等认为：贮藏前干燥种子最普通的方法是晒种，谷类作物种子晒种一般以 40℃左右较为合适，对蔬菜种子则可忍受更高的温度（48.9～65.6℃）。

24. 1940 年，A. B. 勃拉戈维申斯基（Благовешенский A. B.）认为酶的活动与种子内部氧化还原条件有密切的关系。

他用实验证实：在还原状态下，酶具有强烈的活力。反之，如在氧化状态下，酶的活力很微弱。

25. 1941 年，B. 雷素尔（Resühr B.）提到事先浸种对大豆种子的有害作用是因为大豆种皮的透水性过大。

他认为：如果由于水中含氧少而受伤，会减慢大豆的萌发，使幼苗受到细菌和真菌更多的危害。

1942 年，H. G 阿布茵（Alban H. G.）与上述浸种用水中含氧量低的有害作用论点相反，发现氧对被浸的燕麦、小麦、菜豆、玉米、向日葵和苍耳都会产生有害作用。

26. 1943 年，E. K. 阿卡明（Akamine E. K.）提出探求地区作物种子贮藏的理想条件。

他发现：一般在 71～80 ℉（21.7～26.7℃）的室温条件下，保持 14%～45% 的相对湿度，或者是在一般 64%～73% 的相对湿度条件下，保持 45～50 ℉（7.2～10℃）的低温，在夏威夷地方，这些都是贮藏大多数作物种子的最理想条件。

27. 1945 年，R. 勃朗（Brown R.）和 M. 埃德瓦（Edward M.）开始研究硫脲处理种子的效应。

1945 年，R. 勃朗和 M. 埃德瓦在《自然》杂志上报导，硫脲处理某些寄生植物种子能局部取代寄主植物分泌物对种子的刺激作用。

1952 年，彼普乔夫（Поплов）获得了 0.75%～1% 硫脲显著促进橡胶草和橡胶鸦葱种子发芽效果，利用硫脲浸种就能有效地取代橡胶草种子的低温层积过程。

1959 年，渡边谕也得到硫脲促进尚未完成后熟作用的蔬菜种子发芽，并肯定了硫脲与赤霉素的混合液促进效果最好。

28. 1948 年，伦坡（Lombou）等进行双氧甲基二甲苯和丙基乙二酸丙酸酯处理种子的试验。

伦坡等用 0.28% 和 0.14% 的 4－6 双氧甲基二甲苯和丙基乙二酸丙酸酯比值为 1∶8 的溶液处理贮藏前的棉花种子。结果比对照种子可以保持更高的发芽率。

29. 1948 年，W. 克鲁可尔（Crocker W.）对不同时期不同作者对于种子丧失生命力的各种原因作了综述。

1948 年，W. 克鲁可尔在《植物的生长——布鲁斯·汤普逊研究所二十年间的研究工作》一书中，综述种子丧失生命力的各种原因，他归纳为：酶的变性、贮存养料被耗尽、种皮性质的改变、蛋白质分子丧失转成有活性分子的能力。胚蛋白质逐渐凝固、有毒的代谢产物的积累以及胚细胞核的逐渐变性等。

30. 20 世纪 50 年代，保加利亚科学院 M. 波波夫院士应用多种微量元素如镁、锰、碘、溴等，作处理种子的研究。

他致力这方面研究工作 40 多年，获得许多成果。在保加利亚曾使一些作物产量提高 10%～15%，他认为这是由于这些化学物质的刺激作用经由种子对有机体生命过程发生的影响。

31. 1951 年，联合国粮农组织制订"国际植物保护公约"。

鉴于初期植物检疫，只注重各国国内的检疫而忽视国际间的协作检疫，第一、二两次世界大战的破坏，国际间栽培植物种子、苗木的迅速传播和商贸频繁，加速了许多植物危险性病虫草的蔓延，联合国粮农组织（FAO）在罗马召开的第六届大会上订立了《国际植物保护公约》（IPC），以促进国际间植物保护和植物检疫的现代化。签约国已发展到 120 个国家以上。

32. 1952 年，W. 克鲁可尔和 L. V. 巴尔顿（Crocker W. & Barton L. V.）论述影响浸种效果的各种因素。

他们在合著的《种子生理学》一书中阐明：浸种的效果决定于水的相对

量、性质和温度，或者决定于所用的溶液，决定于浸种时间的长短，通气条件，种子的大小和种子的致密度。

33. 1952 年，在美国马里兰州 Beltsville 美国农业部的一个研究组，第一次报道了莴苣种子萌发的光可逆性。

报道中提到：通过变化地吸收红光和远红外光，可促进或阻碍种子萌发，其效果决定于最后所接受的波长。

从 1952 年起，已在很多其他植物，如烟草、桦树、胡椒草、松树、榆树和荠菜等发现此种现象。

34. 1953 年，E. H. 图勒（Toole E. H.）推荐育种工作中长时期保藏种子的合宜温湿度。

E. H. 图勒在"种子湿度与种子贮藏会议"报告中提出，在育种工作中要长期保藏种子的话，种子应该放置于 35% 的相对湿度和接近冰点条件下的温度。

35. 1955 年，Л. Н. 巴尔苏可夫在《高频率的波动对于种子的萌发和植物的发育的影响》文中证实了超声对种子萌发的促进作用。

研究结果指出：超声处理能刺激种子萌发，尤其对豆科车轴草、苜蓿种子以及小粒的萌发较慢的甜菜、胡萝卜、番茄、黄瓜等种子反应特别显著。

36. 1955 年，苏联学者 П. И. 齐罗夫在《晒种对于种子田间发芽率和植株生长率的影响》一文中，研讨了他们的西伯利亚谷类作物研究所进行的关于晒种的试验。

研究结果指出：经晒种的春小麦种子幼苗生长苗壮，根系能更好地发育，根长度提高 9%～14%，分蘖力强、干物质积累多，生活力旺盛，发育提前，分蘖、抽穗、成熟都早，植株的结实率及千粒重均超过未进行晒种的植株。

37. 1956 年，М. Я. 什科尔尼克在《矿质元素在代谢作用中的相互作用》文中主张播前微量元素处理种子。

《矿质元素在代谢作用中的相互作用》一文里指出：在土壤上施用少量的微量元素很难把它们均匀的分撒下去，此外，它们一部分被洗刷掉，一部分与土壤结合变成坚固的为植物所不能摄取的化合物以及被土壤微生物所夺取。在播种前于微量元素溶液里处理种子，就不会有这些情形发生，因为每一粒种子都可以获得它所必需的一定数量的吸收状态的元素。

38. 1956 年，А. В. 勃拉戈维辛斯基进行处理种子提高作物抗寒性的试验。

他在《生物原刺激素与农业》一文中阐明用生物原刺激素处理种子，能增强植株对病虫和寒冷的抵抗性。

1959 年，И. А. 符拉修克发表《放射性同位素》一文，认为用放射性磷和钙处理冬小麦种子都提高了它们的越冬性。

39. 1959 年，日本佳木谕介在《植物新的生长素"赤霉素"》文中述及用赤霉素处理种子。

他发现将制造啤酒的大麦种子用赤霉素溶液处理后，不仅促进发芽，并可增加其淀粉酶的活力达 2～3 倍之多，因此给酿造工业可节约大麦需用量。

40. 1973 年，J. F. 哈灵顿（Harrington，J. F.）提出种子贮藏的经验公式。

他认为：温度为 0～50℃，种子含水量在 5％～14％范围内，每降低 1％，种子寿命能增加 1 倍。他根据自己的研究和他人的研究结果，提出一个安全贮藏的经验公式：相对湿度的百分数＋华氏温度数＜100。他还提出了理想的贮藏条件：①相对湿度为 15％和－20℃以下温度；②空气中氧气少，二氧化碳多；③室内黑暗，没有光照；④贮藏室尽量避免辐射的损害；⑤种子含水量为 4％～6％。

41. 1973 年，美国密西西比州立大学的 J. C. 德洛克（Delouche J. C.）和他的同事发展了促进成熟的技术。

促进成熟的方法，是把相同大小的种子暴露在温度和相对湿度不利的条件下 2～8 天（40～45℃，100％相对湿度）或 2～18 周（30℃，75％的相对湿度），接着在纸或砂子上进行正常发芽的试验。发芽的速度和幼苗生长率表示活力和贮藏性的关系。这种促进成熟的方法因为简便、精确，在种子活力试验中得到广泛的应用。促进成熟的试验结果被一些种子商用于控制质量、识别具有较大耐贮性或活力潜力的种子，其结果也用在种子的贸易上。

42. 欧美国家利用南北半球季节的差异和热带地区气候资源，进行农业科研和生产。

"南繁"已经成为我国专有词汇，根据南繁的本质意义和特点，建议将南繁翻译成 Hainan National Breeding and Multiplication（HNBM），以示区别。欧美国家主要利用南北半球季节的差异和热带地区气候资源，进行农业科研和生产，英文中有 Winter Nursery、Winter Breeding Nursery、Shuttle Breeding、Off‐Season Multiplication、Off‐Season Breeding、Southern Propagation，以 Shuttle Breeding 和 Winter Nursery 居多。

穿梭育种（Shuttle Breeding）被认为是诺贝尔和平奖获得者诺曼·欧内斯特·博洛格（Borlaug，1914—2009）的第 2 次育种创新。博洛格为了实现一年进行二季小麦育种，开始思考穿梭育种。1946 年 5 月，他开始利用墨西哥 2 个相距近 2 000 千米的城市 Obregon（奥布雷贡，海拔 39 米）与 Toluca（托卢卡，海拔 2 640 米）的气候差异进行一年二季育种，取得了预期的效果，并在 1962 年育出高产、抗锈病的半矮化小麦品种 Pintic62 和 Penjamo62，其中 Penjamo62 的姊妹系和澳大利亚品种 Gabo 杂交，选育出绿色革命小麦组合 118156，奠定了基础。

棉花冬繁（Cotton Winter Nursery）是美国于 1950 年采用反季节育种的方式，与穿梭育种相同，也是利用墨西哥的气候条件，首先选址在伊瓜拉（Iguala），但在 1979 年时转移到了特科曼（Tecomán），同样取得了成功。玉米、牧草、蔬菜、花卉等作物的冬繁和制种成为智利等南半球国家的重要产业，并得到发展。目前美国在波多黎各（美国的自由邦）、夏威夷（美国州）、智利、菲律宾（国际水稻研究所 IRRI 在菲律宾的首都马尼拉）、墨西哥（国际玉米小麦改良中心 CIMMYT 在墨西哥的埃尔·巴丹）等地，荷兰在智利，日本在冲绳岛最南部，分别建立类似南繁功能的试验站点，欧美的 Winter Nursery 在规模、层次和影响力上远不及我国的南繁，但在其制种产业化领域已建立成熟的产业体系。

智利非常重视制种产业，于 1959 年就成立了全国种子生产者协会（National Association of Seed Producers，ANPROS），利用本国的农业气候资源，大力发展作物育种服务业和种子产业。智利国内成立了众多的农业企业，专门为北半球的种子公司和育种机构提供类似中国的南繁服务，尤其是近 30 年来智利商业种子生产飞快发展，国际影响力已超中国。智利的自然环境和气候条件优于波多黎各和中美洲国家，其国土狭长，横跨 38 个纬度，气候复杂多样，包括热带沙漠气候、高山苔原和冰川气候、湿润亚热带性气候、海洋性气候、地中海气候等多种形态。中部地区，如阿空加瓜山谷（Aconcagua Valley）类似地中海气候，夏季（12 月至翌年 2 月）气温 27.2～32.8℃（夜晚15.6～18.3℃）、长光照、低湿度（30%～70%），有充足的安第斯山脉雪水灌溉，病虫害发生率低，没有冰雹风暴等恶劣天气。智利的种子以产量高、品质优著称，因此欧美国家的种子公司纷纷在智利建立种业企业。2007 年智利全国种子生产者协会成员 75 家，其中跨国企业就达 18 家，生产的种子已向全世界出口。早在 2012 年智利的种子出口额就高达 5.2 亿美元，而 2014 年中国种子出口额仅为 3.51 亿美元。经过近 30 年的发展，尤其是近 10 年的快速发展，智利的制种产业已非常成熟，形成了较强的国际竞争力。智利的制种产业有先进技术、合格的劳动力、专业的生产者、高素质的专业技术人员、良好的基础设施、充足的加工设备，以及丰富的管理和国际合作经验作支撑。目前智利在世界种子出口国中名列前五，并在拉美国家中名列第一，其种子向国际市场的出售量，仅次于荷兰、美国、法国和德国，已超过阿根廷、澳大利亚、新西兰和南非等南半球国家。

五、种子管理

1. 1900—1920 年，美国、加拿大在各州、省建立专门发放种子的组织。

19 世纪，在美国和加拿大，国内的农学院和政府试验站育出的第一个新品种时，就开始了种子检验和鉴定工作。在此之前，多数大田作物栽培品种从其他国家引进。当新品种用于生产时，经常把这些新品种随意的并无代价的分配给农民，常常因此而造成品种混杂和遭受损失。

1900—1920 年，在各州建立了专门发放种子的组织，通过这个组织，把育种单位所培育出的新品种的种子发放给农民。这些组织常常又是州联合试验的组织者，这一组织很快就成为众所周知的"作物改良协会"，或签发种子合格证书的机构。这些机构常常是由当地试验站管理或由当地增设服务人员来管理。

在 20—40 年代，在大学的指导与影响下，为了加快繁殖和对公认高质量改良品种种子的出售，建立了种子鉴定学会，实行鉴定程序。对农业大学培育出的作物新品种种子，或政府机关的农业科学研究单位育成的新品种种子都要进行鉴定。

2. 1905 年，美国开始种子立法。

联邦种子立法的时期应回溯 1905 年，首先通过了每年拨款条例，给"美国种子贸易协会"在公共市场上购买种子的权力，但对出售的种子要严格检验种子是否掺杂或标签正确与否，把检验结果和出售种子人名一同公布。在这个条例的规定下，1912 年和 1919 两年间检验约 15 000 个样品，发现其中有20％的样品，有掺杂或标签记录有错误。

3. 1908 年，美国官方种子分析家联合会建立。

"美国官方种子分析家联合会"（AOSA）1908 年在华盛顿的哥伦比亚特区正式成立，有 16 个州的代表参加。初期，"美国官方种子分析家联合会"几乎每年召开年会。年会的会议记录及提出的文章发表在"美国官方种子分析家联合会"的刊物上，也发表在季度专业通讯上，刊物中也包括种子检验专题论文。协会同时出版许多特殊刊物，并印发专题手册。

这个联合会是由州、联邦和美国以及加拿大各地大学种子实验室的分析家、官方种子检验单位的代表组成的团体，它对促进种子检验向高度的、丰富经验的技术水平发展起了巨大作用。这个联合会最大作用，是发展了种子检验的规程和程序，统一了国际种子检验标准。它对各州建立起的种子法起了巨大的作用，使其与联邦种子法保持了一致水平。"美国官方种子分析家联合会"仲裁不同实验室种子样品的检验问题。其作用也在于帮助国际的不同实验室之间在检验过程中应用统一标准。

4. 1912 年，美国种子立法中增加了《种子进口条例》。

联邦种子法的另一个内容是 1912 年又通过了《种子进口条例》。《条例》主要内容有：对饲料作物种子限制进口法，纯度达不到最低标准不准进口，杂草种子超过最高标准含量的种子限制进口。1916 年进口的种子，首先要求种子有生活能力，以符合种子的最低标准作为必要条件。1926 年重新修改了苜蓿和红三叶草种子进口的条例。并在 1926 年首先修改了州际间贸易装载物的条款和诈骗种子、乱贴标签等项条款。大多数苜蓿和红三叶草种子为美国生产，对这类作物品种的种子认为不适宜进口。并告知购种者着色种子长出的植株适应性可能差。

5. 20 世纪 20 年代，美国创建"商业种子技术专家协会"。

"美国商业种子技术专家协会"是"美国官方种子分析家联合会"和"美国种子商联合会"（ASTA）由于他们共同的需要更好地交往和经商而联合建立起来的。后来，由于双方对一些问题处理看法的分歧和做法的冲突，1922年后相继有些大的种子公司建立了自己的种子检验室，有自己的分析家。同年，"美国官方种子分析家联合会"和"美国种子商联合会"又在芝加哥开会，由 13 个商业种子分析人员组成了"美国商业分析家协会"。从"商业种子技术专家协会"组织活动开始，"商业种子技术专家协会"和"美国官方种子分析家协会"合作得很好。两个机构每年举行会议，提交文件、交换意见，并在一起参与仲裁。"美国官方种子分析家协会"欢迎这个机构，因为它的产生与"美国种子商联合会"（ASTA），是在更复杂、更专业化基础上保持联系的一个新结合。通过对参加"商业种子技术专家协会"会员高标准的要求，加强了这个协会的工作。1947 年，会员入会标准进一步提高，实行综合考查的办法，成绩最少为 80 分的人方可入会成为会员。考查的内容是：①鉴定种子；②种子净度和发芽的检验；③评价正常和不正常的幼苗；④植物学知识；⑤加拿大和美国联邦的种子法；⑥种子检验正式规程和允许差距。

6. 1921 年，美国康涅狄格州农业试验站销售了第一个商品性玉米自交系杂种。

玉米自交系杂种的销售表明农业动植物品种和机具的转移，在美国最初是通过商业贸易的形式进行的。

7. 1926 年，美国 H. 华莱士（Wallace H.）组建大型种子公司。

H. 华莱士在玉米杂交种培育取得成就的基础上，组织起第一个专门从事玉米杂种商品化生产的种子公司。其后，不少国家组建起大型专业种子供销公司。

8. 1932 年，法国制定种子法后，又制定品种登记条例和种子生产、检验和鉴定技术条例。

在法国，1933 年就有保护育种家经济利益的法规，紧接着 40、50 年代西欧许多国家也制定了这样的法规，但英国直到 1964 年才有。现在在欧共体（EEC）国家中，复杂的法规包括了植物使用费的所有方面，有些方面限制之严以致削弱了所获得的好处。相反地，植物育种家的权利却从未引入到澳大利亚或加拿大。……在引入植物育种家权利以前，西欧的许多植物育种工作都是在政府资助的研究站进行的。改良品种应得到的收益从纳税人获得，并与农业团体分享。一些小规模的育种工作由主要的种子企业开展，他们希望通过增加种子销售并提高信誉来从投资中获得可观的收入，保证育种家们为了工作而投入的时间和金钱中获得适当的财政收入的法规，也进一步刺激了投资，特别是私人企业更是如此。……由于植物育种者权利的引入，使进入试验的品种数目急剧增加。如在英国，20 世纪 60 年代由全国农业植物研究所开展试验的只有 35 个冬麦品种和 15 个春麦品种。到 1988 年全国试验包括 67 个冬麦和 20 个春麦品种。

9. 1939 年，美国种子立法中颁布了《联邦种子条例》。

大约在 1936 年，由几个有利害关系的机构举行了关于进一步改变种子法的讨论会，结果导致 1939 年颁布了《联邦种子条例》。这个条例是美国种子立法历史上最重要的事件。它适用于农作物种子、蔬菜种子、进口种子和帮助州际间用户而出售的种子。后来在种子商品进口条例中又有很大的改进，它规定了详细的贴标签的具体要求，并对遇到错贴标签的诈骗情况不再实行集中检验。1956 年改进后的条例规定允许市民经营种子。1960 年又规定在标签上要指出是否用农药处理过的种子。条例在进行不断的必要的改进。

10. 1939 年，美国制订《联邦种子法》中列有严禁国外危险病虫随种子传入的条文。

《美国联邦种子法》对种子生产、分级、包装标签和质量检验等都作出规定。种子法中有严禁国外危险病虫随种子传入，并写明了少量引进种子隔离检疫的条文。

11. 1943 年，国际玉米小麦改良中心（CIMMYT）在墨西哥建立。

1943 年，墨西哥政府和洛克菲勒基金会合作，在墨西哥城东北的埃尔·巴丹设立国际玉米、小麦改良项目，该项目从 60 年代起，育成一批丰产、抗倒、适应性广、收获指数高的半矮秆春性小麦品种，对墨西哥、南亚、西亚等国家和地区的农业增产起了很大作用，曾掀起一次"绿色革命"。此项目由 1943 年奠基，到 1966 年，进而发展成国际玉米、小麦改良中心（CIMMYT）这种国际性的研究机构。该中心与约 100 个国家和地区开展科学技术合作，同时广泛收集作物遗传资源。到 1979 年，已收集玉米种质材料 13 000 份。于 1985 年，拥有麦类遗传资源曾达 70 000 份。该中心 1972 年建成玉米和麦类种质贮藏库，库内冷藏室的室温为 0℃，相对湿度为 45％，种质资源材料保存期限可达 20～25 年。

12. 1945 年，加拿大商业种子分析家协会建立。

1944 年，加拿大"商业种子分析家协会"6 个商业种子分析人员和多伦多的种子实验室合作，在多伦多开会，成立了安大略湖区"商业种子分析家协会"。这个组织的任务是：①永远使用种子检验的新方法；②帮助种子分析人员克服工作中可能出现的问题。

加拿大其他地区的种子分析人员很关心这个协会，在 1945 年的第二次会议上更名为"加拿大商业种子分析家协会"（CSAAC）。1967 年该协会有 34 个成员，其中安大略湖和阿伯特各有 11 个、麦尼头巴 7 个、魁北克 1 个、美国 3 个和英国 1 个。

13. 1952 年 5 月 1 日，日本颁布《主要农作物种子法》。

日本《主要农作物种子法》规定：凡从事主要农作物种子生产经营者，必须遵照法定手续向都道府县提出申请，接受田间审查，并将试验生产补助经费列入国家预算范围内，以鼓励和扶持种子生产经营。

14. 1955 年出版的美国明尼苏达大学农业推广小册子第 22 号提供了明尼苏达州编制品种推广说明书的一般原则。

《原则》其中一段说明："推广品种的清单是每年在试验站作物会议上确定的。参加这个会议的有：农学和植物遗传、植物病理和植物、农业生物化学、昆虫和经济动物与土壤学系的成员；农业推广单位的代表"，……规定"除特殊情况下，一个品种考虑推广以前，必须在明尼苏达至少试验 3 年。引自其他各州或加拿大育成的新品种在完成 3 年试验以前，也可以供本州种子生产和农家种植之用。这些品种则置于未经充分试验之列。现在介绍有关这些品种的现有资料，但对于它们在明尼苏达条件下的适应性则不作结论。

15. 1958 年，美国农业部在科罗拉多州柯林斯堡的科罗拉多州立大学建立一国立种子贮存室。

国立种子贮存室中装置有极佳之种子贮存设备，能控制室内之温、湿度等，可使种子寿命大为延长，凡国外引入及国内重要作物及有利用价值之植物种质，均有保存。

16. 1962 年，洛氏基金会、福特基金会及菲律宾政府等于菲律宾成立国际水稻研究所。

1960 年，洛克菲勒和福特基金会与菲律宾政府合作，在马尼拉东南的洛斯·巴诺斯筹建国际农业科学研究中心——国际水稻研究所（IRRI），于 1962 年开始了研究工作。该所收集世界各地 100 多个国家和地区的稻种遗传资源约 8 万份。为对这些稻种遗传资源进行贮藏，该所于 1978 年建成一座规模较大的种质贮藏库。贮藏库分为短期贮藏、中期贮藏、长期贮藏三类库型。其中长期贮藏库面积为 54 平方米，温度为（－10±2）℃，相对湿度（30±5）％，稻种分装在密封的铝盒内，全库可容纳 10 万份品种资源，保持期限达 75 年以上。

17. 1969 年，联合国粮农组织（FAO）曾公布种质资源调查情况。

1969 年，联合国粮农组织初步调查世界 500 多处的报告中提到搜集的种质资源有 200 万份之多。但指出只有 28.5％的种质有良好的贮存设备。

18. 1970 年，美国制定植物品种保护条例。

美国《作物品种保护条例》于 1970 年签署。条例对品种生产和所有出售种子的人，或有性繁殖作物新品种的培育者提供法律保护。无性繁殖（芽接或嫁接等）作物品种的培育者，在 1930 年开始通过的美国专利法中得到保护。这个保护条例对控制繁殖的种子没有保护能力。最早拟定的《作物品种保护条例》，还不能有效的保护有性繁殖作物品种的培育者。

由美国农业部内的"作物品种保护委员会"实施"作物品种保护条例"。"作物品种保护委员会"收到申请及申请者的鉴定材料，按着下面的标准进行：①新颖性，②一致性，③稳定性。所谓新颖性，就是特殊性（即是否根据形态、生理或细胞学的特性与众所周知的品种不同）；一致性是要求在总的范围内所有的差异必须是在商业允许的范围内；稳定性是要求品种的特性保持全部不变，并可连续的繁殖增代。保护品种的所有权，可以把权利指定给其他单位或个人，甚至出售给他人，受到连续保护 17 年后，这个品种变成公共所有权。当遇到紧急情况时，或当国家需要供给足够的粮食、纤维或饲料时，农业部长可以宣告一个品种为公共利用。在这种少见的情况下，由于使用的品种造成损失，所有人会得到赔偿。

19. 1971 年，国际马铃薯中心在秘鲁的利马附近建立。

国际马铃薯中心致力于马铃薯遗传资源的收集，包括安第斯高原及邻近地区的众多变种、类型，至 1980 年，收集曾达 15 000 份。

20. 1972 年，国际半干旱、热带地区作物研究所（ICRISAT）在印度建立。

1972 年，国际半干旱、热带地区作物研究所在印度海得拉巴建立。该研究所以鹰嘴豆、豌豆、小豆、大麦、高粱、珍珠粟等作物新品种的培育为重点，广泛收集有关作物的遗传育种资源。至 1980 年收集到的种质资源中，高粱达 19 000 份，珍珠粟 1 200 份，鹰嘴豆 12 000 份，木豆 8 800 份，花生 8 300 份。该研究所培育的鹰嘴豆新品种能更好地适应气候的变化，对各种病害有很强的免疫力，产量成倍提高。所培育的豌豆新品种比普通豌豆含有更多的矿物质，脂肪含量比普通豌豆多 10 倍，维生素 A、维生素 C 含量也提高很多。

21. 1974 年，联合国粮农组织（FAO）成立国际植物遗传资源委员会（IBPGR），提出开展世界性品种资源搜集保存工作。

1974 年，联合国粮农组织（FAO）成立国际植物遗传资源委员会（IB-PGR），并提出将小麦及近缘种中存在的全部遗传变异，以全世界育种家都可利用的方式保存起来。当时人们已认识到小麦和其他作物的起源中心和多样性中心，但随着有关地区的发展以及更原始的地方品种被现代高产品种所代替而在丢失。尽管当时各国已对小麦资源搜集有 250 000 多份材料，但有关人员彼此很少协作。所以，1975 年在列宁格勒举行的会议上成立了小麦遗传资源咨询委员会，负责调查现有的搜集材料，对以后的收集组织工作具有协调优先权，并设计国际认可的记载项目标准的方法，依这些方法记载所搜集材料的特征，使它们的信息对全世界的育种家有用。

22. 1981 年，英国建立世界种子银行，用以保存所有有重要经济价值的各种蔬菜品种。

位于英国中部的国家蔬菜研究所的科学家，在种子银行中保存所有有重要经济价值的各种蔬菜品种。所有的种子原始材料被收编入计算机，这样就可以很方便地向改良蔬菜品种的育种家们提供信息，以便于他们选择可利用来进行杂交的品种。种子银行的种子库内能收藏 1 200 种蔬菜品种的种子。库内保持 −20℃，这使得每一种收藏品种种子的寿命长达 30 年，种子贮藏 30 年后，旧的种子即被新繁殖成熟的种子所替代。该种子银行所收藏的一部分品种也已被收藏在世界其他地方的种子银行中。如此，一个品种分两处收藏，可以保证在任何时候这些品种不会被意外的灾难（例如火灾）所毁灭。据该研究所报道，一些最流行的蔬菜传统栽培品种正在很快地消失。例如在过去十年中，仅球芽甘蓝就有 10 种以上的品种消失了，这些品种中过去曾经是产生过重要价值的栽培品种。

23. 1983 年，转基因作物的研究最早始于美国。

转基因作物是利用基因工程将原有作物的基因加入其他生物的遗传物质，并将不良基因移除，从而制造品质更好的作物。转基因作物的研究最早始于 1983 年，全球第一例转基因作物在美国问世，含有抗生素药类抗体的转基因烟草。我国也是世界上转基因作物商品化种植较早得到国家，从 1994 年首次商品化种植抗黄瓜花叶病毒的黄瓜和抗烟草花叶病毒双价的转基因烟草。

24. 2012 年，德国化学品公司巴斯夫退出欧洲转基因作物种子市场。

德国化学品公司巴斯夫宣布，由于欧洲许多国家农民、消费者和政策决策者仍不能接受转基因技术，因此，其将退出欧洲转基因作物市场，并停止提供已获欧委会批准的 Amflora 转基因土豆和 MON810 转基因玉米，除继续保留在布鲁塞尔和柏林的研发机构外，拟将在德国和瑞典的相关机构转移至美国，不再继续投资和培育该市场。该公司的决定显示，对于转基因作物和产品而言，欧洲不再是具有吸引力的市场。

25. 2014 年，美国出台农业法案。

2014 年 2 月 7 日，美国总统奥巴马签署了为期 5 年的 2014 年农业法案。这项被誉为功能像"瑞士军刀一样完备"的法案实施一年多以来，各个项目稳步推进，既按要求达到了削减赤字的目的，也较好地完成了新旧法案的交替，取得了一定的成绩。作为引领世界农业发展的国家，美国农业人口却不足全国人口的 1%。除了发达的农业生产力和相对准确的市场预测，政策的支持引导也为美国农业快速持续发展提供了强有力的保障。因此，全面分析美国农业政策的优势和不足，对促进中国农业的发展将有着积极的借鉴意义。

26. 2016 年，埃塞俄比亚商业化转基因 Bt 棉花。

据世界农化网 2016 年 11 月 29 日报道，埃塞俄比亚已经通过法律允许开展转基因试验和 Bt 抗虫棉的大田试验。目前关于 Bt 抗虫棉的田试已经进行到了最后阶段，之后将进行商业化运作。在埃塞俄比亚，Bt 抗虫棉田试已经持续 4 年多，试验了来自印度和苏丹 44 种不同的 Bt 抗虫棉品种。田试主要集中在埃塞俄比亚的北部、南部以及东部地区的几个产棉区。专家认为生物科技不仅可以解决埃塞俄比亚农业投入品的巨大需求，而且能够助推埃塞俄比亚成为生物技术产品出口国之一。

第六章　国外种子科技发展历程

　　种子技术是与农业的肇始相伴产生的，其历史渊源久远，演进过程曲折多端。19 世纪 60 年代，德国 F. 诺伯（Nobbe F.）首建种子检验实验室，后来撰出《种子学手册》，推动种子技术发展成为农业领域的一门分支学科。当代，由于种子在农业生产中日益显著的作用，种子科技已是内容更新快捷的科技门类。随着社会主义市场经济的推行与发展，我国的科子科技迅速向现代化的层次推进，开拓新的研究领域，采用新的技术手段，总结农民积累的丰富经验，吸收借鉴国外已有的成果。历史上，许多国家在作物种类和品种选择培育、引种、种子选留、种子处理、种子检验、种子管理等方面，曾有重要的发明创造。其演进可分为：早期的原始技术；在经验积累基础上发展起来的古代技术；在科学实验发展支持下兴起的近代科技；现代综合发展的种子科技等若干阶段。为提供种子科技专业人员、院校师生和关心支持种子事业的人员参考，这里简述国外种子科技的大致发展历程。

第一节　公元前 5 世纪之前

　　19 世纪初，欧洲曾涌起探寻栽培植物起源的潮流。1807 年，德国 A. 洪堡（Humboldt A.）著文提到：关于应用植物之原产地点以及栽培之年代，实为一极神秘之问题，此正与考察各种家畜动物来源之情形相同。到 1882 年，瑞士植物地理学家 A. 德康多尔（de Candolle A.）撰出《农艺植物考源》，从植物学、考古学、古生物学、历史学、方言学等学科的角度，将多种方法互相参用，载述了 247 种栽培植物，追溯了它们的起源、传播。在这部里程碑式的著作中，提到在瑞士、意大利等地石器时代湖区居民遗存里，发现有小麦、豌豆、蚕豆、葡萄、梨等少数植物种类的果实或种子。1935 年，俄国 H. 瓦维洛夫（Вавилов Н.）.《育种的植物地理学基础》问世，书中据各大洲近 60 个国家数万份品种资源材料的比较研究，指出了主要栽培植物，包括大田作物、蔬菜、果树，及其近缘野生植物 600 多个物种的起源地，提出栽培植物的中国、印度、中亚、前亚、地中海、埃塞俄比亚、南美和中美、南美—秘鲁—厄瓜多尔—玻利维亚 8 个起源中心的学说。

1950 年，R.J. 布雷伍德（Braidwood R. J.）带领的考古队在伊拉克北部发现了公元前 7000 年的莫耶遗址，证实当时那里曾种植 2 种小麦和大麦、扁豆和豌豆，但种子近于野生种。沿小亚细亚、叙利亚、巴勒斯坦、伊朗高原的高地和干旱地区，20 世纪 50 年代以来，考古工作者曾多点发掘出植物种子。A.J. 列格（Legge A. J.）在近东农业的起源文章中，确定公元前6000—前 7000 年代西亚农耕遗址的标准，其中重要项目是：必须发现农作物的种子，包括种植野生的种子在内。在亚洲、非洲、美洲、欧洲其他区域，也不断有考古遗址发掘出作物种子的报导刊出，而且年代在逐渐向前延伸。这类农业遗址和植物种实的发现往往被看作是一个国家或区域远古先人创造能力的象征，近些年来政府部门和公众给予相当的注意。作物起源地、变异中心、传播途径已是植物品种资源、育种工作者关心的热点。植物的自然分布、传播，农业出现前漫长采集年代人类活动对植物传播的影响是多种学科求索的课题。原始的种子技术虽然粗简但它是种子科技史研究中不可忽略的阶段。我国在新石器时期遗址中多点发现了炭化粟、稻、黍、麦等种子，陕西西安半坡遗址还出土了陶罐装盛的粟、芥种子，其研究、发展甚为世人瞩目。

第二节 前 5 世纪至 5 世纪末

约公元前 5 世纪形成的希伯来文学基本汇集，后来纳入基督教《旧约》宗教典籍的材料中，多处载有关于种子的内容。《圣经·旧约》"创世纪"写有：求你给我们种子，使我们得以存活，不至死亡土地也不至荒凉。"利未纪"写有：不可用两样掺杂的种种你的地，等等。从一定程度上反映那一时期民众从事生产中在种子方面的认识。在欧洲古希腊种植业肇始得较早，且曾以橄榄、葡萄产品从事出口贸易，在植物栽培以及对植物的解剖与描述方面是颇为出名的。希西阿德（Hesiodos）《田功农时》、德奥弗拉斯特（Theophrastus）《植物史》、《植物的成因》中载有种子、品种区分、椰枣人工授粉等方面的内容。古罗马从一个狭隘城邦一跃而为囊括地中海大部地区的霸国，重视农业是其突出的特点。公元前 1 世纪 M.T 瓦罗（Varro M. T.）撰《论农业》中，曾将植物繁衍归纳为 4 种方式；主张最好的穗子一定要单脱粒，以便获得播种用的最好种子；提到作物种子不要日久失效，不要混杂，不要拿错。公元 1 世纪普林尼（Pliny）对种子保存年限和选择方法作了阐述。表明古罗马时期种子技术曾达到较高的水平。

第三节 5 世纪末至 17 世纪中叶

6 世纪，欧洲迈入中世纪，古罗马较高水平的种子技术未能得到连续发展。迄 15 世纪漫长的年代中，欧洲庄园经济曾占较大比重。有些庄园是从罗马时期的农业庄园发展而来，有些则起源于日耳曼人的村庄。罗马人和日耳曼人的习俗结合，产生了中世纪的庄园。庄园农田一般一部分种植冬作物、一部分种植春作物，再一部分休闲，三田轮换种植。每类田块又分割成更小的长条，宽度相当于挥动次长柄大镰刀所达到的范围，农户在条田上所种作物种类和种植方式、作业时间安排很稳定。多少代农民都难于尝试进行改革。那时期欧洲种植的作物甚少改变。地中海区域以小麦、大麦等谷物与橄榄、葡萄结合为合成式农业为主，橄榄和葡萄需要长期精细的人工耕作管理，农产品可以解决口粮和商品贸易的基本需求，较长时期未出现激励农业技术变革的推力。北欧的气候条件适合于冬春两季农作物的种植，这也有助于弥补北欧黑麦、燕麦产量低于地中海主要农作物小麦和大麦产量的不足。后来，由于役畜使用组合、挽套方式的变化和耕犁的改进，北欧农业产量曾有大幅度提高。中世纪，欧洲植物品种的培育选择主要在宫廷和修道院范围，一般民众很少有机会在这方面展现才华。有限的记载是：阿拉伯人向北非和西班牙发展，欧洲几次十字军东侵，直、间接影响到一些作物的传播。

15 世纪，欧洲探险活动突然增长是世界历史上的重要转折。一些国家的政府或商业公司计划并出资组织探险队，寻找贵金属矿藏和急切需要的香料。1492 年哥伦布到达美洲后，欧洲人将本土的作物，小麦、大麦、苜蓿、多种果树、蔬菜传向美洲；也将美洲的玉米、马铃薯、甘薯、烟草等作物携回欧洲。新旧大陆作物种类开始广泛地交流。

作物种子从适应小范围的气候土壤条件，与相应的畜力、农具和世代相传的务农积累下来的知识较为匹配，到远距离特别是越洋的传播，像咖啡、烟草、甘蔗、马铃薯等在新的适应区域得到了较快发展。但种子的远距离传播并不都是顺利的。欧洲人早期携谷物种子在美洲种植曾因不适应当地气候土壤等条件而经历失收招致饥馑的苦痛。基于经验和自发的携种远航，有的成功，有的失败，或相伴推演着曲折生动的故事。那一时期，在世界范围以汇聚各种类别植物并为引种驯化服务的植物园接连建立，气候相似等与引种驯化关联的理论不断涌现。

第四节　17 世纪中叶至 19 世纪末

远洋的交通和城市的繁荣，把欧洲农业从中世纪简陋的状态解脱出来。不仅耕种面积扩大了，而且染料植物以及其他输入的植物品种也发展种植起来，这些植物需要较精细的栽培，对整个农业起着很好的推动、改进的作用。17 世纪末 18 世纪初，北欧的荷兰、英国先后掀起农业改革，将芜菁纳入原来的休闲地轮作，增加豌豆属作物、豆类以及三叶草的比重，为欧洲农业方面增产粮食、发展养畜创造了良好条件。到 1800 年，在那里已建立起一种高效率的商业性农耕制度。但在欧洲其他地区，绝大多数田庄还是由遍布于整个村落的很多小块土地构成的。自罗马时代以来农业技术和生产水平几乎没有什么变化，绝大多数农民每年除养活自己一家、家畜和留作来年种子之外，大约还能多出 20% 的产品。绝大多数国家中约 80% 的人都从事农业。种子技术载述甚少。

邻近国家和地区的农业技术差距有着明显的激励促进作用。欧洲北部平原种植谷类作物的产量偏低，改换了从美洲引进的马铃薯可以取得比种谷物含热量高 3 倍的收成。在爱尔兰，马铃薯的种植曾使人口从 250 万增至 800 万。18 世纪后期，德、法两国竞相发展甜菜，甜菜成为农田的宠物它不仅可以榨糖，甜菜头和榨糖菜渣还能用作饲料。甜菜沿着提高单位面积产量和含糖率的品种选育目标不断向前迈进。马铃薯经过 1845—1846 年间在爱尔兰晚疫病大流行，并波及欧洲大陆的严重灾患，人们对其品种的抗病免疫力及产量潜力给予颇多的关注。

17 世纪，植物性别及杂交研究在欧洲兴起。1719 年，T. 费尔柴尔德（Fairchild T.）最早获得石竹科人工杂交种。那一时期，许多科学家致力于搜集植物标本。瑞典植物学家 C. 林耐（Linnaeus C.）在识别植物、系统地命名，包括属名和种名方面作出杰出贡献。那一时代智力活动特点离不开宗教。林耐给动植物命名，潜心体会上帝的杰作，述说物种的数目和上帝当初创造出的各种形式的数目是相同的。由于林耐在分类体系建立方面的成就和声望，许多业余科学家的最大快乐就是让林耐用他们自己名字的拉丁文译名来命名他们所发现的新种。各种植物实物、标本和种子，从世界各地，甚至通过海上的封锁送到林耐手中。林耐按照严格的形态学系统对植物进行分类，承认上帝创造植物界，还承认大自然把这些植物"属"在它们自己之间由两个亲本进行杂交，繁殖、增生，靠着花的结构不变，造成尽可能多的现存的"种"，后又认为那些几乎不育的杂种则不包括在这些"种"的数目之中，它们由同样的方式或同样的亲本而产生。围绕着物种不变与可变，植物能否杂交，科学界以实验、争辩，有的国家科学院以悬赏征集论文答案的方式推进着研究。

物种杂交家和植物杂交育种家从事研究有同有异，其区别在于后者往往研究个别性状并通过几代探索它们的归宿。18 世纪，农业上发展起来的科学方法曾导致人们对作物改良产生兴趣。当时作物改良集中在 2 年生植物上，如甘蓝、甜菜、胡萝卜等。所以 F. 路浦顿（Lupton F.）在《小麦育种的理论基础》一书中说：19 世纪以前，人们很少对禾谷类作物品种进行改良。当时栽培的农作物是大量的地方品种。每一个地方品种都是在其生长的地区内演化而成的，演化的主导因素是自然选择。有时农民选择了一些优良穗子留种也促进了其演化。1826 年，法国农学家 A. 萨叶里（Sageret A.）以夏太甜瓜作父本，罗马甜瓜作母本进行杂交试验，他将甜瓜性状分作：瓜瓤颜色黄或白、种子颜色黄或白、瓜皮网状或平滑、脉肋明显或不明显、味甜或甜带苦等五对，在杂交后代分析时，他曾指出某一亲本某一性状为"显性"。在作物杂交领域最早阐明性状的独立分配，一个性状对另个性状是显性。因为仅满足于得到明确的结果，根本未过问机制问题，萨叶里未能向遗传育种科学创造性的研究方向突破。

19 世纪下半叶，植物物种杂交和作物品种选育家共同努力的广阔基础已经形成。C. 达尔文《物种起源》《动植物在家养下的变异》、G. 孟德尔《植物的杂交试验》等名著迭出。约从这一时期起，植物新品种的选育，由无意识的选择逐步向有目的、有计划的选择过渡。品种培育的方法可以构建在遗传学的基础之上。

在种子传播中，曾出现过爱尔兰马铃薯晚疫病大暴发，德国马铃薯甲虫、法国葡萄霜霉病，以及小麦锈病等扩散传播造成损失的情况。引起一些国家率先设置专门机构，建立检疫制度。接着国际间的植物检疫体系发展起来，避免重要病虫害向新的区域蔓延。在欧美进入现代农业之前，常有把最差的一部分收获物当作种子，将种子和谷壳、草的种子以及其他不要紧的物品堆放一起的情形，在市场上很少有种子供应。随着近现代农业的发展，种子在农业生产中地位的提高，每年有相当数量的种子要参与商品交易。由于其有利可图，因而掺假使杂、以劣充好、把外形相似的当作优良品种种子流入市场的事不断发生。种子检验即是与此对应而产生的技术措施。1869 年，F. 诺伯首创种子检验室，进行种子净度和发芽率等项目的检验。他总结前人的经验和自己的研究成果，撰写并于 1876 年出版了《种子学手册》，把种子的研究奠立在生理学实验和检验分析基础之上。他被公认为种子科学和种子检验的创始人。在他的影响下，许多国家建立起种子检验专门机构，种子科学技术迈上了新的阶段。

19 世纪后期，对种子的研究从多方面展开。1882 年，日本横井时敬在中国、日本古老盐水选种经验的基础上，撰出《重要作物盐水选种法》。该书对盐水选种，从效益、处理步骤、选种节令、给盐分量、盐水适度查验方法等多种项目详加论述，在日本曾是甚有影响的科技著作。

第五节　19 世纪末至今

1900 年，湮没 35 年的孟德尔《植物的杂交试验》，被重新发现并评价，孟德尔遗传学以崭新的面貌站立起来。接着"基因学说""纯系学说""杂种优势学说""多倍体学说"竞相出台。1953 年，美国 J. D. 沃森（Watson J. D.）和英国 F. H. C. 克里克（Crick F. H. C.）通过化学和 X 射线衍射分析，提出 DNA 双螺旋结构模型理论，导致从分子水平上研究生物遗传和变异的分子遗传学的迅速发展，对基因的本质、组成、传递、突变和作用，以及细胞核质之间的关系等遗传育种的基础理论研究有重要的推动作用。遗传工程作为新兴学科呈现并迅速向前推进。

1902 年，德国植物学家哈巴兰特（Haberlandt）提出植物组织细胞在培养条件下能够生长分化的看法。这种植物细胞具有全能性的启蒙观点，对后人的研究颇有启示作用。1934 年，美国 P. R. 怀特（White P. R.）利用无机盐类、蔗糖、酵母抽出液等成功地培养番茄根尖，获得首例活跃生长的无性繁殖系。1958 年，美国 F. C. 斯图尔德（Steward F. C.）等利用组织培养方法从胡萝卜根的韧皮部细胞获得了正常的胡萝卜植株。这项成果证明：植物的任何一个有核细胞都具有植物的全套遗传基因，在一定条件下可以长成与母体一样的植株。在此基础上，1978 年，美国生物学家 T. 穆拉什哥（Murashige T.）首次提出研制人工种子，认为将组织培养诱导产生的胚状体或芽，包以胶囊，使之保持种子的机能，可直接用于田间播种。人工种子科学技术得到迅速发展，它为名贵品种、难以保存的种质资源、遗传性不稳定或育性不佳的材料，通过遗传工程创造出的体细胞杂种或转基因植物等新型植物提供了快速繁殖的可能。1995 年，L. D. 考布莱德（Copeland L. D.）等《种子科学原理及技术》一书第 3 版即增加了阐述有关人工种子的篇章。

在种子科技迅速发展中，优良品种的传播范围、速度和综合性研究占有重要位置。20 世纪 70 年代，美国 R. E. 依凡逊（Evenson R. E.）等《农业研究与生产率》一书中曾叙及甘蔗品种在国际间转移的情形。以 1887 年以前的第一阶段为当地品种的选择。当时作为商品生产的甘蔗品种比较少。那时甘蔗系以植株的部分无性繁殖，种植者还不能改变其品种的遗传结构。少数品种分别被传播到世界各地。1887—1919 年第二阶段以一些试验站通过有性繁殖培育的"良种"甘蔗许多品种在国家之间传播为特点。这类品种一般易受病害影响，曾引起育种工作者对感病条件的关注。1920—1930 年第三阶段为良种化。一些试验站以"良种"甘蔗与野生甘蔗杂交培育的种间杂交品种在许多国家传播。20 世纪 30 年代以后可划作第四阶段。以育种工作者为特定的土壤和气候条件培育品种为特点。从 1950 年以后，甘蔗新品种的直接传播已很少发生，但通过国际研究结果及资料的交流，遗传材料的交换、科学工作者在国际间的活动，所进行的甘蔗育种技术的转移变多了。另一引入兴趣的是品种的综合性研究。以原产我国的猕猴桃为例，从 1836 年起，英国、美国一些植物学家就描述或向其国内引种种植。1906 年，新西兰人 J. 梅拉哥尔（Megragor J.）到中国旅游，带回猕猴桃种子，播种后于 1910 年开始结果。此后，由这批实生苗后代中选出若干栽培品种。1934 年开始商业化栽培。1952 年新西兰猕猴桃鲜果首次出口到英国获得成功。从此猕猴桃迅速进入国际市场，并以"基维果（Kiwi Fruit）"作为商品名称代替"中国鹅莓（Chinese Goose Berry）"的习惯称呼而行销世界各地。后来许多国家竞相引种栽培。虽然新西兰猕猴桃引自中国，在新品种培育过程中中国学者李来荣 1942—1944 年从美国乘船返国因途经第二次世界大战战区滞留新西兰时，在果树选种和品种培育方面做出过贡献（1980 年新西兰皇家科学院曾选他为院士），但新西兰精心的综合研究是发人深省的。他们研究猕猴桃包括：育种、嫁接、修剪、授粉、收获、收获后钙处理、冷藏下变软的生理机制、加工制作等 3 个方面 40 项课题，发展起"猕猴桃经济"，被誉称本世纪以来野生植物利用中最大的成就之一。说明引种作用的重要，引种后的综合研究更重要。

在种子处理技术方面国外出现得较晚，但其发展甚快。1900 年前即有用变温、x 射线处理种子促进发芽的试验记录。1900 年以后，用电导率测定种子生活力，以 x 射线检验种子成熟度，将种子置于不同温度、不同光照、不同湿度或无机、有机化学制剂溶液处理下找出适宜发芽的条件，用超声波、生长素、微量元素处理种子、物理、化学、生物学的方法在种子萌发种子生命力测定方面多有采用。

20 世纪 20 年代，"单、双杂交玉米"技术成熟，大型、跨国种子公司的建立，国家、地区种子技术协会、国际种子检验协会等机构的成立，对种子技术标准、规程制定，仲裁检验，种子法的制订实施，种子贸易，种子科技理论研究与人员培训，种子信息交流等等，有着重要的推进作用。这是在 100 多年前 D. 兰德瑞兹（Landreth D.）在美国费城开创种子营销、他的儿子承继父业建立种子农场、发展种子试验研究、种子生产销售服务业逐渐兴起的基础上发展起来的。

20 世纪 50 年代以来，常规品种选育与种子生产体系，杂种品种选育和种子生产体系，种子加速加代繁殖技术，人工种子研制技术都有许多新成果出现，种子经营管理、运销、贮藏、市场调查、经营管理预测、决策等等不断增添内容。联合国粮农组织、著名基金会支持建立的十多个品种资源中心，在征集、保存、使用遗传资源、培育新品种，推广优良品种种子方面作出许多出色的工作。种子科学技术在吸收多种学科成果，发展综合性研究的基础上，迅速地向前推进。

进入 21 世纪，随着科技的发展特别是植物杂交优势、转基因等技术的发现与运用，作物育种领域已培育出许多高产优质的良种，在全球逐步发展形成了规模庞大的种子产业。作物种业已完成工业化、现代化和国际化进程，进入了以高新技术引领与兼并重组驱动种业全球化进程的产业垄断阶段。

从欧美发达国家的经验来看，其现代种业科技创新驱动模式经历了三个发展阶段：

第一阶段：公益性种业发展阶段（1920—1970 年）：这一阶段的典型特征是公立机构主导育种科研与种业发展。20 世纪 20 年代，美国成立"作物品种改良协会"，开始了作物品种改良和种子生产。在随后的 50 多年时间里，美国玉米等作物的育种科研与种子产业基本上是由州立大学和科研机构主导，政府管理的种子认证系统成为农民获得良种的唯一途径。

第二阶段：商业化种业发展阶段（1971—1990 年）：这一阶段的典型特征是技术创新和产权保护促进种业商业化发展。20 世纪 70 年代，技术创新和产权保护催生了种业的商业化发展。种业经营开始向私立机构为主进行转变。通过完善的立法实施新品种保护，促进了种业市场化。杂种优势利用等技术的引入，使种业公司朝着大型化和育繁推一体化方向发展。

第三阶段：全球化种业发展阶段（1991 年至今）：这一阶段，高新技术引领与兼并重组驱动种业全球化发展。20 世纪 90 年代以来，大型财团的兼并重组助推了育繁推一体化的跨国种业公司的迅速崛起，而以生物技术为代表的高新技术的广泛应用，使得种业国际化发展趋势日益加剧。截至 2013 年，来自发达国家的农作物种业前 10 强企业已占全球市场 60％的份额，其中欧美前 3 强企业（孟山都、杜邦先锋、先正达）占据了全球 47％的份额，形成了绝对垄断优势。继 2017 年 6 月中国化工成功收购先正达，2017 年 8 月陶氏与杜邦合并完成、2018 年 6 月 7 日拜耳成功实现对孟山都的收购后，世界种业形成了以农化集团为基础，以拜耳、陶氏杜邦、中化＋先正达、利马格兰为首的四大集团。2018 年，全球种业公司排名发生了新的变化：拜耳排名第一，紧接着是科迪华，第三是先正达，中国的隆平高科排名第九。中国种业科技赶超世界将指日可待。

中国种业大事记

1. 公元前 1066 年至公元前 476 年间，西周初期至春秋中期的诗歌选集《诗经》中记载的农作物种约有 70 余种，包括粟、麻子、大豆、豆、黍、黄糜子、黑糜子、葛草、车前子、蕨菜（薇菜）、荇菜、大头菜、萝卜、苦菜、羊蹄菜、苦荬菜、葫芦、丝菀、萝藦、莫菜、泽泻、花椒、木瓜、木桃、木李、李子、杨桃、梅子、野葡萄、狗尾草、苹草、蒿草、芩草、莎草、藜草、萱草、益母草、枸杞、桃树、栗树、桑树、栲树、杻树、枸榗、苦楸、榛树、臭椿树、楮树、柞树、楮树、棠棣、棠梨树、唐棣、茑萝、松萝、苦堇、浮萍、聚藻。

2. 公元前 1066 年至公元前 476 年间，《诗经》中提到谷类要挑选光亮、饱满的种子，已有适于早播、晚播，收获期有早、晚区别的品种。

3. 公元前 3 世纪，讲述设官分职的《周礼》，其"地官·司稼"提到这一级官员负有分辨品种的职责。

4. 公元前 3 世纪，《吕氏春秋》"任地"、"审时"等篇农业文章中，一些内容涉及对种子、品种的要求。"用民"篇提到种麦得麦的道理。

5. 公元前 2 世纪，张骞出使西域开辟了沙漠绿洲丝绸之路，通过这条丝路，我国陆续引进了西方的棉花、葡萄、核桃、石榴、橄榄、苜蓿、蚕豆、豌豆、黄瓜、胡萝卜、红兰花、酒杯藤、大蒜、胡椒、香菜等植物和良种马匹、狮子、犀牛、孔雀、鸵鸟、豹等动物。

6. 公元前 138 年与公元前 119 年，张骞两次出使西域，带回了苜蓿种子，《汉书·西域传》记载在罽宾（今喀布尔河下游及克什米尔一带）有苜蓿。

7. 公元前 111 年，《三辅黄图》中载秦汉时期三辅的城池、宫观、陵庙等，各项建筑皆指出所在方位，其中扶荔宫曾为引种栽植奇花异果的地方。

8. 公元前 1 世纪，西汉·刘向撰《说苑》"杂言"中记载有种田人注意种的选择的说法。

9. 公元前 1 世纪，西汉《氾胜之书》里面载有小麦择穗留种的技术；提到瓠种子选留方法；用酸浆水、蚕屎浸拌麦种；叙及黍与桑子"合种"；讲述用粪、蚕屎、附子浸渍、拌和种子；提到用雪水、动物粪汁浸麦种。

10. 公元前 1 世纪，司马迁《史记·大宛列传》里面有赴外使节寻求苜蓿、葡萄种实的记载。

11. 1 世纪，东汉·王充《论衡·初禀篇》述及种子的特点。《奇怪篇》阐说万物生长与原来的种类相似。《物势篇》认为万物生长在天地间都是同种类繁殖同种类。

12. 1 世纪，东汉·赵晔《吴越春秋·勾践阴谋外传》曾提及越以"蒸谷"还吴的谋略。

13. 1 世纪，东汉·班固《汉书·食货志》提到种庄稼必须种类杂错，以防灾害。

14. 1 世纪，东汉·王充《论衡·商虫篇》中讲述小麦种子暴晒防虫；提到"藏种"方法。

15. 304 年，晋·嵇含《南方草木状》曾叙及芜菁种子携至岭南地区种植出现的变异。

16. 6 世纪，贾思勰撰《齐民要术》一书中记载粟品种 97 个，黍品种 12 个、穄 6 个、粱 4 个、秫 6 个、小麦 8 个、水稻 36 个。在给粟品种命名方面，贾思勰订立了命名原则。

17. 6 世纪，贾思勰《齐民要术》"收种第二"讲到怎样安排种子田。

18. 6 世纪，贾思勰《齐民要术》"种麻第八"里面谈到市购种子要加以鉴别。

19. 6 世纪，贾思勰《齐民要术》"水稻第十一"中叙述水稻浸种催芽技术。

20. 6 世纪，贾思勰《齐民要术》"旱稻第十二"中述及旱稻种子浸种催芽。

21. 6 世纪，贾思勰《齐民要术》"种胡麻第十三"中叙及胡麻种子耧播要拌和沙子。

22. 6 世纪，贾思勰《齐民要术》"种瓜第十四"中讲述瓜选留"中央子"；提到瓜种子"用盐拌和"播下；讲述种茄切破水淘取"沉子"作种。

23. 6 世纪，贾思勰《齐民要术》"种葵第十七"里面提到葵须留"中辈"作种子。

24. 6 世纪，贾思勰《齐民要术》"蔓菁第十八"里面讲述芜菁（蔓菁）有供售卖的"九英"和供自食的"细根"不同类型。

25. 6 世纪，贾思勰《齐民要术》"种蒜第十九"里面曾述说蒜种、芜菁种子换地区种植出现的歧义。

26. 6 世纪，贾思勰《齐民要术》"种韭菜第二十二"中叙述韭子"新陈鉴别"方法；记述韭收种子，剪一次就停剪来养种。

27. 6 世纪，贾思勰《齐民要术》"种胡荽第二十四"中叙述胡荽种子要"蹉破"作两段。

28. 6 世纪，贾思勰《齐民要术》"种苜蓿第二十九"提到收取种子的苜蓿，刈割一遍就要养种。

29. 6 世纪，贾思勰《齐民要术》"种枣第三十三"中指明枣要选"好味"的留栽。

30. 6 世纪，贾思勰《齐民要术》"种桃柰第三十四"中提到桃种子的埋藏催芽。

31. 6 世纪，贾思勰《齐民要术》"插梨第三十七"中讲述梨的播种、插接繁殖。

32. 6 世纪，贾思勰《齐民要术》"种栗第三十八"中讲述栗种子"埋藏"处理。

33. 6 世纪，贾思勰《齐民要术·种椒第四十三》中曾叙述花椒树的习以性成。

34. 6 世纪，贾思勰《齐民要术》"种桑柘第四十五"中提到桑子淘选。

35. 6 世纪，贾思勰《齐民要术》"种谷楮第四十八"中提到楮、麻"种子拌和"播下。

36. 6 世纪，贾思勰《齐民要术》"种槐、柳、楸、梓、梧、柞第五十"讲到箕柳春截"短条"播种。

37. 6 世纪，贾思勰《齐民要术》"种蓝第五十三"提到蓝种子的浸渍、催芽。

38. 6 世纪，贾思勰《齐民要术》"伐木第五十五，附种地黄法"中讲到地黄根茎的留种特点。

39. 6 世纪，贾思勰《齐民要术》"养鱼第六十一，种莼藕、莲、芡、芰附"中，讲到莲的种子"头部"要磨薄。

40. 6 世纪，《梁元帝（萧绎 552－554 在位）纂要》里面叙说种核、种仁的生命传递作用。

41. 9 世纪末 10 世纪，初唐·韩鄂撰《四时纂要》中提到茶种子的收取和"沙藏"；"种木棉法"中叙述棉花种子处理技术。

42. 9 世纪末 10 世纪，《新五代史·四夷附录第二》作为西瓜传播的史料源头。

43. 10 世纪，唐·刘恂撰《岭表录异》里面述及在广州种小麦，只长苗不结实的情形。

44. 993 年，《宋史·食货志》《宋史·河渠志》载宋太宗淳化四年何承矩曾在河北主持辟水田，引种种稻。

45. 1011 年，《宋史·食货志》载大中祥符四年从福建调稻种给江淮、两浙。

46. 1031 年，宋·欧阳修撰《洛阳牡丹记·花释名第二》中叙及当时牡丹品种的更替；叙述变异产生"潜溪绯"品种；提到"接花工"和"以汤蘸杀接花头"的情形。

47. 1090—1094 年间，宋·曾安止撰《禾谱》，专述当时江西泰和地区水稻品种。

48. 11 世纪，宋·鄞江周氏《洛阳牡丹记》里面记载从作砧木用的实生苗中选出新品种；叙述"魏花"多瓣品种。

49. 11 世纪，宋·蔡襄《荔枝谱》中述说荔枝树百千株没有完全相同的。

50. 11 世纪，宋·释文莹撰《湘山野录》中提到宋真宗遣使以珍货求占城稻和西天绿豆。

51. 约 11 世纪，宋代《东坡杂记》载有海南秔稻种植品种更换的情形。

52. 1149 年，宋·陈旉《农书》"种桑之法篇第一"里面叙及桑葚去两头的种子选留方法。

53. 1176 年，宋·范成大撰《范村菊谱》中提到常要每年从变异的植株中挑选新品类。

54. 1178 年，宋·陆游撰《天彭牡丹谱》"花释名第二"中叙述花户多要"种花子"观察选择新品。

55. 1182 年，宋·朱熹所写《乞给借稻种状》中讲述灾年为租户借取稻种事情。

56. 12 世纪，宋·刘蒙《菊谱》中提到菊花的变异。

57. 1228 年，宋绍定《四明志》所述水稻已有早中晚的区别。

58. 1273 年，元·司农司撰《农桑辑要》"新添种萝卜"中，载述留种萝卜的冬季埋藏保存；"甘蔗条，新添栽种法"中谈到甘蔗的留种、藏种；讲述桑的"接换"；就苎麻棉花等作物引种驳"风土不宜"说。

59. 1313 年，元·王祯撰《农书·播种篇》中，阐释籼、粳、糯的不同类别；记载："种出西域，故名西瓜"；"百谷谱集·木棉"中谈到棉花种子的收贮；"农桑通诀集"中讲述瓜菜种子淘选、催芽。

60. 13 世纪，元·周密撰《癸辛杂识》，曾提到菊花种子繁殖以寻求变异的情形。

61. 1405—1433 年，郑和下西洋时期引入的胡椒、椰子、槟榔、香蕉、交阯蔗、绿葡萄、南番似草之木棉、榜葛拉吉贝（棉）、杨桃、菠萝蜜、后来陆续成为我国岑南的栽培植物；矮鸡、大尾羊、骆驼，阿拉伯马等也发展成为我国某些地区的饲养动物。

62. 明代中叶之后，沿着海上丝绸之路，外域的粮食作物玉米、番薯、马铃薯；油料作物花生；经济作物棉花新品种、烟草；蔬菜作物南瓜、胡萝卜、洋葱等陆续传入，相继发展成为我国重要的栽培植物。

63. 1503 年，《常熟县志》中记载了落花生，因此推测花生传入我国应不晚于 16 世纪。

64. 16 世纪初，对南瓜的最早记载见于元末贾铭《饮食须知》。

65. 1560 年，《平凉府志》详细记录玉米形状特征、种收日期。

66. 1568 年以前，明·黄省曾撰《理生玉镜稻品》中，谈到占城稻的多种变异类型。

67. 明万历（1573—1620 年）年间番茄作为观赏植物传入我国。明代《群芳谱·果谱》中柿篇附录中见记载。

68. 明万历（1573—1620 年）年间，番薯的传入。何乔远《闽书》见记载。

69. 16 世纪末，辣椒传入中国。1591 年，明人高濂的《遵生八笺》中见记载。

70. 1628 年，明·徐光启撰《农政全书》"蚕桑广类"中，讲述棉花择种；"树艺"中阐释芜菁种子选留，叙述撰者深排风土之论，记叙甘薯的引种、传播；述说种蔬果谷瓜都以择种为第一义的主张；"蚕桑广类"里面讲到鉴别棉花种子优劣的方法，就棉花生长指明择种的重要性。

71. 1637 年，明·宋应星撰《天工开物》"乃粒"里面叙述黍、稷、粱、粟品种类型随地区不同产生变异；提到早稻培育的奇事。

72. 1688 年，清·陈淏子《花镜》"课花十八法"中叙述花木"收种贮子法"。

73. 1747 年，清·杨屾撰《知本提纲》"修业章农业之部"里面阐述从一开始就要重视种子选择；讲到种子精择、干藏。

74. 1755 年，清·丁宜曾《农圃便览》提到"酒浸西瓜种子"；"种棉花条"谈到棉花留"中间收者"作种。

75. 18 世纪，清·康熙皇帝爱新觉罗·玄烨撰《几暇格物编》里面记叙撰者从种子穗选育出"御稻"。

76. 1760 年，清·张宗法撰《三农纪》里面讲到南方、北方甘薯的不同收种方法。

77. 18 世纪，清·戴震《孟子字义疏证》中曾叙述桃、杏种核和植株生长发育的差别。

78. 1844 年，清·包世臣《齐民四术》中述及甘薯种薯越冬"坑藏"；论述择种、养种。

79. 1865 年，《天津海关年报》中曾叙及英人将美国棉种子引来上海。

80. 1868 年，中国和美国进行政府间作物品种交换。

81. 1871 年，美国传教士 J. L. 尼维思曾将美国果树品种传至山东烟台。

82. 1873 年，维也纳万国博览会中国大豆首次展出。

83. 1886 年，中国台湾曾从美国夏威夷引进甘蔗良种。

84. 1887 年，大粒花生传入中国。

85. 1890 年前后，黄宗坚在《种棉实验说》中主张讲究棉种。

86. 约 1891 年，孙中山在《农功》一文中提倡拣选佳种。

87. 1890—1892 年，据民国《桓台县志》载：清光绪中叶桓台农民采用"九麦"法。

88. 1892 年，清·湖广总督张之洞在湖北引种美棉。

89. 1896 年，张謇主张引种洋棉种子。

90. 1898 年，张振勋在所撰《奉旨创办酿酒公司》文中提到引种欧洲酿用葡萄。

91. 1899 年，《农学报》载文提倡用杂交方法培育小麦良种。

92. 1900 年，罗振玉提出设立售种所的主张，并在《农业移植及改良》文中主张引进外麦、棉良种。

93. 1900 年，中国安徽开始从国外引进水、旱稻品种。

94. 1906 年，四川农政总局示知所属采取种子处理等措施防治麦类黑穗病。

95. 1908 年，赵尔巽提出由试验场进行棉花佳种选求；农工商部农事试验场对水、陆稻进行盐水选种试验。

96. 1908 年，冯绣撰《区田试种实验图说》中，论述种子拣选。

97. 1909—1910 年，山东、河北改种美棉取得成绩。

98. 1910 年，农工商部撰《棉业图说》中主张"棉花种子实行淘选。

99. 1913 年，英美烟草公司在山东建立烟草试验场，作为试验推广美种烤烟的种子中心。

100. 1914 年，农商部要求各省把所属县优等稻种送部检定、分等，择优分种；南京金陵大学开始进行小麦系选试验；政府制订的条例中，提倡选用优良棉、甜菜、甘蔗种。

101. 1915 年，农商部设棉业处，主持引进、试验、推广棉花良种，建立棉业试验场安排"种类"（品种、类型）试验。

102. 1918—1920 年，中央农事试验场设置水稻品种比较试验。

103. 1919 年，原颂周肇始水稻品种选育试验；"在黄河流域推广脱字棉"、"在长江流域推广爱字棉"的主张提出。

104. 1922 年，岭南大学征集水稻品种进行比较试验。

105. 1923 年，东南大学着手选育，并在后来育成中熟籼稻"帽子头"品种。

106. 1924 年，周拾禄在《中国稻作之改进》中提出中国稻麦育种宜采用穗行纯系育种法。

107. 1925 年，沈宗瀚育成"金大 2905"小麦良种；中国金陵大学与美国康乃尔大学订立"农作物改良合作办法"。

108. 20 世纪 30—40 年代，中国引进颠茄、西洋参种子。

109. 1931 年，中国曾几度延请国外知名育种、生物统计学专家来华讲授专门技术和有关理论。

110. 1932 年，引进英国育种家搜集的品种资源材料；金善宝自澳大利亚引进原产意大利中北部的早熟小麦良种"明他那"（Montana）。

111. 1933 年，中央农业实验所征集水陆稻优良品种，对其进行育种、生态、生理、细胞遗传、田间技术、分类等多项试验研究；丁颖经野生稻、栽培稻杂交途径选育出"中山 1 号"水稻良种；行政院农业复兴委员会组织编写的《中国农业之改进》一书中述及米麦品质低劣。

112. 1933—1936 年，中央农业实验所主持"全国中美棉区域试验"。

113. 1934 年，沈宗瀚进行水稻抗螟试验；中央农业实验所采用杂交育种方法育成"中农 28 号"小麦良种；江西省农业院选育南特号水稻品种。

114. 1934 年，郝钦铭撰《金陵大学分布及检定改良品种之方法》专文，述及改良种子的推广和组织种子中心区或作物改良会事项，以及作物检查有关项目；周承钥撰《小麦育种之标准方法及问题》文中讲述小麦品种选育步骤；《中国农业之改进》提到稻麦改良需要建立相应的组织与实施合作，阐述了对改良种子的希望。

115. 1935 年前后，中央大学农学院与全国稻麦改进所等单位倡行稻米种子分级研究。

116. 1939 年，陈燕山在《如何解决改进中国棉产时之种种问题》文提到民国初年担任农商部长的张謇鼓吹棉铁主义提倡引进棉花良种；阐释当时的棉种供给；认为应"确立自行供给棉种之基础"和"严定配发棉种之手续"；提出"明确划定各奖励品种之供给区域"并在棉区设立育种场；阐述棉花引种应注意事项。

117. 1939 年，我国引进"珂字棉"。

118. 1942 年，沈寿铨在《为河北省食粮增产之可能性进解》一文中指明改良栽培尤须应用良种。

119. 1946 年，蔡旭从美国引进小麦抗锈育种优良材料早洋麦。

120. 1947 年，赵洪璋选育出"碧蚂 1 号"小麦。

121. 1949 年 12 月，农业部召开第一届全国农业生产会议。

122. 1950 年，农业部发布《五年良种普及计划（草案）》。

123. 1951 年 4 月，财政部、农业部发出《关于筹划备荒种子的联合指示》。

124. 1953 年 4 月，农业部召开小麦选种会议。

125. 1955 年 5 月，农业部、粮食部、商业部、中华全国供销合作总社联合发布《关于加强粮食、棉花、油料作物优良品种繁育推广工作的联合指示》。

126. 1956 年 1 月，中共中央政治局制订《全国农业发展纲要（草案）》，提出种子工作要积极繁育推广农作物优良品种，加强种子复壮工作等。

127. 1957 年 11 月，农垦部引进"越路早生""黄金""金南风""世界稻"（农垦 58）等水稻品种。

128. 1958 年 4 月，第一次全国种子工作会议召开。10 月，《全国农作物优良品种目录》出版。

129. 1959 年 11 月，中国农业科学院在北京召开第一次全国育种工作会议。

130. 1960 年 2—3 月，农业部种子管理局与中国农科院共同组织编写"水稻优良品种"和"小麦品种志"。

131. 1962 年 11 月，中共中央、国务院联合发布《关于加强种子工作的决定》。

132. 1963 年 1 月，农业部召开"关于玉米双交种繁殖推广及建立专场座谈会"。

133. 1964 年 5 月，农业部、财政部、粮食部联合发布《示范繁殖农场工作暂行条例（草案）试行的通知》。

134. 1965 年 10 月，农业部印发《水稻、小麦原种繁育暂行办法（草案）》试行。

135. 1966 年 5 月，农业部在北京召开推广小麦抗锈良种座谈会。

136. 1967 年 8 月，种子管理局与中国科学院遗传所在山东济南召开玉米高粱杂交生产会议。

137. 1972 年 7 月，商业部、农林部发出《关于做好今年备荒作物种子和加强种子工作的联合通知》。

138. 1973 年 9—10 月，农林部从墨西哥引进两批春小麦品种 10 个共 5 000 吨，分配 22 个省市区种植。

139. 1974 年，杂交水稻技术在中国诞生。

140. 1976 年 1 月，农林部发布《主要农作物种子分级标准》和《主要农作物检验技术操作规程》（试行草案）。

141. 1978 年 5 月 20 日，国务院批转农林部《关于加强种子工作的报告》（国发〔1978〕97 号）；7 月 25 号农林部成立中国种子公司。

142. 1979 年 4 月，农业部、财政部、商业部修订原示范繁殖农场暂行工作条例，联合发布《国营原种（良种）场工作试行条例（草案）》。

143. 1980 年 12 月，中国种子协会在天津召开成立大会。

144. 1981 年 4 月，国家科委、国家农委转发《农业部农作物品种资源对外交换和国外种子暂行管理办法》的通知。

145. 1982 年 5 月，国家标准局公布《棉花原种生产技术操作规程》，使种子的生产技术首次纳入中国标准化系列的范畴，至 1985 年先后有 14 种作物 16 个种子生产操作规程经专家审定后报批。

146. 1983 年 8 月，国家标准局发布《农作物种子检验规程》国家标准。

147. 1984 年 12 月至 1985 年 1 月，国家标准局发布《农作物种子》国家标准。包括《粮食种子》《杂交种子》《种薯》《油料种子》《棉花种子》《麻类种子》6 类。

148. 1985 年 5 月，农牧渔业部颁发《全国农作物品种审定试行条例》。

149. 1986 年 4 月，农商两部共同发文确定种子基地免交粮食合同定购任务。

150. 1987 年 11 月，颁布我国第一个种子包装标准 GB7414－87《主要农作物种子包装》和 GB7415－87《主要农作物种子贮藏》国家标准。

151. 1988 年 8 月，农牧渔业部，国家工商行政管理局发出《关于加强农作物种子生产经营管理的暂行规定》。

152. 1989 年 1 月 20 日，国务院第三十二次常务会议通过《中华人民共和国种子管理条例》。

153. 1990 年 1 月，在山西太原试办全国种子及相关产品交易会。

154. 1991 年 1 月，中国种子公司在京召开全国种子外贸工作会议；12 月，农业部农业司在青岛主持召开全国种子包衣技术工作座谈会。

155. 1993 年 5 月，全国种子总站在山东潍坊召开小麦主产省良繁科长会。

156. 1994 年 1 月，全国种子总站在河南郑州召开"全国种子包衣技术开发推广工作会议"。

157. 1995 年，国家启动"种子工程"。

158. 1996 年 9 月，农业部在江苏省苏州市召开了全国种子站长会议，研究部署了水稻、小麦、玉米、棉花种子加工、包装和标牌统供工作。

159. 1997 年，中国种子企业第一股——合肥丰乐种业股份有限公司，在深圳交易所上市；4 月，农业部和中国科学技术协会在北京召开以"种子工程与农业发展"为主题的第二届中国国际农业科技年会，同时举办国际种业学术研讨会和国际种业博览会。

160. 1998 年 1 月，农业部全国农作物种子质量监督检验测试中心正式运转。

161. 1999 年 7 月，农业部下发了中国种业信息网建设与管理的意见。

162. 2000 年 7 月 8 日，《中华人民共和国种子法》颁布；7 月 28 日，农业部印发《关于加大种子工程实施力度的通知》。

163. 2001 年 2 月，农业部颁布了《主要农作物品种审定办法》《农作物种子生产经营许可证管理办法》《农作物商品种子加工包装规定》《农作物种子标签管理办法》《主要农作物范围规定》等有关办法和规定。

164. 2002 年 12 月，第一届国家农作物品种审定委员会成立；山东登海种业集团公司与美国先锋海外公司（美国杜邦公司的下属子公司）共同投资组建的山东登海先锋种业有限公司在山东省莱州市宣告成立。

165. 2003 年 2 月，农业部启动"种子复兴计划"，评出"中国种业五十强企业"；10 月，首届"全国种子信息交流暨产品交易会"举办。

166. 2004 年 6 月，农业部办公厅发出"关于进一步规范和加强种子管理工作的通知"。

167. 2005 年 2 月，联合国粮农组织、国际种子检验协会和全国农技中心联合在北京举办"大湄公河地区种子检验国际培训班"。11月，亚洲种子大会在上海举办。

168. 2006年5月19日，国务院办公厅发布《关于推进种子管理体制改革加强市场监管的意见》（国办发〔2006〕40号）。

169. 2007年，超级稻示范推广面积达8 000万亩；山东洲元种业在美国纳斯达克上市；中种集团并入中化集团。

170. 2008年，高产稳产广适玉米单杂交种郑单958荣获国家科技进步一等奖；国务院扩大农作物良种补贴面积；高产高油大豆新品种中黄35亩产量创纪录。

171. 2009年，《2009年中央财政农作物良种补贴项目实施指导意见》（农办财〔2009〕20号）、农业部办公厅《关于推荐2009年农业主导品种的通知》（农办科〔2009〕3号）发布。

172. 2010年，"发展现代种业"写入中央1号文件，明确："要切实把加快良种培育、做大做强种业作为战略举措来抓。"

173. 2011年4月11日，国务院印发《关于加快推进现代农作物种业发展的意见》（国发〔2011〕8号）；8月22日，农业部颁布《农作物种子生产经营许可管理办法》。

174. 2012年4月15日，施行《农业植物品种命名规定》（农业部2012年第2号令）；12月3日，中国种子协会和美国种贸协签署种业创新合作备忘录；12月26日，国务院办公厅印发了《全国现代农作物种业发展规划（2012—2020年）》。

175. 2013年12月20日，国务院办公厅印发《关于深化种业体制改革提高创新能力的意见》（国发办〔2013〕109号）；12月27日，农业部发布《主要农作物品种审定办法》。

176. 2014年4月29日，农业部发出《关于开展向中国种业十大功勋人物学习的通知》；7月15日，农业部种子管理局组织召开种子工程规划编制工作会议，7月22日，召开全国种业信息工作会议。

177. 2015年10月28日，农业部、国家发改委、财政部、国土资源部、海南省政府联合印发《国家南繁科研育种基地（海南）建设规划（2015—2025年）》；11月，新《种子法》颁布。

178. 2016年7月8日，农业部、科技部、财政部、教育部、人力资源和社会保障部联合下发《关于扩大种业人才发展和科研成果权益改革试点的指导意见》（农种发〔2016〕2号）。

179. 2017 年 3 月 30 日，农业部发布《非主要农作物品种登记办法》（农业部 2017 年第 1 号令）；7 月 20 日，国家农作物品种审定委员会印发《主要农作物品种审定标准（国家级）》。

180. 2018 年 3 月 28 日，农业部种子管理局组织召开 2018 年国家良种重大科研联合攻关部署会；4 月 1 日，我国长期保存的种质资源达 49 万余份；12 月 20 日，农业农村部召开中国种业改革 40 周年座谈会。

181. 2018 年 8 月 27 日，农业农村部组建种业管理司，统筹农作物、畜禽种业管理。

182. 2019 年 3 月 15 日，农业农村部实施大豆振兴计划，扩大种植面积，提高单产水平，改善产品品质；3 月 31 日，中国种子大会召开；10 月 28 日，中国种企 20 强发布，袁隆平农业高科技股份有限公司、北大荒垦丰种业股份有限公司、江苏省大华种业集团有限公司位居前三位；10 月 31 日，农业农村部发布公告，372 个稻品种、547 个玉米品种、23 个棉花品种、31 个大豆品种通过国家审定（1982 年起，每年都开展国家审定工作）。截至 10 月 13 日，非主要农作物品种登记申请量 25 225 个，公告品种 14 952 个。

183. 2019 年 12 月 31 日，《国务院办公厅关于加强农业种质资源保护与利用的意见》（国办发〔2019〕56 号）印发，是新中国成立以来首个专门聚焦农业种质资源保护与利用的重要文件，是一个既管当前又管长远的历史性、纲领性文件，开启了农业种质资源保护与利用的新篇章，具有里程碑意义。

国外种子科技大事记

1. 公元前 1500 年，埃及女王哈特谢普苏特（Hartshepsut）曾派遣探险队到东非去搜集香料树种，并引种于本国。

2. 公元前 8 世纪，古希腊希西阿德（Hesiodos）《田功农时》叙事诗中有涉及品种描述的材料。

3. 约公元前 4 世纪至公元前 3 世纪间，古希腊德奥弗拉斯特在《植物的成因》一书中认为不同生长地产生一些物种的差异；叙及可遗传的变异；提出从麦粒、麦穗、形状和生产能力来区分小麦、大麦变种、类型；提到花可育、不育种子栽育和非种实栽育的差别；记载了椰枣人工传粉技术。

4. 公元前 160 年，古罗马大加图（Cato M. P.）在所著《农业志》一书中曾对当时种植葡萄、橄榄等果树的种类和栽培管理技术加以记述。

5. 公元前 1 世纪，古罗马维吉尔提出种子"每年拣选"。

6. 约公元前 36 年，古罗马农业家 M. T. 瓦罗（Varro M. T.）《论农业》中，提到植物繁殖的四种方式；叙述不同植物播种、接枝、收割活动的时间差异；把种子分成"看得见的"与"看不见的"两类；提到作物种子不要日久失效、不要混杂、不要拿错的见解；主张最好的穗子，一定要单独脱粒，以便获得播种用的最好种子；提出所处地区播种量要靠实际经验来决定。

7. 公元 1 世纪，古罗马普林尼（Pliny the Elder）撰《自然史》中叙述最好种子的标准；描述植物树木、果树的品种类型，曾提到酿酒用葡萄。

8. 约公元 60 年，古罗马 L. J. M. 科路美拉（Columella L. J. M.）提到小麦、葡萄的不同品种，主张谷物要选穗留种。

9. 公元 61 年，日本最早向国外寻求优良栽培植物。

10. 8 世纪，阿拉伯人将水稻等传至西班牙。

11. 805 年，日本开始从中国引种茶树。

12. 1096—1270 年间，欧洲十字军 8 次东侵，水稻、甘蔗、芝麻等多种作物传到欧洲一些地方。

13. 1191 年，日本又一次从中国引进茶的种子、苗木及植茶技术。

14. 1492 年，西班牙人在"发现"美洲新大陆后，作物品种开始在新旧大陆间传播。

15. 1494 年起，由西班牙人引进美洲新大陆的大约 150 种的作物种类和品种已被确认可用。

16. 16 世纪初，西班牙赴美洲探险者将向日葵引入欧洲。

17. 1519 年，印第安人开始在墨西哥的尤卡坦半岛栽培烟草。

18. 1531 年，西班牙人在西印度群岛的海地种植烟草，随后传到葡萄牙和西班牙。

19. 1554 年，西班牙人将马铃薯传到欧洲。

20. 1570 年，西班牙人从南美的哥伦比亚的波哥大将短日照类型的马铃薯引入欧洲的西班牙。

21. 1587 年，维也纳的 C. 克拉萨斯（Clusius C.）从意大利得到马铃薯块茎，次年分寄德国和奥地利的许多植物学家。

22. 16 世纪，原产于埃塞俄比亚上游地区的咖啡，开始从阿拉伯传入欧洲。

23. 1607 年，英国人曾携作物种子到北美。

24. 1612 年，J. 罗尔夫开始在弗吉尼亚种植烟草。

25. 1620 年，一批 120 个不信奉英国国教的清教徒，主要是农民携带作物种子乘坐"五月花号"去北美。

26. 1650 年前后，巴西、秘鲁等南美国家与大西洋岛屿开始种甘蔗。18 世纪甘蔗遍及全世界。

27. 1660 年，法国卢昂为阻止小麦推广种植中秆锈病的流行，禁止输入转主寄主小檗并提出铲除小檗的法令。

28. 1694 年，R. J. 卡默拉留斯（Camerarius R. J.）撰写《关于植物性别的通信》著作中阐释植物受精和"种子"的作用。

29. 1694 年，R. J. 卡默拉留斯最早用实验证明植物存在性别现象。

30. 18 世纪初，巴霍斯基的《格鲁吉亚地理》一书中，记有酸橙、枸橼、柠檬等果木。这是为这些植物种类引入格鲁吉亚栽培的最初记载。

31. 1719 年，T. 费尔柴尔德（Fairchild T.）最早获得人工杂交种。

32. 1733 年，J. E. 奥格列索帕（Oglethorpe J. E.）在萨凡纳河的高地上建立了一个实验场。在美国最早致力于生产粮食作物的引进品种。

33. 1735 年，法国 R. A. F. 列奥米尔提出积温指标。

34. 1755 年，法国 M. 蒂莱特（Tillet M.）提出小麦种子处理防治病害的方法。

35. 1759 年，俄国皇家科学院公开悬赏用新论据解释有关受精、种子和果实发育等问题。

36. 1759 年，英国开始建立丘园，是英国最大的植物园即皇家植物园。

37. 1761 年，秀尔蒂斯（Schulthess H.）研制拌和种子的杀虫剂。

38. 1763 年，J. G. 科尔罗伊德（Koelreater J. G.）揭示杂交不育现象。

39. 1780 年，英国东印度公司将中国广州茶种子引至印度种植。

40. 1784 年，美国 D. 兰德瑞兹（Landreth D.）在费城开始经营种子销售。

41. 1786 年，F. C. 阿查德（Achard F. C.）选育出第一个糖用甜菜新品种。

42. 1790 年，美国总统 T. 杰弗逊（Jefferson T.）倡导引种栽培植物。

43. 1816 年，瑞士伯尔尼市颁布了世界上第一个禁止出售掺杂种子的法令。

44. 1819 年，美国政府财政部长曾指令驻各国领事搜集种子、植物和农业发明。

45. 1843 年，英国泽西岛农民 J. 库尔特（Coulter J. L.）从大田栽培的小麦中，采用个体选择法进行选种。

46. 1845—1846 年，因马铃薯晚疫病随种薯感染，导致爱尔兰马铃薯晚疫病大流行，曾出现震惊世界的饥荒。

47. 1853 年，中国的琥珀甜高粱传入美国。

48. 1854 年，德国 H. A. 玛依尔（Mayer H. A.）提出气候相似学说；美国 L. 布洛杰（Blodge L.）提出农业气候相似论。

49. 1856 年，法国 L. 维尔莫林（Vilmorin L.）利用糖用甜菜为材料，创造了后裔测定方法。

50. 1859 年，C. 达尔文（Darwin C.）在所著《物种起源》中阐述选择对植物品种形成的作用，提出不同个体或品种间杂交会提高后代生活力和可育性的见解。

51. 1860 年，英国 F. F. 哈利特（Hallett F. F.）将后裔测定法用于作物杂交育种。

52. 1865 年，奥地利 G. J. 孟德尔（Mendel G. J.）发表《植物的杂交试验》，为遗传育种学科的发展奠定了基础。

53. 1868 年，C. 达尔文在《动物和植物在家养下的变异》书中指明选择的作用；提到前人从最强壮植株上选择优良种子的见解；阐述了栽培植物品种类型的发展变化。提出用嫁接方法获得杂种；提出"养育大量个体"、"各个品种的改进一般是对于微小的个体差异的选择结果"的论点。

54. 1868 年（清同治七年），美国驻华公使劳文罗和农业部特派员薄士敦到北京，向清廷递交国书以后提出交换图书和农业种子的请求；日本明治天皇提出"向全世界寻求知识"的口号以后，在动植物引种方面有明显体现。

55. 1869 年，英国议会通过了不准出售丧失生命力和含杂草率高的种子的法令。

56. 1869 年，德国 F. 诺伯（Nobbe F.）首创种子检验实验室。

57. 约 1870 年，美国沙凯尔（Shaker）团体在马萨诸塞州西部和纽约东部开始经营蔬菜种子。

58. 1875 年，美国制定了迅速发展种子工业的法令。

59. 1876 年，英国 H. A. 威克姆（Wichham H. A.）接受委托将巴西野生橡胶树进行远距离引种。

60. 1878 年，K. A. 季米里亚捷夫阐述自己对种子的认识；提到种子的发芽能力、休眠与萌发；指出种子是植物生活的起点和终点的观点；提出在当地（干旱地区）培育出需水量最小的品种。

61. 1878 年，法国 A. 米亚尔代（Millardet P. M. A.）和普兰昌（Plan-chon）几乎同时在法国发现葡萄苗木引进中带来的葡萄霜霉病。

62. 1882 年起，美国开展大豆种植试验；英国植物病理学家 H. M. 瓦尔德（Ward H. M.）首次提出大面积栽培单一品种会引致作物病害流行。

63. 1883 年，E. 艾达姆（Eidam E.）就变温对促进种子发芽的影响，著文发表看法。

64. 1883 年，瑞士植物学家 A. P. 德堪多（De Canddle A. P.）撰成《栽培植物起源》一书。

65. 1886 年，瑞典建立种子协会。

66. 1888 年，德国 W. 林保首次获得能繁殖后代的小黑麦；美国 W. M. 赫士（Hays W. M.）在明尼苏达州开始了他的植物育种工作，创造了植物育种的百株法。

67. 1892 年，美国韦特（Waite）寻找果园 22 000 株巴梨不结实的原因，他注意到在同一地区的一些果园里混合播种的品种都结了果实。

68. 1896 年，美国 C. G. 霍普金斯（Hopkins C. G.）提出玉米穗行选种法。

69. 1898 年，澳大利亚 W. 法瑞尔（Farrer W.）开创了本区域的小麦育种工作；马尔狄耐和多佛宁（Maldiney & Thouvenin）用射线处理种子；美国建立植物引种机构国外种子苗木引种科。

70. 1899 年，A. 沃宾那（Wubbena A.）进行种子温度处理试验。

71. 1900 年，美国 J. B. 诺顿（Norton J. B.）创用作物秆行试验法。

72. 1900—1920 年，美国、加拿大在各州、省建立专门发放种子的组织。

73. 1901 年，A. D. 瓦勒（Waller A. D.）创用电导率测定法，进行种子生活力测定。

74. 1902 年，德国植物学家哈巴兰特（Haberlandt）首先提出高等植物组织培养的构想。

75. 1903 年，瑞典学者隆德斯特姆（Lundstrom）将 x 射线用于松树球果成熟度检查；丹麦 W. L. 约翰逊（Johansen W. L.）提出纯系概念。

76. 1904 年，汉宁（Hanning）离体培养萝卜和辣根的胚；英国 R. H. 比芬（Biffen，R. H.）首次发现小麦抗锈性遗传符合孟德尔定律。

77. 1904 年前后，美国的美洲板栗由于引进亚洲板栗附来枯焦病菌而严重致病。

78. 1905 年，美国开始种子立法；美国农业部派遣 F. N. 迈耶（Meyer F. N.）到中国寻求对美国农业有用的材料。

79. 1906 年，第一次国际种子检验专业会议在德国汉堡召开；K. A. 季米里亚捷夫在《农业和植物生理学》一书中谈到抗旱品种的选择；英国 W. 贝特森（Bateson W.）和 R. C. 庞尼特（Punnett R. C.）首先揭示出位于同一染色体上的基因倾向于伴连传递的连锁遗传现象。

80. 1908 年，美国官方种子分析家联合会建立；瑞典作物育种学家 H. 尼尔松—埃赫勒（Nisson - Ehle H.）提出解释数量性状遗传的多基因假说。

81. 1912 年，美国种子立法中增加了种子进口条例；美国由引入种苗携菌发生柑橘溃疡病；俄国 И. B. 米丘林开始选育出耐寒、抗昆虫和寄生真菌侵害梨的新品种。

82. 1913 年，И. B. 米丘林在《果树和蔬菜栽培者》杂志第 24 期发表的《采用杂交是植物风土驯化最可靠的方法》一文中阐述种子胚里包含未来植物将来大部分特征和品质；美国 E. C. 斯塔克曼在作物抗病育种领域阐释生理小种问题。

83. 1914 年，美国 G. H. 沙尔（Shull G. H.）建议采用"杂种优势"的词汇。

84. 1915 年，И. B. 米丘林在《园艺家》杂志第 4 期发表《种子、种子的生活和播种前的保藏》一文中，叙述了种子变坏的原因；И. В. 米丘林在《种子、种子的生活和播种前的保藏》一文中阐释种子寿命；M. 柯尼克赛（Kornickse M.）测定 X 射线对作物种子发芽的影响。

85. 1917 年，V. 赫尔顿（Helten V.）创用橡胶树苗芽接法；美国提出玉米双杂交种子的生产方法。

86. 1919 年，F. 克特（Kidd F.）和 C. 威世德（West C.）曾进行温度对种子浸渍影响的试验。

87. 1920 年，在植物引种和推广种植中提出光照周期理论。

88. 20 世纪 20 年代，美国创建"商业种子技术专家协会"。

89. 1921 年，美国康涅狄格州农业试验站销售了第一个商品性玉米自交系杂种；A. D. 伯格纳（Bergner A. D.）首次在曼陀罗中发现单倍体植株。

90. 1922 年，W. J. 罗滨（Robbins W. J.）与 W. 克德（Kotte W.）证明试管内培养植物组织能做有限的生长。

91. 1923 年，英国 R. A. 费舍尔（Fisher R. A.）创立农业试验统计分析的方差分析法；C. T. 哈林顿（Harrington G. T.）设置日变温条件对种子萌发影响的试验。

92. 1924 年，国际种子检验协会（ISTA）正式命名。

93. 1925 年，И. В. 米丘林在文章中提到中国肥城桃。

94. 1926 年，美国 H. 华莱士（Wallace H.）组建大型种子公司。

95. 1928 年，美国 W. 克鲁可尔（Crocker W.）著文讨论种子干燥密封低温贮藏；I. 艾司顿（Esdon I.）提出高温低湿贮藏羽扇豆形成硬实。

96. 1928 年，L. J. 斯塔德勒取得玉米辐射育种的成功。

97. 1929 年，R. L. 戴维斯（Davis R. L.）提出测定玉米杂交组合力的顶交方法；И. В. 米丘林在《培育果树和浆果植物新品种的半个世纪工作总结》中曾有"关于新品种的真正价值"的论述。

98. 1930 年，美国引进葛藤在南部种植，用来防治水土流失；W. F. 布赛（Busse，W. F.）提出草木樨和苜蓿风干状态的硬壳种子在液态空气中，受冷冻处理（－80℃）能使它变得有透性。

99. 1932 年，法国制定种子法后，又制定品种登记条例和种子生产、检验和鉴定技术条例。

100. 1934 年，日本近藤万太郎提出用苛性钠或苛性钾溶液处理种子可促进发芽，凡种子浸在水中不易吸水者为"硬实"，无水、低温是种子生活力长期保存的原因；美国 P. R. 怀特（White P. R.）利用无机盐类、蔗糖、酵母抽出物等成功地培养番茄的根尖，获得了第一个活跃生长的无性繁殖系。

101. 1935 年，苏联遗传育种学家 Н. И. 瓦维洛夫（Вавилов Н. И.）提出应最大限度地利用当地材料，从中选出最丰产和最有价值的类型；他还提出引进新作物和新品种的同时需要加强检疫。

102. 1936 年，W. 克鲁可尔（Crocker W.）认为禾本科种子萌发需要光线是与它们具有种皮、果皮或其他附属物有关；美国 F. 费列米（Flemion F.）最早采用刺激胚法估测种子生活力；O. 依斯托明娜（Истомина О.）和 E. 奥斯托罗夫斯基（Островский E.）进行超声波处理种子试验。

103. 1937 年，美国 A. F. 布莱克斯莱（Blaksslee A. F.）发现秋水仙精可诱变多倍体；A. 古斯塔弗逊（Gustafson A.）最早进行种子死亡原因的研究。

104. 1938 年，美国 N. E. 约东（Jodon N. E.）发明温汤去雄法；L. V. 巴尔顿（Barton L. V.）阐释贮藏条件对种子寿命的影响；美国 A. D. 霍普金斯（Hopkins A. D.）提出生物气候定律，推动了物候学的研究。

105. 1939 年，美国种子立法中颁布了"联邦种子条例"，列有严禁国外危险病虫随种子传入的条文。

106. 20 世纪 40 年代，美国麦克林托克（McClintock B.）提出玉米籽粒颜色的遗传不是受固定的核基因控制的；美国 M. Y. 纳顿森（Nuttonson M. Y.）对水稻、小麦和其他禾谷类植物进行了系列研究，就世界各国的气候与美国气候的相似程度进行比较分析，发展了农业气候相似论。

107. 20 世纪 40 年代末期，美国 N. E. 布劳格（Borlaug N. E.）在墨西哥国际玉米小麦研究中心利用自然条件进行小麦异地加代。

108. 1940 年，德国 G. 莱柯（Lakon G.）发明四唑测定种子生活力方法；美国 V. 包斯威尔（Boswell V.）等提出干燥种子一般必须在贮藏以前来进行；A. B. 勃拉戈维申斯基（Благовешенский A. B.）认为酶的活动与种子内部氧化还原条件有密切的关系。

109. 1941 年，B. 雷素尔（Resühr B.）提到事先浸种对大豆种子的有害作物是因为大豆种皮的透水性过大；加拿大 C. H. 戈尔丹（Goulden C. H.）在英国爱丁堡第七届国际遗传学会上提出"单粒传"的育种方法。

110. 1942 年，日本木原均进行了小麦的人工合成实验；H. K. 海斯（Hayes H. K.）等提出品种选育专家必备的几种重要知识。

111. 1943 年，国际玉米小麦改良中心（CIMMYT）在墨西哥建立；E. K. 阿卡明（Akamine E. K.）提出探求地区作物种子贮藏的理想条件。

112. 1945 年，R. 勃朗（Brown R.）和 M. 埃德瓦（Edward M.）开始

研究硫脲处理种子的效应；加拿大商业种子分析家协会建立；美国 M. 卡尔文等首次证明三碳植物的循环途径。

113. 1946 年，F. A. 柯兰兹（Krantz F. A.）阐释了马铃薯的健全育种程序。

114. 1947 年，日本木原均等培育出无子西瓜。

115. 1948 年，伦坡（Lombou）等进行双氧甲基二甲苯和丙基乙二酸丙酸酯处理种子的试验；W. 克鲁可尔（Crocker W.）对不同时期不同作者对于种子丧失生命力的各种原因作了综述。

116. 20 世纪 50 年代，保加利亚科学院 M. 波波夫院士应用多种微量元素如镁、锰、碘、溴等，作处理种子的研究；N. E 布劳格等培育出墨西哥小麦品种。

117. 1950 年，R. F. 穆尔（Moore R. F.）首先在作物育种领域开展化学杀雄剂的应用研究。

118. 1951 年，联合国粮农组织制订"国际植物保护公约"；苏联科学院院士莫索洛夫在《种子和播种》一文中阐述优良品种、优良种子的作用；日本的木原均研制出普通小麦雄性不育系。

119. 1952 年，W. 克鲁可尔和 L. V. 巴尔顿（Crocker W. & Barton L. V.）论述影响浸种效果的各种因素；在美国马里兰州 Beltsville 美国农业部的一个研究组，第一次报道了莴苣种子萌发的光可逆性；J. C. 斯蒂芬斯（Stephens J. C.）在杂交高粱研制方面取得进展。

120. 1952 年 5 月 1 日，日本颁布"主要农作物种子法"。

121. 1953 年，E. H. 图勒（Toole E. H.）推荐育种工作中长时期保藏种子的合宜温湿度。

122. 1954 年，Н. В. 齐津（Циции Н. В.）在禾本科植物远缘杂交方面取得进展；H. H. 弗劳尔据亚麻抗锈育种中的观察材料，提出基因对基因假说；K. J. 弗莱（Frey K. J.）在自花授粉作物品种选育中倡用派生系统法。

123. 1955 年，Л. Н. 巴尔苏可夫在《高频率的波动对于种子的萌发和植物的发育的影响》文中证实了超声对种子萌发的促进作用；苏联学者 П. И. 齐罗夫在《晒种对于种子田间发芽率和植株生长率的影响》一文中，研讨了他们的西伯利亚谷类作物研究所进行的关于晒种的试验；美国明尼苏达州编制品种推广说明书的一般原则。

124. 1956 年，М. Я. 什科尔尼克在《矿质元素在代谢作用中的相互作用》文中主张播前微量元素处理种子；A. B. 勃拉戈维辛斯基进行处理种子提高作物抗寒性的试验。

125. 1958 年，美国农业部在科罗拉多州柯林斯堡的科罗拉多州立大学建立一国立种子贮存室；美国 F.C. 斯图尔德等从胡萝卜细胞培养成胡萝卜植株。

126. 1959 年，N.E. 布劳格提出多系品种概念；日本佳木谕介在《植物新的生长素"赤霉素"》文中述及用赤霉素处理种子。

127. 1962 年，洛氏基金会、福特基金会及菲律宾政府等于菲律宾成立国际水稻研究所；美国育成小麦提型不育系。

128. 1963 年，J.E. 范德普兰克在植物抗病育种中提出水平抗性和垂直抗性概念。

129. 1964 年，加拿大育成低芥酸甘蓝型春油菜品种；美国 E.T. 麦茨等选育出奥帕克-2 高赖氨酸玉米；印度 S. 古哈（Guha S.）等运用花药培养技术进行单倍体育种获得成功。

130. 1966 年，国际水稻研究所培育出 IR8 水稻优良品种。

131. 1968 年，澳大利亚 C.M. 唐纳德在小麦育种中提出理想株型概念。

132. 1969 年，联合国粮农组织（FAO）曾公布种质资源调查情况；M.D. 哈奇（Hatch M.D.）等最早揭示四碳植物的循环途径。

133. 1970 年，美国制订植物品种保护条例。

134. 1971 年，国际马铃薯中心在秘鲁的利马附近建立。

135. 1972 年，国际半干旱、热带地区作物研究所（ICRISAT）在印度建立。

136. 1973 年，日本百足等采用未成熟胚方法缩短作物育种年限；J.F. 哈灵顿（Harrington，J.F.）提出种子贮藏的经验公式；德国曾宣布禁止美国植物及其产品进口；美国密西西比州立大学的 J.C. 德洛克（Delouche J.C.）和他的同事发展了促进成熟的技术。

137. 1974 年，联合国粮农组织（FAO）成立国际植物遗传资源委员会（IBPGR），提出建立世界性品种资源搜集保存工作；日本松尾孝岭在《育种手册》第一分册"育种原理序"中阐述育种已成为一项综合性技术。

138. 1976 年，L.O. 考布莱德（Copeland L.O.）曾追溯早期英国市场出售种子中掺假使杂的情形；L.O. 考布莱德曾叙及现代农业以前和近 40 年美国的种子供应；戴帕欧（Depauw）等采取温室控光控温方法缩短小麦育种年限。

139. 1978 年，美国生物学家 T. 穆拉什哥（Murashige T.）在加拿大举行的国际会议上首次提出人工种子的概念；德国米切尔斯（Melchers）通过原生质融合培育出杂种植物。

140. 1980 年，加拿大培育出优于 Val15 的本国烤烟品种 Delgold，烟碱含量高，焦油含量低。

141. 1980 年，美国 S. H. 威特威尔（Wittwer S. H.）在其所作的"21 世纪的农业"报告中，谈到种质资源的利用时，曾指出现在我们所收集的植物种质资源，将对 21 世纪的农业起着真正的定形作用。

142. 1983 年，美国 K. 列登堡等阐释人工种子和天然种子的异同；全球第一例转基因作物在美国问世，含有抗生素药类抗体的转基因烟草；美国西红柿体细胞无性繁殖系培育成功。

143. 1984 年，印度 S. K. 辛哈（Sinha S. K.）、M. S. 斯瓦米纳森（Swaminathan M. S.）阐释 19 世纪末 20 世纪初欧美的作物品种选育；印度 S. K. 辛哈、M. S. 斯瓦米纳森等叙述历史上育种方法是从小麦、玉米、糖用甜菜和三叶草等作物发展起来的；巴西 P. B. 沃斯（Vose P. B.）在所主编《植物育种的现代基础》一书撰写"遗传因素对植物营养需求的影响"一章中曾评述近 50 年作物品种培育领域不是培育适应性强的作物品种以适应条件差的土壤；《日本经济新闻》刊载《种子战冲击着日本》一文。

144. 1986 年，H. 霍布浩斯（Hobhouse H.）将马铃薯、甘蔗、棉花、茶、奎宁称为改变人类的五种植物。

145. 1987 年，英国 F. G. H. 路蒲敦（Lupton F. G. H.）提到 19 世纪以前，人们很少对禾谷类作物品种进行改良。

146. 1990 年，科学家 Yadav 等在研究芥菜抗病和抗逆性状改良时提出"基因聚合"的概念。

147. 1990 年，越南用组织培养快速繁殖龙舌兰麻的方法进行剑麻育种研究取得新进展。

148. 1991 年，美国的 N. Gawel 发表了香蕉、大蕉细胞质遗传的多样性有利于香蕉优良品种的选育，组织培养技术的发展有利于优良品种的商品化生产。

149. 1992 年，国际种子贸易协会（HS）将世界种子奖授予丹麦的 S. B. 马瑟博士。

150. 1998 年，英国国际园艺研究所培育出无籽苹果。

151. 20 世纪 70—90 年代，美国彩色棉的研究与开发取得重大进展。

152. 20 世纪，欧美国家利用南北半球季节的差异和热带地区气候资源，进行农业育种科研和生产。

153. 2002 年，美加州大学戴维斯分校的生物学家将一种可以去除水中钠离子的植物因转移到番茄上，育出了能在盐水中或重盐碱地正常长的转基因番茄。

154. 2004 年，澳大利亚培育抗锈斑病能力强、种子颗粒大的新蚕豆改良品种。

155. 2007 年，美德科学家绘制出最全面的全球植物物种分布图。

156. 2008 年 2 月 26 日，坐落于距离北极点 1 000 多千米的挪威斯瓦尔巴特群岛上全球种子库启用。

157. 2008 年，巴西培育出含有植物拟南芥的 ahas 基因，可抗咪唑啉酮类除草剂的转基因大豆新品种。

158. 2010 年，国外茶树育种研究取得重大进展。

159. 2011 年，科学家在培育含铁量是传统水稻的 4 倍以上，含锌量是传统水稻的两倍的转基因水稻新品种。

160. 2012 年，先正达/INCOTEC 引进有机洋葱干球种子处理技术处理的干球有机洋葱种子上市。

161. 2013 年，日本专家称找到帮助细胞保湿基因。

162. 2014 年，美国出台农业法案。

163. 2016 年，美国分离出小麦赤霉病抗性基因。

164. 2017 年，科学家通过基因测序揭示小麦驯化关键基因突变。

165. 2017 年，基因编辑入选《自然》《科学》年度重大科学事件。

166. 2017 年，新西兰通过苹果资源基因标记和基因辅助育种，培育出不同的果皮颜色和红肉、黄肉的独特风味品种，其中以爵士果肉质地和风味为最好。

167. 2018 年，来自美国麻省理工学院、由 Michael Strano 领导的工程师团队成功地将普通菠菜转变成生物炸弹探测器。

168. 2019 年，Loveland 推出种子处理剂 Consensus（种子处理产品），用于大田作物及其他许多作物。

参考文献

陈明，王思明．花生在中国的引种与栽培：风土适应、技术创新与文化接纳［J］．自然辩证法研究，2018，34（11）．

陈明，王思明．中国花生史研究的回顾与前瞻［J］．科学文化评论，2018，15（2）．

陈仁．全国主要改良稻种［J］．农报，1946（11）．

川大农学季刊，1949（1）．

杜宁．两汉时期西域农业考古研究［D］．南京大学，2016．

冯泽芳．再论斯字棉与德字棉［J］．农报，1936（3）．

国家农作物品种审定委员会．关于印发《主要农作物品种审定标准（国家级）》的通知［J］．种子科技，2017，35（10）．

国务院办公厅关于深化种业体制改革提高创新能力的意见［J］．种业导刊，2014（2）．

国务院办公厅关于推进种子管理体制改革加强市场监管的意见［J］．中国种业，2006（9）．

郝钦铭．金大二十余年来之农作物增产概述［J］．农林新报，1927（1）．

胡竟良．德字棉之试验结果及其推广成绩［J］．农报，1944（9）．

胡竟良．中国棉产改进史［M］．商务印书馆，1945．

胡乂尹．明清民国时期辣椒在中国的引种传播研究［D］．南京农业大学，2014．

华北农事试验场要览（日文）．济南支场［R］．青岛市政府工作报告，1943．

黄福铭．明清时期番薯引进中国研究［D］．山东师范大学，2011．

黄天柱，廖渊泉．吴增与《番薯杂詠》［J］．农业考古，1983（1）．

翦伯赞等．戊戌变法［M］．上海：上海人民出版社，1961．

蒋慕东，王思明．辣椒在中国的传播及其影响［J］．中国农史，2005（2）．

科学技术部．世界前沿技术报告［M］．科学出版社．

李继华．山东桑树栽培历史和现状［J］．山东林业科技，1985（3）．

李继华．山东桑树栽培历史和现状［J］．山东林业科技，1985（3）．

李进纬．中国抗性良种选育推广政策与实践研究（1949—1978 年）［D］．中南财经政法大学，2018．

李荣堂．大豆古今考［J］．农业考古，1982（2）．

李文治．中国近代农业史资料（第一辑）［M］。三联书店，1957．

李先闻，张连桂．玉米育种之理论与四川省杂交玉米之培育［J］．农报，1947，12（1）．

李昕升，胡勇军，王思明．明代以降南瓜引种与文学创作［J］．中国野生植物资源，2017，

36（6）.

李昕升，王思明．嗑瓜子的历史与习俗——兼及西瓜子利用史略［J］．广州大学学报（社会科学版），2015，14（2）.

李昕升，王思明．明清时期南瓜栽培技术［J］．科学技术哲学研究，2017，34（1）.

李昕升，王思明．南瓜在中国的引种推广及其影响［J］．中国历史地理论丛，2014，29（4）.

李昕升，王思明．清代玉米、番薯在广西传播问题再探——兼与郑维宽、罗树杰教授商榷［J］．中国历史地理论丛，2018，33（4）.

李昕升，吴昊，王思明．新中国成立以来南瓜的加工与利用变迁［J］．中国野生植物资源，2017，36（5）.

李晏军．中国杂交水稻技术发展研究（1964—2010）［D］．南京农业大学，2010.

梁家勉，戚经文．番薯引种考［J］．华南农学院学报，1980（3）.

梁启超序．农学报，光绪二十三年.

刘道锋．《诗经》中的农作物、野菜、野果与古人的饮食生活［J］．农业考古，2008（6）.

刘启振，王思明．略论西瓜在古代中国的传播与发展［J］．中国野生植物资源，2017，36（2）.

刘启振，王思明．西瓜引种传播及其对中国传统饮食文化的影响［J］．中国农史，2019，38（2）.

刘启振，张小玉，王思明．"一带一路"视域下栽培大豆的起源和传播［J］．中国野生植物资源，2017，36（3）.

刘玉霞．番茄在中国的传播及其影响研究［D］．南京农业大学，2007.

马淑萍．现代农作物种业发展的里程碑［J］．中国种业，2019（3）.

迈进兰．我国棉业近年来之状态［J］．汉口商业月刊，1（6）.

闵宗殿、王达．我国近代农业的萌芽［J］．农业考古，1984（2）.

农商部中央农事试验场．1918—1920年试验成绩报告［J］．农商公报，1923.

品种审定 不再唯"产量"是从—《主要农作物品种审定标准（国家级）》修改解读［J］．种子科技，2017，35（11）.

齐鲁大学校刊，1948（63）.

青大农事试验场十九年研究及调查报告［M］．1931.

任玄冰．《中华人民共和国种子法》贯彻落实的措施［J］．种子世界，2018（2）.

日本外务省．清国事情（下）［M］．1907.

山东省立各试验场小麦试验成绩摘要［A］．山东省档案馆馆藏档案临2-15-173.

沈会儒．岭南农科大学田艺科近事略说［J］．农事月刊，1924（2）.

沈宗瀚．中央协助西南各省农业工作之检讨［J］．农报，1941（6）.

石慧，王思明．西瓜在中国的引种推广及动因探析［J］．山西农业大学学报（社会科学版），2017，16（1）.

宋修伟. 农业部发布《农业植物品种命名规定》: 一个农业植物品种只能用一个名称 [J]. 北京农业, 2012 (16).

宋湛庆. 中国古代的播种技术 [J]. 中国农史, 1985, (1): 24-34.

孙启忠, 柳茜, 陶雅, 徐丽君. 两汉魏晋南北朝时期苜蓿种植利用与考 [J]. 草业学报, 2017, 26 (11).

孙中瑞, 于善新, 毛兴文. 我国花生栽培历史初探——兼论花生栽培种的地理起源 [J]. 中国农业科学, 1979 (4).

汤敏. 释 "豆" [J]. 柳州职业技术学院学报, 2016, 16 (4).

佟屏亚. 简述 1949 年以来中国种子产业发展历程 [J]. 古今农业, 2009 (1).

佟屏亚. 中国种业六十年 [M]. 贵阳: 贵州科技出版社, 2009.

佟屏亚. 中国种业谁主沉浮 [M]. 贵阳: 贵州科技出版社, 2002.

佟屏亚. 中国种业正步入历史拐点 [M]. 北京: 中国农业科技出版社, 2006.

汪若海. 我国美棉引种史略 [J]. 中国农业科学, 1983 (4).

王宝卿, 王思明. 花生的传入、传播及其影响研究 [J]. 中国农史, 2005 (1).

我国已培育农作物新品种 5 000 多个 [J]. 种子世界, 2006 (12).

夏鼐. 我国古代蚕、桑、丝、绸的历史 [J]. 考古, 1972 (2).

熊金胜. 合肥丰乐种业二十四年发展历程回顾 [J]. 种子世界, 2008 (3).

许泽明, 李芙蓉. 改革之重大举措, 发展之全新机遇——对国务院办公厅《关于推进种子管理体制改革加强市场监管的意见》的学习理解 [J]. 种子世界, 2006 (8).

杨宝霖. 我国引进番薯的最早之人和引种番薯的最早之地 [J]. 农业考古, 1982 (2).

杨青川, 孙彦. 中国苜蓿育种的历史、现状与发展趋势 [J]. 中国草地学报, 2011, 33 (6).

游修龄. 说不清的花生问题 [J]. 中国农史, 1997 (4).

于三全, 师卫军. 明清时期玉米在我国的传播 [J]. 信阳农业高等专科学校学报, 2010, 20 (4).

俞启葆, 朱绍尧. 美棉叶形之研究与应用 [J]. 农报, 1945 (10).

俞为洁. 瓜与甜瓜 [J]. 农业考古, 1990 (1).

袁隆平. 水稻的雄性不孕性 [J]. 科学通报, 1966 (4).

张箭. 南瓜发展传播史初探 [J]. 烟台大学学报 (哲学社会科学版), 2010, 23 (1).

张珂. 农业部专家解读《全国现代农业发展规划》[J]. 农村新技术, 2012 (6).

张树元. 我国种业发展概述 (四~五) [J]. 种子世界, 2012 (11).

张文襄公全集 [M]. 公牍 14, 99 (2) 北平: 开雕楚学精庐藏板 1937 年印行.

张鸣珂. 我国玉米的种植是明代从外国引进的吗? [J]. 农业考古, 1983 (2).

张延秋. 我国种子立法的背景和原则 [J]. 种子世界, 2016 (10).

张岳华. 中国古代玉米的引进和栽培史 [J]. 种子世界, 1990 (12).

张仲葛. 西瓜小史 [J]. 农业考古, 1984 (1).

赵传集．南瓜产地小考［J］．农业考古，1987（2）.

赵传集．中国西瓜五代引种说及历史起源刍议［J］．农业考古，1988（1）.

赵凌侠，李景富．番茄起源、传播及分类的回顾［J］．作物品种资源，1999（3）.

赵庆长．我国蚕桑丝绸业的历史与发展的探讨［J］．苏州丝绸工学院学报，1983（2）.

中国科学院．国际种子技术前沿报告［M］．科学出版社.

中国科学院．科学发展报告［M］．科学出版社.

中国农业百科全书（农业历史卷）［M］．中国农业出版社，北京：1995.

中国农业博物馆编．中国近代农业科技史稿［M］．北京：中国农业科技出版社，1996：
42－68.

中国农业工程学会，中华人民共和国农业部农业司，中国种子集团公司，中国农业工程学
会，"种子工程"总体规划［C］．论中国种子工程——全国种子工程学术研讨会论文
集，1996.

中国农业科学院．中国农业农村科技发展报告（2012—2017）［M］．中国农业出版社.

中国农业实验所．民国二十四年本所一年来之工作概况［J］．农报，1935（2）.

中国种业十大里程碑事件［J］．种业导刊，2014（7）.

中国种子协会．中国农作物种业（1949—2005）［M］．北京：中国农业出版社，2007.

中国种子协会．中国种子管理与种业发展［M］．北京：中国农业出版社，2005.

中国种子协会秘书处．历史成就 时代使命 责任担当——新中国成立70周年中国种业发展
回顾与展望［J］．中国种业，2019（7）.

中华人民共和国种子管理条例［J］．现代农业，1989（6）.

中央农业实验所．本所成立以来之小麦试验研究工作摘要［J］．农报，1942（7）.

周匡明．桑考［J］．农业考古，1981（1）.

周拾录．三十年来中国稻作之改进［J］．中国稻作，1948（1－3）.

朱寿明编．光绪朝东华录（光绪二十四年）［M］．北京：中华书局版，1958.

2019中国种业发展报告［M］．中国农业科技出版社，北京：2019.

后　记

　　《古今论种》一书从动议至今已有二十余载，早在 20 世纪 90 年代农业司种子处提出了收集、整理古今中外种子文献资料，汇编成册供种业从业人员查阅的动议，并邀请北京农业大学杨直民教授开始着手这项工作。1995 年，杨直民教授与其夫人张湘琴教授对教学科研中摘录、积累的资料进行整理，形成了 11 万字的书稿，作为当时教学参考资料。2019 年初，农业农村部种业管理司司长张延秋同志与中国农业博物馆隋斌书记共同商议，征得杨直民教授同意，确定在原书稿基础上进行内容扩充和编撰，并就本书的编撰思路和内容框架多次沟通，研究解决编撰过程中遇到的问题，中国农业博物馆还组建了编撰本书的工作团队，制定工作方案，明确任务分工，经过 1 年多的努力，最终形成了约 26 万字的书稿。

　　中外文献涉及种子和种业的内容甚多，限于篇幅，本书仅举要释编。在编撰过程中，一项内容，往往需要多次筛选、斟酌，才能确定。在中国古代文献的今释上，遇到已有的文献刊刻校释本，各家表述歧异，则更要费时推敲。本书编撰过程中，参考、使用了多种文献，特此致谢。由于能力、水平所限，疏漏之处在所难免，不当之处，敬请不吝指正。

《古今论种》编委会

2020 年 8 月

图书在版编目（CIP）数据

古今论种 / 隋斌，杨直民主编. —北京：中国农业出版社，2020.11

ISBN 978-7-109-27690-1

Ⅰ.①古… Ⅱ.①隋… ②杨… Ⅲ.①种子—农业技术—技术史—史料—中国 Ⅳ.①S-092

中国版本图书馆 CIP 数据核字（2020）第 266156 号

中国农业出版社出版

地址：北京市朝阳区麦子店街 18 号楼

邮编：100125

责任编辑：赵　刚

版式设计：王　晨　　责任校对：赵　硕

印刷：北京通州皇家印刷厂

版次：2020 年 11 月第 1 版

印次：2020 年 11 月北京第 1 次印刷

发行：新华书店北京发行所

开本：700mm×1000mm　1/16

印张：17.5

字数：320 千字

定价：68.00 元